职业教育“十三五”规划教材·无人机应用技术

WURENJI DAOHANG DINGWEI JISHU

无人机导航定位技术

主　编　刘振华
副主编　金宜南　丁　琳　黄夏歌
　　　　韩　蓉　费维科

西北工業大學出版社
西　安

【内容简介】 本书是一本系统介绍无人机导航定位技术的专业教程。全书共分七章，内容包括绪论，主要介绍各种导航系统及其发展；导航技术概论，主要介绍导航的概念及功能；陆基无线电导航定位技术，主要介绍塔康、伏尔、罗兰-C的工作原理和性能指标；卫星导航系统，主要介绍各种卫星导航系统的组成、原理及发展现状；组合导航系统，主要介绍组合导航系统的组合方式及工作特点；北斗卫星导航系统，主要介绍北斗导航定位系统的组成及信号；无人机导航技术应用。通过本书的学习，读者既能对无人机导航技术的基本知识有系统地了解，又能深入掌握相关专业技术。为了方便读者学习，书中提供了思考题。本书内容丰富，涉及知识面宽，深入浅出，通俗易懂。

本书可作为高等院校无人机应用技术、无人机驾驶员培训等专业的相关课程教材，也可作为测绘、车联网、物联网、作战指挥、飞行指挥等学科的专业教材，同时也可作为广大导航定位技术爱好者的自学用书，并为智能交通爱好者、户外运动爱好者、飞行爱好者及无人机运营和无人机驾驶员提供学习参考。

图书在版编目(CIP)数据

无人机导航定位技术/刘振华主编．—西安：西北工业大学出版社，2018.2(2019.11 重印)
ISBN 978-7-5612-5888-0

Ⅰ．①无…　Ⅱ．①刘…　Ⅲ．①无人驾驶飞机—无线电导航 ②无人驾驶飞机—无线电定位　Ⅳ．①V279

中国版本图书馆 CIP 数据核字(2018)第 039914 号

策划编辑：杨　军
责任编辑：马文静

出版发行：西北工业大学出版社
通信地址：西安市友谊西路 127 号　　邮编：710072
电　　话：(029)88493844，88491757
网　　址：www.nwpup.com
印 刷 者：兴平市博闻印务有限公司
开　　本：787 mm×1 092 mm　　1/16
印　　张：14
字　　数：340 千字
版　　次：2018 年 2 月第 1 版　　2019 年 11 月第 2 次印刷
定　　价：39.00 元

前　言

无人机是一种通过地面遥控操纵或自身的飞行控制系统自主执行飞行任务的飞行器。相比于有人驾驶飞机，无人机具有体积小、造价低、机动性强、隐蔽性好等突出优点，被广泛应用于军事领域。在近数十年的局部战争中，无人机用于军事侦察监视、电子战对抗、火力勘察、攻击地/海目标、预警等，展现了其突出优势，已成为军队战斗力的倍增器。可以预见，无人机将是未来军事领域的研究热点，发展无人机的相关技术对于提高军队的作战能力具有重要意义。我国自20世纪70年代开始自主研制无人机。目前，研制并投入使用的无人机机型多达百余种，其中，中小型无人机技术已逐步完善，并形成了一定的规模。

另外，无人机属于机器人的一个分支，等同于"会飞的机器人"。随着人工智能、无人机探测和避险、控制与交互、图片处理传输、电池续航能力等技术手段的进步，以及无人机管理框架、无人机操作立法等管理体系的出台，无人机在商业应用方面也得到了快速发展。目前，无人机已在航拍、公安巡检、农业植保、森林防护、城市管理、现场直播、航空测量、航空救灾支援等领域得到了广泛应用，成为国家经济的一个新的增长点。美国和以色列作为无人机大国，已将无人机越来越多地运用到各行各业中，如美国国家航空航天局(NASA)无人机应用中心将大型高空无人机改造，用来进行对飓风和热带风暴的监视和研究工作，无人机在美国也被广泛地用于土地管理和野生动物监测等领域。

无人机导航系统是无人机完成给定任务的关键要素之一。精准的无人机导航系统是无人机完成飞行任务的必要条件。对于操控员，需要实时掌握任意时刻无人机的位置。对于无人机来说，当自主飞行时，也需要在飞行过程中的任何时刻知道自己的位置。对于全自主飞行模式，即无需控制站与飞机之间的任何通信，飞机上也必须搭载满足其任务性能所需的导航设备。目前，无人机上装载的导航系统主要有卫星导航系统、惯性导航系统、无线电跟踪系统、多普勒导航、图形匹配导航系统、地磁导航和天文导航等，根据无人机的功能用途搭载导航设备，有的无人机为了确保目标任务要求还安装了组合导航系统。随着新型惯导系统及组合导航技术的研制和应用，未来的无人机导航将会根据使用需求和作战环境的变化临时调整或重新制定飞行计划，运用多传感器技术、自适应技术、神经网络技术和现代控制理论适时适应无人机的任务特点及作战环境，具备对不确知环境的智能性、自适应性的导航能力。可以预见，以惯性导航系统为基础的多信息融合组合导航技术可以有效满足人们对无人机机载导航系统自主性、实时性、可靠性及高精度的要求，是无人机导航系统发展的主要趋势。

随着无人机应用蔓延进各个新领域，无人机的潜在市场也在快速扩大。目前，全球无人机销售市场一般分为两类。一类是航拍及与个人摄影相关的市场，称之为个人用户市场；另一类是测绘、安防和设备检测等行业，这类客户是企业和政府，故称为商用无人机市场。未来十年我国商用无人机市场将会达到300亿美元，无人机产业的快速发展急需大量无人机专业人才，然而我国无人机教育还处在探索阶段，无人机教育缺乏相关专业教材。为了填补无人机导航定位教材的空白，作为多年从事军事飞行教育和作战指挥教育的一线工作者，理应责无旁贷地承担起无人机应用技术教材的开发和编写任务。本书是西北工业大学出版社联合全国无人机教育联盟开发的一套无人机应用技术专业系列教材之一。

本书由西安汽车科技职业学院（原空军西安飞行学院）刘振华教授担任主编，由金宜南、丁琳、黄夏歌、韩蓉、费维科担任副主编。西北工业大学李四海教授对本书进行了审稿。

为了便于读者了解掌握无人机及其导航技术，本书从无人机的发展、导航技术概论入手，使读者了解无人机及其导航技术的由来和发展历程，在此基础上详细介绍了陆基无线电导航定位技术、卫星导航系统、组合导航系统和北斗卫星导航系统的组成、原理和信号特点，最后对无人机导航系统的主要搭载设备和无人机导航技术的发展进行了展望。本书由浅入深，层次分明，可作为无人机应用技术、无人机指挥长、测绘、勘探、飞行指挥等专业教材，也可供无人机操作人员、无人机维护人员和无人机爱好者等学习使用。为了便于教学本书配有相应的教学课件。

由于时间仓促、水平有限，加之书中内容涉及多门学科知识，可以借鉴的教材资料有限，疏漏或不妥之处在所难免，敬请各位专家、读者给予批评指正，以便再版时进一步修改完善。

编　者

2017年9月

目　　录

第1章 绪 论

“导航”主要涉及运动客体的“方向”，而实际上对一个客体的准确定位更为重要。导航必须解决“我在哪里”“我去往哪里”“怎么去”等问题，因此，无论客体是静止还是运动，必须首先确定它所在的位置，只有掌握了准确位置才能进行下一步的具体措施。例如，知道一辆失窃的汽车在大地坐标系中的坐标参数后，就能知道该车所处的方位和具体的地点，为破案提供有效依据；在获取了飞行中的无人机动态点位置后，就能计算出它的速度、加速度、飞行轨迹，并为其下一步飞行方案的决策提供依据。综上，定位是导航的基础，有了准确的定位，才能有科学的导航；定位即是广义上的导航，也包含了比导航更宽的活动范畴。纵观这一领域从陆基导航技术到星基导航定位系统的发展沿革也充分地说明了这一点。现代生活中用得较多的词语“导航”“全球定位”是人类社会不断发展、科学技术不断进步的一种表征。

为了更好地学习无人机导航定位技术，下面将从无人机发展历程、导航定位技术、各种导航定位系统等方面给大家进行介绍。

1.1 无人机发展历程

无人机是无人驾驶飞机(Unmanned Aerial Vehicle)的简称，缩写为“UAV”，是一种无线遥控的无人驾驶飞机。2016年，无人机作为消费电子类的“重点戏”迅速点燃了整个市场，一时间家喻户晓，在引起消费者狂热追捧的同时，国内外制造商也前赴后继地加入无人机市场，力求在无人机市场占有一席之地。

其实早期的无人机设计，重点并不在民用，而是在军用方面。无人机的发展已有近百年的历史。

1.1.1 无人机发展的三个阶段

1. 萌芽期

第一次世界大战进入尾声时，动力飞行还完全是一个新生的事物。1903年12月17日，莱特兄弟在北卡罗来纳州基蒂霍克(Kitty Hawk)的沙丘间完成了原始双翼飞机试飞。1917年，皮特·库柏(Peter Cooper)和埃尔默·A·斯佩里(Elmer A. Sperry)发明了第一台自动陀螺稳定器，这种装置能够使飞机保持平衡向前的飞行，无人飞行器自此诞生。这项技术成果将美国海军寇蒂斯N－9型教练机成功改造为首架无线电控制的不载人飞行器。斯佩里“空中鱼雷”(Sperry Aerial Torpedo)搭载300磅(约合136 kg，1磅≈0.454 kg)的炸弹飞行50英里(约合80.5 km，1英里≈1.61 km)，但它从未参与实战，见图1－1。

图 1-1　斯佩里(Sperry)“空中鱼雷号”(1917 年)

木质的凯特灵“空中鱼雷”被称作“凯特灵小飞虫(Kettering Bug)”，这架飞机能够载重 300 磅，在 1917 年的造价为 400 美金，见图 1-2。通用公司的查尔斯·F·凯特灵(Charles F. Kettering)设计的这架飞行器拥有可拆卸机翼，并且可以巧妙地从装有滚轮的手推车上起飞。一战接近结束的时候，美军下了大量的“凯特灵飞虫”的订单，但在它被派往战场之前战争就结束了。

图 1-2　凯特灵(Kettering)“空中鱼雷号”(1917 年)

1935 年之前的空中飞行器飞不回起飞点，因此也就无法重复使用。“蜂王号”无人机能够飞回起飞点，才使得无人机技术更具有实际价值。“蜂王号”最高飞行高度 17 000 英尺(约合 5 182 m，1 英寸≈0.025 4 m)，最高时速 100 英里/小时(约合 161 km，1 英里≈1.61 km)，在英国皇家空军服役到 1947 年。“蜂王号”无人机的问世标志着无人机时代的正式开始，“蜂王号”也成了近代无人机的“开山鼻祖”“蜂王号”无人机见图 1-3，随后无人机被应用于各大战场执行侦察任务。然而由于当时的技术比较落后，无人机无法出色地完成任务，逐渐受到冷落，甚至被军方弃用。

图 1-3　蜂王号(1935 年)

阿道夫·希特勒希望拥有攻击非军事目标的飞行炸弹,因此德国工程师弗莱舍·福鲁则浩(Fieseler Flugzeuhau)于 1944 年设计了一架速度达到 470 英里/时的无人机。著名的"复仇者一号"(Vergeltungswaffe)为攻击英伦列岛而设计,也是当代巡航导弹的先驱。"复仇者一号"载弹量比前代更大,经常搭载多达 2 000 磅(约合 908 kg)的炸弹。英国当时有 900 多人死于该型无人机之下,"复仇者一号"从弹射道发射后能按照预先程序飞行 150 英里(约合 240 km),见图 1-4。

图 1-4　复仇者一号(1944 年)

1951 年由瑞安航空制造的"火蜂"原型机 XQ-2 在四年后进行了首次试飞,见图 1-5。这架世界上首台喷气推动的无人机主要被美国空军所使用。"火蜂"无人机适用于情报收集以及无线电传输的监控活动。

M-21 型是"黑鸟"系列中最早的产品 A-12 型飞机的变体,它是用来搭载洛克希德 D-21高空无人机的母机,见图 1-6。M-21 和 D-21 同属于一个 1963—1968 年进行的秘密项目,该项目直到 40 年后才为人所知晓。M-21 型的改进在于新增供发射操作员乘坐的副驾驶舱。这两型飞行器于1969—1971年开展了对罗布泊核试验场的四项侦察活动。D-21机型的后续生产在1966年因为D-21在发射过程中和M-21母舰之间发生撞击事故而被取消。

图1-5 “火蜂”号(1955年)

图1-6 洛克希德M-21和D-21(1963年)

2. 发展期

据美国海军介绍，于1986年12月首飞的“先锋”系列无人机(见图1-7)为战术指挥官提供了特定目标以及战场的实时画面，执行了美国海军“侦察、监视并获取目标”等各种任务。这套无人定位系统的花销很小，满足了20世纪80年代美国在黎巴嫩、格林纳达以及利比亚以低代价开展无人获取目标信息的要求，并首次投入实战。“先锋”号现在仍在服役，通过火箭助力起飞，起飞质量416磅(约合189 kg)，航速109英里/小时(约合174 km/h)，该机能够漂浮在水面，并且通过海面降落进行回收。

通用原子公司(General Atomics)在1994年制造了MQ“捕食者”无人机，见图1-8。“捕食者”的升级版能够将完全侦察用途的飞机改造成用于携带武器并攻击目标的战机。在美国空军服役的“捕食者”已超过 125 多架，另有 6 架在意大利空军服役。1995 年，“捕食者”无人机在联合国和“北约”对波斯尼亚的战役中首次使用，同时也出现在美军阿富汗和伊拉克战场上，但目前正逐步被淘汰。

图 1－7　先锋 RQ－2A(1986 年)

图 1－8　MQ“捕食者”无人机(1994 年)

RQ－7B 幻影(见图 1－9)是无人机家族中最小的一个，被美国陆军和海军陆战队用于伊拉克和阿富汗战场。该系统能够定位并识别战术指挥中心 125 km 之外的目标，让指挥官的观察、指挥、行动都更加敏捷。幻影－200 广泛使用于中东地区，截至 2010 年 5 月的累积飞行时间已达 500 000 h。

“火力侦察”无人直升机能够在任何可以起降飞行器的战舰上自行起飞并且在非预定地点着落，由美国军方于 21 世纪初开发。如图 1－10 所示，“火力侦察”直升机正在亚利桑那尤马试验场试射 2.75 英寸非制导火箭。

由洛克希德马丁公司附属公司臭鼬工厂(Skunk Works)设计并生产的 RQ－170“哨兵”号服役于美国空军。在阿富汗的“持久自由行动”中被初次部署，飞行高度经常达到 50 000 英尺

(约合 15 000 m)的 RQ－170 成了“坎大哈之兽”。2011 年 5 月，RQ－170 参与了巴基斯坦的阿伯塔巴德(Abbottabad)突袭，美军在这里找到并剿杀了奥萨马·本·拉登。2011 年 12 月，一架 RQ－170 被伊朗俘获，并且在伊朗电视台中展出。RQ－170 的基本特征是翼型设计以及 15 240 m 的作业高度，见图 1－11。

图 1－9　RQ－7B 幻影－200(2004 年)

图 1－10　“火力侦察”无人直升机(2005 年)

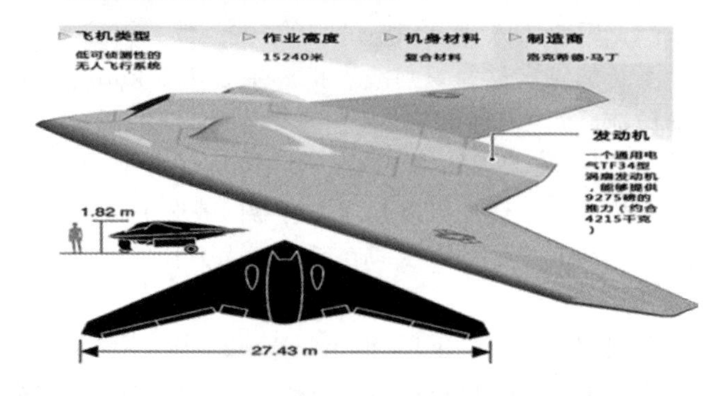

图 1－11　RQ－170“哨兵”(2009 年)

3. 蓬勃期

21 世纪初，由于原来的无人机个头较大，目标明显且不易于携带，研究人员研制出了迷你无人机，机型更加小巧、性能更加稳定，一个背包就可携带。同时，新型无人机具有了更加优秀的技能，催生了民用无人机。

2001 年“全球鹰”开始研制。“全球鹰”高空飞行器具有长时间飞行能力。服役于美国空军的该类无人机装备了能够开展情报收集、侦察以及监视等功能的综合传感器。2001 年开始研发的全球鹰项目成为航空历史的重大标杆。这是已知的第一架能够不经停直接飞越太平洋的无人机，该机在 2006 年 7 月获准在美国领空飞行。在东京展出的一架“全球鹰”全尺寸模型见图 1－12。

图 1－12　“全球鹰”(2001 年)

2006 年，影响世界民用无人机格局的大疆无人机公司成立，先后推出的“phantom”系列无人机在世界范围内产生了深远影响，其研制的 phantom 2 vision^{+}(见图 1－13)还在 2014 年入选《时代》杂志。

图 1－13　大疆的 phantom 2 vision^{+}

2009 年，美国加州 3D Robotics 无人机公司成立，这是一家最初主要制造和销售 DIY 类遥控飞行器(UAV)的相关零部件的公司，该公司在 2014 年推出 X8^{+} 四轴飞行器后而名声大噪,目前已经成长为能与中国大疆相媲美的无人机公司。

2014 年,一款用于自拍的无人机 Zano 诞生,曾经被称为无人机市场上的 iPhone。该机在众筹平台上筹款 340 万美元,获得超过 15 000 人的支持,人们对该款产品充满期待,但由于无法解决无人机量产问题而引发的软硬件调校误差,该公司于 2015 年破产,Zano 只能活在大家的记忆中。即便如此,无人机应用在自拍领域的研究仍会继续下去。

2015 年,是无人机飞速发展的一年,各大运营商融资成功,为无人机的发展创造了十分有利的条件,还上线了第一个无人机在线社区——飞兽社区。

同年,美国 Qualcomm(高通)公司相继推出自己的无人机开发平台,作为该公司布局 IOT 生态圈的重要一环。

1.1.2 民用无人机的应用领域

无人机的高速发展使其在民用领域得到了广泛应用,例如用于环境监测、通信中继、地质勘探、灾难救援、森林防火、电力巡线、影视拍摄、遥感测绘、快递、自拍跟拍、制造浪漫、风景观赏等。

1. 环境监测

无人机行业的快速发展给很多行业带来了便捷,从传统的航拍、航测、电力架线、农保、交通执法、消防喊话等,到现在的环保执法、取证等,无人机已在民生的多个领域崭露头角。但是,目前的大部分环境执法主要是依靠高清摄像机或者热成像等传感器,只能定性地反映出环境污染。随着信息化程度的提高以及国家各级政府对环境保护信息的监管要求越来越高,对环保信息的时效性及精准性又提出了更高的要求,利用无人机进行监测可以达到实时高效。

相对于传统监测方法而言,无人机机载传感器应用于大气环境监测有如下优点:

1)预警响应速度快。可以快速到达工业生产监测区域,保证在污染气体扩散事故发生时进行实时监测;可迅速开始遥测任务,并在短时间内快速准确地获取遥感数据。

2)安全作业保障能力强。无人机遥测系统可以降低地面检测人员的风险。

3)监测时间长、区域广。无人机能够在空中持续飞行 16 h 以上,一次飞行任务可达 100 多个监测点。

4)机动性强。在无人机上搭载高清摄像装备,利用实时传回的视频信号清晰地辨识现场情况,可对应急救援指挥工作提供实时的帮助。

2. 地质勘探

无人机的出现使得多个行业的发展方向发生了质的飞跃,其中也包括地质行业。地质勘探工作通常有如下特点:难度大、危险系数高等,地质勘探从业人员的工作压力和工作难度都相当大,但是无人机先进的航拍技术可以大力缓解这部分压力,替代人工进行一些高要求高难度的作业,见图 1-14～图 1-15。

3. 森林防火

林业是全国生态建设的主体,在保持经济和社会发展中具有不可或缺的作用,在生物的进化过程中起着巨大作用。

我国森林资源较为贫乏,森林覆盖率约为 13%左右,人均森林占有面积仅为世界平均值的 1/6,但森林大火每年都有发生,如何解决森林防火的问题就成为林业工作的重中之重。目前，国外森林防火中应用了较多的新技术和新设备，国内在此方面的应用需求也日益增加，对森林保护的投入逐渐加大，先后运用卫星进行资源普查、森林火场监视，而使用无人机系统对森林火情监测还处于初始阶段。

图 1-14　无人机地质勘探情景图

图 1-15　无人机地质勘探效果图

图 1-16　无人机森林防火观察图

无人机中低空监测系统具有机动快速、使用成本低、维护操作简单等技术特点，具有对地快速实时巡察监测能力，是一种新型的中低空实时电视成像和红外成像快速获取系统。在对车、人无法到达地带的资源环境监测、森林火灾监测及救援指挥等方面具有其独特的优势。无人机森林监测系统是以森林火情监测为主，将无人机技术、GPS技术、高清数字图像传输技术等高新技术综合应用于森林资源管理中的高科技产品。无人机森林防火观察图如图1-16所示。

森林防火观察无人机系统有如下特点：

1)巡查覆盖面积大、巡查精度高和超视距自动驾驶。固定翼飞机单次起降覆盖范围为20～80 km^2，巡查航线偏移小于5 m，高度偏移小于10 m，超视距观测可达到15～60 km。

2)快速反应，应急机动性强。无人机从展开到执行飞行任务，所需时间仅为5 min即可按照固定航线执行巡查任务，也可以在空中临时变更飞行航线。

3)能够高清晰度实施回传巡查图像。无人飞机可携带720 P～1 080 P高清晰摄像设备，通过模拟及数字图像传输设备向地面回传高清晰图像，并实时记录、录制高清视频资料。

4)险情现场回馈，辅助抢险救灾指挥决策。可以进行高精度火场定点盘旋，实时将火情传回控制中心，通过高精度热成像反馈，穿透烟雾发现高温火点，对指挥扑灭并阻止蔓延有着极其重要的意义。

5)人机分离安全性高。相比有人驾驶飞机，无人机无需驾驶员，即使出现极端天气造成飞行事故，飞行对地面所造成的二次灾害几乎可降低到0。

6)飞机造价低，维护方便。无人飞机造价相对有人驾驶飞机而言，其生产成本仅为5%～15%，飞行成本仅为1%～5%，由于零部件使用规范化、标准化，其维护也非常简单，定期更换即可满足安全飞行要求。

1.1.3 无人机的发展趋势

无人机的飞速发展和广泛运用是在“海湾战争”以后。以美国为首的西方国家充分认识到无人机在战争中的作用，竞相把高新技术应用到无人机的研制与发展上，不仅增加了续航时间，提高了图像传递速度和数字化传输速度，还使用了先进的自动驾驶仪。

1)从低空、短航时向高空、长航时发展。老式的无人机滞空时间短，飞行高度低，侦察监视面积小，不能连续获取信息，甚至会造成情报“盲区”，不适应现代战争的需要。为此，美军研制出“蒂尔”Ⅱ超高空、长航时无人机。

2)向隐形无人机方向发展。为了对付日益增强的地面防空火力的威胁，许多先进的隐形技术被应用到无人机的研制上。一是采用复合材料、雷达吸波材料和低噪声发动机；二是采用限制红外光反射技术，在机身表面涂上能够吸收红外光的特制油漆并在发动机燃料中注入防红外辐射的化学制剂；三是减小机身表面缝隙，减少雷达反射面；四是采用充电表面涂层，使其具有变色的特性。因而从地面向上看，无人机具有与天空一样的颜色，从空中俯瞰，无人机呈现出与大地一样的颜色。

3)从实时战术侦察向空中预警方向发展。美军认为，21世纪的空中侦察系统主要由无人机组成。美军计划用预警无人机取代E-3和E-8有人驾驶预警机，使其成为21世纪航空侦察的主力。

4)向空中格斗方向发展。攻击型无人机是无人机的一个重要发展方向。由于无人机能预先靠前部署，可以在距离所防卫目标较远的距离上摧毁来袭的导弹，有效地克服"爱国者"或C－300等反导导弹反应时间长、拦截距离近、拦截成功后的残骸对防卫目标仍有损害的缺点。

1.1.4 无人机的主要用途及导航定位技术发展

微型无人机(Micro Unmanned Aerial Vehicle，简称MUAV)源于美国的一些武器设备研究部门提出的一种非常小的侦察平台方案。后来，各种先进微型制造技术、微电机系统、微电子和先进的一体化技术迅速发展，为研制实用的微型无人机奠定了一些技术基础。微型无人机与普通无人机的不同之处还在于，它们不是按照常规以大型、中型、小型、非常小型等来划分的，它除尺寸极其微小外，还是一种具有多种用途的多功能、可控的廉价飞行器，也可以认为是一种六自由度的微型空中机器人。

由于其造价低、体积小、重量轻，具有良好的灵活机动性和隐蔽性，使得国内外对其研究与应用越来越广泛，微型无人机在军事和民用上有广泛的应用前景。

1. 军用方面

微型无人机主要用于低空侦察、通信、电子干扰和对地攻击等任务。这样不仅可减少部队在侦察过程中的伤亡，还可大幅提高作战效率。

另外，微型无人机还可用于目标指示及生化武器探测等。微型无人机在城市作战中的优势尤为突出。它能够在建筑物群中以缓慢的速度飞行，以便绕过障碍并避免碰撞；可以飞到大型建筑物上执行城区侦察任务，还可探测和查找建筑物内部的敌人和恐怖分子，并可窃听敌方作战计划等。同时，微型无人机也是适用于未来城市作战的一种新式武器装备。

2. 民用方面

微型无人机可用于通信中继、环境研究、自然灾害的监视与支援。微型无人机还可用于边境巡逻与控制、毒品禁运、农业勘测，并在未来大型牧场和城区监视等民用领域拥有广阔的市场和应用前景。

导航与定位系统在微型无人机自主飞行中占有重要地位。限于微型无人机对导航器件的体积、重量和成本的要求，用于大型无人机的导航方法(例如多普勒测地速、雷达和惯性导航系统)因结构复杂、体积和重量大及价格昂贵等因素，无法在微型无人机上使用。

由于现有的各种导航系统都有其各自的优点和特色，但也有不足之处。惯性导航系统(INS)自主性强，功能完备，但其误差随时间积累；GPS全球定位系统提供24小时、全球、全天候的高精度测速定位服务，其不足之处在于自主性和可靠性差，易受干扰，接收机数据更新率低，因而难以满足实时测量的要求。微型惯性传感器与传统的惯性传感器相比，具有体积小、重量轻、成本低、功耗低、可靠性高和寿命长等优势，在车辆导航和控制、机器人、无人机导航、武器制导等领域有着广阔的应用前景。然而目前精度还比较低，导致其应用受到一定的限制。GPS接收机与微型惯性测量单元(MIMU)的结合可以取长补短，大幅提高输出数据的更新率，防止导航定位误差随时间积累，并且提高了可靠性和抗干扰能力，为低成本、轻小型导航与制导系统提供了一个非常有吸引力的方案，成为设计者的最佳选择，也是目前导航技术发展的主要方向之一。

1.2 陆基导航技术

伴随飞机及无人机发展，导航技术也相应地发展以满足其飞行的需要。首先，我们介绍陆基导航技术设备。从一般意义上讲，可以把那些将导航设施（或媒介）置于陆地上、导航信号作用范围限于电离层以下的空间、陆地和海洋上的导航行为，统称为陆基导航，这些导航信号一般沿地面传播，或沿地面与电离层之间来回反射而传播得很远。从原始的灯塔、目视地物标记、罗盘、到无线电导航技术，人类已经发明和制造了各种各样的陆基导航仪器与设备。

1.2.1 罗盘

远古就有、现代仍在使用的罗盘导航是一种古老、原始但又非常实用的陆基导航技术。它利用地磁场南北极的属性，将两极磁体做成名为罗盘的仪器，用来方便地测定客体所处方位，它在任意位置都能准确地给出某一方向或角度值。类似罗盘的仪器已有许多，它为人类带来了诸多方便。

1.2.2 无线电信标

在第二次世界大战之前，由于飞机飞行和船舶航行的需要，尤其是战争的需要，人们发明了无线电信标（Radio Beacon，简称 RB）系统。无线电信标是设立在地面固定点的连续波发射机，采用全向天线。用于航空导航的无线电信标称为航空无线电信标，也叫做无方向信标（Nondirectional Beacon，简称 NDB）。飞机上的机载设备叫做自动测向仪（Automatic Direction Finder，简称 ADF），或称为无线电罗盘；利用天线的方向性，ADF 能测出 NDB 相对于飞机轴线的方位，它主要用于飞机着陆时寻找初始进近点。由于该系统的价格低廉，现今的民航飞机和大部分军用飞机仍装备 ADF。用于航海的叫做海用无线电信标，其工作原理与航空无线电信标相同。由于 GPS 的应用，近年来许多国家将海用无线电信标改作广播 DGPS 校正信息，而未进行用途改动的将逐步停用。但是，不管无线电信标这一技术如何发展，它作为世界上第一个无线电导航系统这是被人们普遍认同的。

1.2.3 一系列陆基无线电导航系统

自 20 世纪 20 年代末开始，在无线电信标的启迪下，各国竞相开展无线电导航技术的研究，先后推出了一批又一批的装置和系统。这些系统中，如奥米伽（Omega）、微波着陆系统（Microwave Landing System，简称 MLS）、仪表着陆系统（Instrument Landing System，简称 ILS）、罗兰 - C（Loran - C Navigation System）、伏尔（Very Omnidirectional Range，简称 VOR）、测距器（Distance Measuring Equipment，简称 DME）、塔康（Tactical Air Navigation System，简称 TACAN）等都是较成熟的、被普遍应用的无线电导航技术成果。

（1）奥米伽：奥米伽（Omega）是采用双曲线定位法的超远程无线电导航系统，发射频率为 0.3～ 30 kHz 的连续波，在地表面与电离层之间形成绕地球传播的球形波导，使用巨型天线和特大的发射功率。

该系统原理由皮尔斯于 1947 年提出，由美国海军电子实验室负责实施，20 世纪 60 年代取得突破性进展，1966 年实验台开始发播信号，1969 年第一台奥米伽接收机诞生。随后，美国在北达科他建成了第一座奥米伽发射台，到1985年，建成了分布在挪威、阿根廷等地的8个发射台构成的奥米伽系统，第一次实现了导航信号的全球覆盖。因此，奥米伽是最早能实现全球性、全天候、连续使用的无线电导航系统。但随着GPS的推广应用，奥米伽系统已于1997年9月关闭。

（2）伏尔：伏尔（VOR）是甚高频全向导航系统，于20世纪40年代末开始研制。它主要是为飞机提供准确的方位信息，通过发射两个30 Hz的正弦波，并根据此两正弦波的相对相位与飞机相对于地面台的方位成正比的原理而实现测方位的。

伏尔通常与测距器（DME）和战术航空导航设备（CTACAN）组合使用，这是因为混装的系统不仅能给出方位数据，而且还提供距离信息。在美国，VOR/DME，VOR/TACAN的组合构成了飞机的“空中高速公路”。

（3）测距器：测距器（DME）是为飞机提供距离信息的近程航空导航系统。通过测量机载设备与地面台之间询问—应答脉冲的传播时间而测出飞机离地面台的距离。由于应答能力有限，一个地面台最多允许同时与110架飞机的机载设备配合工作。

DME技术源自于二战期间广泛应用的三雷达信标系统，后经二十多年的不断改进与完善，于1961年正式投入使用，通常是与提供方位信息的VOR组合使用，该组合系统被认为是当今安全和可信赖的民用航空导航的基础。

（4）塔康：塔康（TACAN）是战术航空导航系统的简称，是为军用飞机同时提供方位和距离信息的导航系统。于1955年研制成功，现在大多数国家仍将其应用于空军和海军的航空兵导航。塔康的工作频率、脉冲制式、测距原理、可容纳飞机容量和覆盖范围均与DME相同，而方位测量则与伏尔有较大差异，但方位测量精度与伏尔相当，约为$\pm 2.5^{\circ}$。由于塔康地面台天线比伏尔小，适合于机动和舰装。

（5）仪表着陆系统：仪表着陆系统（ILS）是专门用于引导飞机着陆的仪表式系统，有别于早期航海者的灯塔引导、大多数飞行着陆所依据的地物标记等目视基准，它完全用仪表控制实现飞机的着陆。20世纪30年代研制成功，起初主要用于军方，在第二次世界大战中成功地帮助同盟国部队作战，20世纪40年代末被用于民航，20世纪50年代侧重于该系统可靠性的提高和增设监护措施，20世纪60年代引入固态化技术，20世纪70年代末完成了自动化仪表着陆系统的研究，主要装备于美、英、法国。由于ILS系统存在场地限制、频率通道少等缺陷，以致在20世纪80年代初美国政府转向支持微波着陆系统的开发。

（6）微波着陆系统：微波着陆系统（MLS）替代ILS的研究开始于1967年，于20世纪80年代研制成功并投入运行，它是为飞机提供位置信息和地空数据信息以实现准确进近与着陆的引导着陆系统。MLS地面台发射的2个扇形波分别在覆盖空间的水平和垂直方向扫描，机载接收机测量这两个扇形波束的时间差，从而得到距地面台的方位和仰角；地面台还向机载接收机发播进场方位、进场仰角、台站识别、气象数据等引导信息。与ILS相比，MLS具有一系列突出优点，例如它的信号覆盖区域大、能满足各种飞机在进近、着陆、复飞的需要，既可适应直入式，也可适应分段折线、曲线式进场，增强了在多山地区的适应能力；具有多达200个互不干扰的通道；天线小，大幅放宽了建台的限制。

（7）罗兰-C：Loran（罗兰）是远程导航的缩写，罗兰-C（Loran-C）是于20世纪50年代末在第二次世界大战中期成功研制罗兰-A的基础上改进并投入使用的远程双曲线导航系统，1974年向民用开放。罗兰-C的地面发射系统是由至少3个发射台组成的台链，彼此精确同步。用户接收来自2个台的信号时，只要测出它们到达的时间差，便知道自己处于一条以这两个台为焦点的双曲线上；同时又测出另外两个台信号的时间差，便又得知处于另一条双曲线上；显而易见，用户必然处于这两条双曲线的交点上，从而可确定出用户的位置。在陆基无线电导航系统中，罗兰-C的用户是最多的，大多数是用于航海，也用作航空和陆上导航。虽然GPS的问世对罗兰-C的应用有较大影响，但罗兰-C具有它的独到之处，不可能完全被GPS所取代；若把罗兰-C与GPS组合使用，将在覆盖范围、实用性、完善性等方面得到改善。

1.3 星基导航定位系统

虽然各种各样的陆基无线电导航系统至今仍被广泛应用，而且在某些领域发挥了极其重要的作用，但它们普遍存在定位精度低、信号覆盖范围有限等问题，难以满足现代航空、航海、军事及陆地车辆的高准确度导航定位的需要。因此，以GPS为代表的星基导航系统应运而生。自人造地球卫星问世以来，人类在星基导航定位技术的研究上投入了大量的人力和财力，走过了艰苦奋斗、不断创新、硕果累累的半个世纪，取得了巨大成功，翻开了导航领域崭新的一页，开创了空间技术为人类造福的新纪元。

1.3.1 苏联的第一颗人造地球卫星

苏联于1957年10月4日成功发射了世界上第一颗人造地球卫星，这颗卫星的发射在证明人类在空间技术领域又取得重大突破的同时，更主要的是用于科学研究和空间考察，包括空间各类信息的采集、跟踪、定轨、通讯、卫星性能考查等实验。当该卫星发播信号时，它作为一个已知的空间信号源，为人类获取相关的信息资源，开展测距、定位、导航研究搭建了一个世界共享的技术平台。可以说，它是星基导航技术的启明星。

1.3.2 卫星多普勒导航系统

1. 美国的子午仪卫星导航系统(TRANSIT)

美国霍普金斯大学应用物理实验室的韦芬巴赫等学者在苏联首颗卫星入轨不久，在地面已知坐标点上对其进行跟踪并捕获到了它发送的无线电信号，测得它的多普勒频移，进而解算出了苏联卫星的轨道参数，掌握了它在空间的实时位置。根据这一观测结果，该实验室的麦克雷等学者提出了一个“反向观测”设想：有了地面已知点可求得在轨卫星的空间坐标；反之，如果知道卫星的轨道参数，也能求解出地面观测者的点位坐标。随后通过一系列的理论计算和实验验证，证明这一设想是科学、可行的。

1958年上半年，美国又派侦察船跟踪苏联向太平洋发射导弹时发现，如果知道导弹轨迹，就可推算出船的位置，这一发现与以上设想不谋而合。

1958年12月，美国海军委托霍普金斯大学应用物理实验室开始研制基于上述“反向观测”原理的世界上第一代卫星导航系统。即把在轨卫星作为空间的动态已知点，通过测量卫星的多普勒频移，解算出观测者(舰艇)的在途坐标数据，进而实现军用舰艇等运动客体的导航定位。这一系统称为美国海军卫星导航系统(Navy Navigation Satellite System，简称NNSS)。

由于该系统的卫星通过地球的南北两极上空，即卫星是沿地球的子午圈轨道运行，又称为子午仪卫星导航系统，(Transit Navigation satellite System)，即子午仪卫星，简称TRANSIT。

1959年9月发射了第一颗子午实验卫星，到1961年11月先后将9颗试验性子午仪卫星送入轨道。经过反复的实验研究，攻克了卫星导航的许多关键技术，取得了一系列重大技术突破，于1963年12月发射了第一颗子午工作卫星，后又陆续发射，形成了由分布在6个轨道上的6颗工作卫星所构成的子午卫星星座。轨道离地距离为1 070 km，卫星运行周期约为107 min。在该星座信号的覆盖下，在地球表面上任意一个观测者，一般在2 h的间隔内就可观测到该星座中的一颗卫星（或两颗）。子午仪卫星均以频率为400和150 MHz的微波信号作为载波向用户发送导航电文。TRANSIT的用户设备是多普勒接收机，接收导航电文，测量该信号的多普勒频移，并从导航电文中获得在视卫星在轨道中的实时点位和时标信息，然后依此解算出观测者的坐标参数。为了提高多普勒频移的测量精度，通常不是直接测量某一时元 t 的多普勒频移，而是测量在一定时间间隔内的多普勒频移累计值，叫做多普勒计数 N；N 的测量时间间隔一般选用4.6或4.9 s，以6～7个间隔合成为一个半分钟的长间隔多普勒计数作为一个观测值，一颗子午仪卫星通过用户上空一次的持续时间通常为10～18 min，所以卫星通过一次可采集到20～40组有效观测值。

TRANSIT投入运行的初期只为军方和特殊用户服务，导航电文是保密的。1967年7月29日，美国政府宣布对TRANSIT的导航电文进行部分解密而供民用。随之，世界上许多国家迅速开展了利用TRANSIT进行定位和导航技术的应用研究。

TRANSIT在为各国的军事、民用提供有效服务的同时，人们对它的关注和全方位的投入也在很大程度上推进了这一新兴领域的快速发展，因为这是人类第一个星基导航定位系统。

2. 苏联的奇卡达系统(CICADA)

在美国TRANSIT系统的启迪下，苏联海军于1965年建立了类似于TRANSIT的CICADA卫星导航系统。该系统由12颗卫星构成星座，轨道高1 000 km，卫星运行周期约为107 min，卫星发送的信号频率同样为400和150 MHz，但只有150 MHz的信号作载波来发送导航电文，而400 MHz的信号仅用于削弱电离层效应的影响。该系统主要服务于苏联军方和该国国内，尽管苏联没有公开这些电文的具体内容，但还是逐渐被人们破译了。

3. 法国的多利斯定轨定位系统(DORIS)

法国于20世纪80年代研究建立了基于多普勒定位原理的星载多普勒定轨定位系统(DORIS)，采用子午卫星导航系统导航定位的“反向”工作模式，5天测量的定位精度可达到数十厘米。

人们把基于测量多普勒频移的TRANSIT，CICADA和DORIS系统称作卫星多普勒导航技术，该技术自20世纪60年代问世以来，随着导航电文的部分公开和逐步解密，在世界范围内得到了广泛的应用，这不仅是因为它的“全球性”“动态性”和“全天候”属性，更是因为其导航或定位的精度随卫星定轨误差的减小而显著提高。单机定位精度可达米级，多机联测定位精度达亚米级。我国于20世纪80年代引进TRANSIT接收机，南极考察队于1984年底～1985年初，用LVIX1502型多普勒接收机在南极长城站上进行定位测量，不但精确地测得了设在南极乔治岛上长城站的地理位置（南纬 $62°12'59''.811\pm0''.015$，西经 $58°58'52''.665\pm0''.119$），高程 (43.58 ± 0.67) m，而且测得了南极长城站至北京的距离为17 501 949.51 m。在狂风暴雪的南极乔治岛上能够如此精确地进行定位测量，这在卫星多普勒导航技术出现之前是不可能实现的。

1.4 美国的 GPS

尽管 TRANSIT 在导航技术的发展中具有划时代的意义，但它存在观测时间长、定位速度慢(2 个小时才有一次卫星通过，一个点的定位需要观测 2 天)，不能满足连续实时三维导航的要求，尤其不能满足飞机、导弹等高速动态目标的精密导航要求的缺点。

针对 TRANSIT 的上述问题，在 20 世纪 60 年代中期，美国海军提出了“Timation”计划，美国空军提出了“621B”计划，并付诸实施。但在发射了数颗实验卫星并进行了大量实验后发现各自都还存在一些大的缺陷。在此背景下，1973 年美国国防部决定发展各军种都能使用的全球定位系统 GPS(Global Positioning System)，并指定由空军牵头研制。在项目的实施中，参加的单位有美国空军、陆军、海军、海军陆战队、海岸警卫队、运输部、国防地图测绘局、国防预研计划局，以及一些北大西洋公约组织和澳大利亚。历时 20 多年，耗资数百亿美元，1994 年 3 月 10 日，24 颗工作卫星全部进入预定轨道，GPS 系统全面投入运行，技术性能达到了预期目的，其中粗码(C/A 码)的定位精度高达 20 m，远超设计指标。GPS 是现代科学的结晶，它的推广应用有力地促进了人类社会进步。

GPS 是一个中距离圆型轨道卫星导航系统。GPS 具有全天候，全球覆盖高达 90%，高精度和自动测量的特点，是目前最好的导航定位系统，也是应用最为广泛的导航系统，本书第 4 章将专对 GPS 进行比较详细地讲述。

1.5 苏联的 GLONASS

各国不但在 GPS 的应用研究和 GPS 信息资源开发方面给予了巨大投入，许多国家和地区还正在积极地研制自己的卫星导航系统。苏联在总结第一代卫星导航系统 CICADA 的基础上，吸收了美国 GPS 系统的经验，研制了 GLONASS(GLObaI NAvigation Satellite System)全球导航卫星系统。1982 年 10 月 12 日发射第一颗 GLONASS 卫星，1996 年 1 月 18 日完成了 24 颗卫星的入轨工作。

GLONASS 的主要作用是实现全球、全天候的实时导航与定位以及各种等级和种类的测量，单点定位精度水平方向为 16 m，垂直方向为 25 m。

GLONASS 与 GPS 类似，也由星座、地面控制和用户设备三部分组成。空间星座由 24 颗 GLONASS 卫星组成，其中 21 颗工作卫星，3 颗在轨备用卫星，分布在 3 个近似为圆的轨道面上，每个轨道上均匀分布 8 颗卫星，卫星运行周期为 11 小时 15 分钟，轨道面互成 120°夹角，轨道偏心率为 0.01，轨道离地高度约 19 390 km，每颗卫星的质量为 1 400 kg，这样的分布可以保证地球上任何地方任一时刻都能收到至少 4 颗卫星的导航信息。GLONASS 卫星上装备有高稳定度的铯原子钟，星载设备接收地面站的导航信息和指令，对其进行处理，生成导航电文向用户广播和控制卫星在轨的运行。地面监控部分包括位于莫斯科的控制中心和分散在俄罗斯整个领土的跟踪控制站网，负责搜集、处理 GLONASS 卫星的轨道参量和相关信息，向每颗卫星发射控制指令和导航信息，实现对 GLONASS 卫星的整体维护和控制。用户设备通过接收 GLONASS 卫星信号，测量其伪距或载波相位，结合卫星星历进行必要的处理，便可得到用户的三维坐标、速度和时间。

GLONASS与GPS除了采用不同的时间系统和坐标系统以外，最大区别是GLONASS系统采用频分多址，即发射的伪随机噪声码是相同的，发射的频率是不同的，根据载波频率来区分不同卫星，每颗卫星发播的两种载波频率分别为 $L_1=1\ 602+0.562\ 5k$（MHz）和 $L_2=1\ 246+0.437\ 5k$（MHz），其中 $k=1\sim24$ 为卫星的频率编号。而GPS是码分多址，即发射的频率相同，均为 $L_1=1\ 575.42$ MHz 和 $L_2=1\ 227.6$ MHz，而伪随机噪声码是不同的，根据调制码来区分卫星。

现由俄罗斯国防部控制的GLONASS系统是一种星基定位、导航和授时的全球导航卫星系统，耗资40多亿美元，历时20多年，到目前为止，已先后发射了80余颗GLONASS卫星，由于其工作寿命仅为3～5年，绝大部分卫星已退役。由于苏联的解体造成经济衰退，致使发射补网卫星出现困难，较长时间的在轨卫星不到10颗，所以GLONASS系统一直处于降效运行状态。近几年加快了补网发射，目前的在轨卫星仍有16颗。GLONASS系统面临的最大问题是资金短缺，正在寻求对外合作以弥补经费不足，2004年，与印度签订了合作协议。同时，在20世纪90年代俄罗斯制定了GLONASS渐进增强计划并付诸实施，即将GLONASS更新为Glonass M系统，改进地面测控设施，延长卫星在轨寿命至8年，将定位精度提高到10～15 m，授时精度提高到20～30 ns，速度精度达到0.01 m/s，将发播频率改为GPS的频率，已得到美国的技术支援；轻便的、工作寿命在10年以上的第三代GLONASS－K卫星也正在研制中；计划在2008年恢复至少有18颗卫星在轨的GLONASS正常运行状态。

俄罗斯对GLONASS系统采用军民合用、不加密的开放政策，不像GPS那样采取人为降低精度的措施，已先后两次公开GLONASS的接口控制文件，向全球用户提供民用服务，以致人们把GLONASS视为从技术水平、应用范围、战略意义到领域发展都可与美国GPS抗衡的星基导航系统，从而打破了美国对卫星导航独家垄断经营的局面。欧洲方面也表示，将投入运行的伽利略系统不仅与GPS，而且要与GLONASS兼容。因此，尽管GLONASS的发展面临许多困难和不利，但它仍然是世界星基导航领域的主角之一。

1.6 我国的北斗卫星导航系统

GPS是美国军方控制的军民共用系统，目前对世界开放，中国也可以免费接收GPS信号，但美国并不承诺保证他国的使用，他可以随时收费和对别国关闭系统，尤其是在战时。因此，“中国也必须要有自己的卫星定位系统”。我国于“九五”立项，其工程代号为“北斗一号”。2003年5月25日，我国在西昌将第三颗“北斗一号”送入太空，与2000年发射的前两颗一起构成了我国完备的卫星导航定位系统，即北斗卫星导航系统，简称BDS（BeiDou Navigation Satellite Systen），这是我国自行研制的区域性卫星定位与通信系统，它标志着我国成为继美国GPS和俄罗斯GLONASS后，在世界上第三个建立了完备的卫星导航系统的国家，该系统的建立将对我国国防现代化和国民经济建设发挥重要作用。

北斗卫星导航系统与GPS，GLONASS类似，由星座（两颗地球同步卫星、一颗在轨备份卫星）、地面控制系统（控制中心和标校系统）和用户设备等三部分组成。卫星定点于东经80°和140°的离地高36 000 km的地球同步轨道上，覆盖范围为北纬5°～55°，东经70°～140°，定位精度100 m，设立标校站之后为20 m，授时精度约100 ns，用户容量为每小时54万户。采用主动式有源双向询问—应答定位，即首先由地面控制中心向两颗卫星发送询问信号，经卫星转发器向服务区内的用户广播;用户响应其中一颗卫星的询问信号,并同时向两颗卫星发送响应信号,再经卫星转发回控制中心;控制中心接收并解调用户发来的信号,根据用户的申请服务内容进行相应的数据处理,解算出用户所在点的三维坐标,再经加密后发送给用户。确定用户三维坐标的原理是:以 2 颗在轨卫星的已知坐标为圆心,以测定的卫星至用户的距离为半径,形成 2 个球面,用户将位于这 2 个球面交线的圆弧上;控制中心的电子高程地图提供一个以地心为原点、以球心至地球表面高度为半径的非均匀球面,求解圆弧与非均匀球面的交点即可获得用户的位置。由于在定位时需要用户向卫星发送定位信号,根据传播信号的时间差计算用户位置,被称为"有源定位"。

北斗卫星导航系统和 GPS 的主要区别是技术体制,GPS 是一个接收型的定位系统,用户只要接收就可以做定位了,不受容量的限制。而北斗系统的最大优势是具有导航定位和通信的双重功能,虽然容量有限,但它的通信功能让它拥有巨大的应用前景,有专家称北斗系统是一个生命线工程,配有北斗接收设备的求救者可在一秒钟内发出呼救信号并随即能得到控制中心的响应和施救,例如大地震后我们所有的有线系统都可能瘫痪,而北斗系统作为一个空中监视系统则可及时报告灾情位置和发送相关信息;在战时北斗系统可为中国军队提供精确制导,为战场上的士兵提供准确的战场环境资料。

我国早在 20 世纪 60 年代末就开展了卫星导航系统的研制,20 世纪 70 年代后期以来先后提出过单星、双星、三星和 3～5 星的区域性系统方案,以及多星的全球系统的设想,并考虑到导航定位与通信等综合运用问题,最后确定为有源三维双星系统。目前,改进型的"北斗二号"已研制建成,它与 GPS 原理基本一致。覆盖中国本土的新一代区域性卫星导航定位系统,可为我国陆地、海洋、空中和空间的各类军事和民用提供多种业务保障,尤其对提高我国国防现代化具有重要意义。

1.7 欧盟体的伽利略系统(Galileo)

由于美国发展 GPS 技术的实质是以军用为主、民用为辅。一旦出现战事等紧急情况,美国将采取相应措施限制或终止外国使用 GPS,海湾战争和科索沃战争期间,美国对外限制 GPS 的使用进一步给欧洲人敲响了警钟,增强了欧盟建立自己的、不受美国控制的卫星导航定位系统的决心。同时,随着 GPS 逐步向民间开放,它已逐渐成为一个年产值达千亿美元的大产业。欧洲发展卫星导航系统,涉及重大的政治与经济利益,一方面是不"受制于人",另一方面可为欧盟各国带来巨大的商机,大幅提高欧盟的经济竞争力。因此,从 20 世纪 90 年代起,欧盟就开始酝酿建立自己的全球卫星导航系统,1998 年欧盟各国决定制定一个卫星导航系统的建设计划,1999 年初名为 Galileo(伽利略)的卫星导航系统计划出台。该系统的星座由均匀分布在三个轨道中的 30 颗卫星组成,每个轨道上 9 颗工作卫星和 1 颗备用卫星,轨道离地高约 24 000 km,计划总投资 35 亿欧元,所需资金中近三分之二是来自私营公司及投资者。Galileo 系统是欧洲计划建设的新一代民用全球卫星导航系统,多用于民用,也用于防务,它可提供三种服务信号:对普通用户的免费基本服务,加密且需注册付费的服务,供友好国家的防务等需要的高精度加密服务,其精度依次提高,用户可根据需要进行选择。

Galileo 与 GPS 比较具有一些明显的优势:一是定位精度高,Galileo 定位误差在 1 m 之内,远优于 GPS 的 10 m,有专家形象地评价说:"如果 GPS 可以发现街道,Galileo 就能够找到车库门”；二是 Galileo 的轨道位置比 GPS 高，可覆盖全世界所有地方，而 GPS 系统尚不能完全覆盖北欧；三是工作卫星多 6 颗，在同一地点可观测到的卫星比 GPS 多，能解决 GPS 系统解决不了的“城市森林”现象；四是它能与 GPS，GLONASS 系统相互兼容，Galileo 接收机可以采集各个系统的数据或者通过各个系统数据的组合来实现定位导航的要求。

按原计划 Galileo 系统的所有 30 颗正式卫星将于 2006 — 2010 年间分批发射升空，定位服务将最早于 2008 年开始展开。但欧盟已提前于 2005 年 12 月在哈萨克斯坦的拜科努尔航天中心由俄罗斯“联盟 - FG”火箭将 Galileo 系统的首颗实验卫星“GIOVE - A”发射升空。国际评论称：“这标志着欧洲正式迈向‘空间技术’，开始了与美国的空间竞争。”

Galileo 计划带来的经济效益是巨大的。欧盟的一项研究结果估计，发展卫星定位及导航技术仅在欧洲就可以创造出 14 万多个就业岗位，每年创造的经济收益将超过 100 亿欧元，仅出售航空和航海终端设备一项，就可在 2008 — 2020 年收入数百亿欧元，到 2020 年，预计的经济收益将达到 2 700 亿欧元。这意味着美国将丧失大量的收入和就业机会；同时，更精确、更安全、更稳定的 Galileo 系统完全有可能取代 GPS 而成为这一领域的国际标准。因此，在 Galileo 系统的筹划和实施中，一再受到美国的阻挠，美国甚至扬言要摧毁 Galileo 系统。

与 GPS 的另一个显著的区别是 Galileo 为开放式，欢迎其他国家加入。我国一开始就对 Galileo 计划表现出巨大热忱。2003 年 9 月，中国与欧盟正式签署了《伽利略卫星导航合作协定》，确定中国以“平等的合作伙伴”身份参与该计划，中国成为 Galileo 计划的第一个非欧盟成员，中国将总计注资 2 亿欧元，这也是中国迄今为止最大的国际科技合作项目，而中国也取得了该系统的部分所有权和全部使用权。同时，陆续加入该计划的国家还有以色列、乌克兰、印度、摩洛哥、沙特阿拉伯、俄罗斯等，除此以外，阿根廷、澳大利亚、巴西、加拿大、智利、日本、马来西亚、墨西哥、挪威、韩国、巴基斯坦等国加入“伽利略计划”也正在酝酿和进行中。

1.8　其他系统

对于卫星导航定位系统来说，无论是 GPS，GLONASS，还是 Galileo，它无疑是维护一个国家安全的重要体系，这种安全绝对不仅仅是指军事安全，也包括经济、政治、文化等方面的安全。不少国家和地区都在策划建立自己的卫星导航定位系统，以争取在这一领域的自主权和主动性。例如印度，开发了印度区域导航卫星系统（IRN53）；日本已建成由 4 颗卫星组成的“准天顶卫星系统”，该系统可以和 GPS 并用，定位精度高达十几厘米；加拿大的主动控制网系统（CACS）、德国的卫星定位导航服务系统（SAPOS）等也正在实施中。

综上所述，随着人类文明的不断进步和科学技术的快速发展，从原始时期的找方向、领路，发展到后来的陆基导航，再到现在的全球卫星导航定位系统，可以说这是几千年人类社会进步的一个缩影，它是伴随着人们生产、生活的需要而发展起来的。目前，世界上共有四套卫星导航定位系统，包括已投入运行的 GPS，GLONASS 和正在建设中 Galileo 等三套全球卫星导航定位系统和我国的区域性北斗卫星导航定位系统。这些卫星导航系统在给人们带来极大的方便、造福于人类的同时，已成为一个新兴产业并成为 21 世纪最热门的投资领域之一，它是继通信、互联网之后的第三个高新技术的经济增长点，已在北美、欧洲以及其他地区得到了广泛的应用并产生了巨大的经济效益。显而易见，建设卫星导航定位系统不仅经济效益显著，而且更是一个国家国防能力和综合实力的重要体现。展望未来，不断完善现有的系统，设计和建设能满足社会进步所提出的新的要求、全世界和平共享的新一代又一代的全球卫星导航定位系统应是人们永远追求的目标。

思考题

1. 无人机发展分哪几个阶段,代表机型是什么?
2. 无人机导航定位技术涉及哪些方面,发展趋势如何?
3. 导航对于日常生活有什么意义?导航工具有哪些?
4. 什么是陆基导航?哪些导航系统属于陆基导航?
5. 目前主流的星际导航系统有哪些?

第2章　导航技术概论

无人机是一种用计算机和无线链路取代飞机驾驶员的飞机，由无人机载体、通信链路、导航系统、增稳与控制系统、发动机及发射、回收装置等部分组成。作为一种航空器，其除了机载上面没有人驾驶外，与其他航空器一样必须解决导航问题，因为任何一架无人机飞行都会有其目的性，因此，导航系统涉及的导航技术是人们了解掌握无人机的关键。

2.1　概　　述

当人们在森林中迷失方向时，当一艘孤舟在汪洋大海中漂泊时，当草原上的羊群找不到暮归的路时，他们多么需要领路、导向。实际上，在有生命的世界中，时时刻刻都存在导向问题。随着人类文明的不断进步，人们从刀耕火种的原始时代逐步发展到了有车、有船，甚至有了飞机、飞船、卫星的现代社会，导向的含义发生了根本性的外延和扩展。“Navigation”一词源于海洋中船舶的航行，起初人们是通过罗盘、天文等手段对航行在海洋中的船舶进行导向和领航，后来发展到陆地车辆以及空中飞行器的领航，以致“Navigation”逐渐被译成“导航”。

2.1.1　导航的定义与作用

导航是一个技术门类的总称。顾名思义，它最基本的作用是引导飞机、船舰、车辆（总称作运载体）以及个人，安全准确地沿着所选定的路线，准时地到达目的地。

“导航”一词从广义上讲主要有两方面的活动范畴，一是直观的、容易实施的，即在已知方向或路线的情况下给客体领路、导向，把客体带向目的地，比如车队在领航员的带领下行进，船舶沿着罗盘给定的方向航行。二是控制型的、较复杂的，其实质是通过实时测定运动客体在途的位置（坐标）、速度、时间或姿态等动态参数，进行数据分析和计算，确定一条包括对速度、时间等方面有要求的科学的路线和科学的行驶方案，然后利用操作系统引导和控制运动客体沿着已确定的路线行驶，行驶过程中还要进行实时纠偏和修正，例如现代技术的船舶航行、飞机飞行、火箭发射以及装备了导航装置的各类车辆的行驶等等。

导航由导航系统完成。任何导航系统中均包括有装在运载体上的导航设备，驾驶员或自动驾驶仪根据导航设备的仪表指示或输出的信号，便能在云海茫茫的天上、水天相接的海上、在任何陌生的环境中，不管是白天或夜晚、雨天、雾天或晴天，夏天或冬天，操纵运载体正确地向目的地前进。这种指示或信号的内容称为导航信息。如果装在运载体上的设备可单独产生导航信息，便称它为自主式导航系统。但是，我们大部分使用的导航系统，除了要有装在运载体上的导航设备之外，还需要有设在其他地方的一套设备与之配合工作，才能产生导航信息。

此时装在运载体上的设备分别称作机载、船(舰)载或车载导航设备,而设在其他地方的那套设备叫做导航台。导航台不断输出导航信息,一般设在陆上,也有设在舰上的,飞机上设导航台的不多。导航台与运载体上的导航设备用无线电波相联系,形成一个导航系统。运载体(可以是许多)进入导航台所发射的电磁波的覆盖范围后,它的导航设备便能输出导航信息。如果导航台设在人造地球卫星上,便是卫星导航系统。陆基导航系统和卫星导航系统又统称为无线电导航系统。卫星导航系统示意图,如图 2-1 所示。

导航系统所完成的功能叫做导航或导航服务。自从人类出现最初的政治、经济和军事活动以来,便有了对导航的需求。根据传说,大约在公元前 2600 年,黄帝部落与蚩尤部落在涿鹿发生大战,由于有指南车的指引,黄帝的军队在大风雨中仍能辨别方向,因此,取得了战争的胜利。在楚汉相争中,项羽垓下大败,溃围南逃,到陵阴迷失了道路,于是向一田父问路,田父故意给了他一个错误的引导信息,叫他往左走,结果陷入大泽,再回头时已被汉军追及,致使这位“力拔山兮气盖世”的西楚霸王自刎乌江。

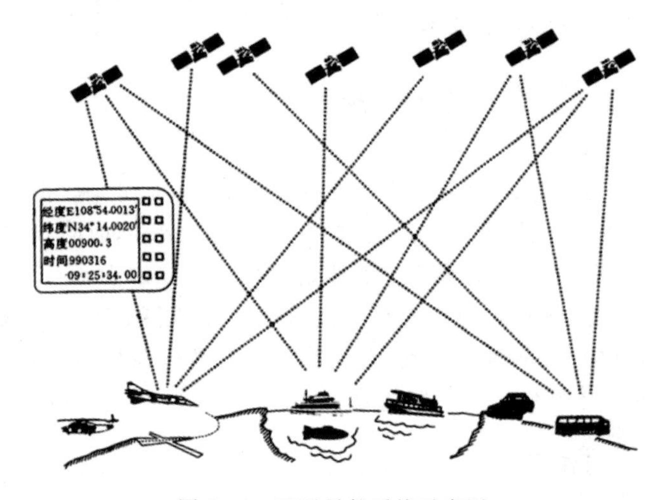

图 2-1 卫星导航系统示意图

试想那些在古代丝绸之路上长途跋涉的骆驼队,在中国北方驰道上来往于各诸侯国间连横合纵的说客和商旅,为了达到目标城市,他们不仅必须了解正确的前进方向,而且要了解当时的位置与时间,估计出前进的速度,才能正确地选择下一个驿栈,以补充食物与饮水,使人畜得到必要的休息。

古希腊人与罗马人在地中海区域的海上进行商业活动与战争,中国明代的郑和下西洋,在茫茫的大海上,没有地物可做参考,没有导航是不可能的。

在 1990 年 8 月—1991 年 3 月的海湾战争中,在阿拉伯半岛没有任何地形可资参照的茫茫沙海上,从所谓“沙漠盾牌”到“沙漠风暴”直至战后扫雷与救援,多国部队几乎每一种战术操作都离不开卫星导航系统的引导,从而对只有少量卫星导航设备的伊拉克军队形成了明显的军事优势。比如在“沙漠风暴”中,多国部队用“声东击西”的战略,用大量的部队穿过伊拉克西大沙漠到幼发拉底河一线,对伊军实施战略迂回包围,全靠卫星导航的精确指引。事后伊军一个俘虏说,我们知道那里(西部)是我们的地方,但是我们不到那里去,因为在那里我们会迷路。

所有以上从古到今的例子都说明,导航是人类从事政治、经济和军事活动必不可少的信息技术。

2.1.2　导航的基本功能

导航随人类政治、经济和军事活动的产生而产生，随人类政治、经济和军事活动的发展而不断从低级到高级发展。

首先，人类活动的范围不断扩展，所使用的交通运输工具不断改进(航程远、载运量和速度不断加大)，对导航提出了越来越高的要求。人类活动的主要范围从远古的黄河流域，地中海和波斯湾沿岸，印度河流域逐步向邻近区域扩展。14 世纪末叶新大陆的发现和从欧洲绕过好望角到东方的海上航路的开辟，使人类活动不仅可以凭借陆路、内河、近海交通发展延伸到几乎全世界的海上交通。然而一直到 19 世纪中叶，交通运输总体说来还主要依靠人力、畜力和风力，因此发展是相对缓慢的。20 世纪初蒸汽动力的出现，设计出了火车和轮船，使海上运输和铁路运输得到了极大发展。20 世纪末，汽车的大量投入使用使陆路运输进一步繁荣起来。21 世纪初航空运输的兴起，加快了人类经济和军事活动的节奏。时至今日，人类活动的领域不仅包括了地球表面的五大洲、三大洋、南北极，陆上、水上、空中，还包括了水下和外层空间，要求为经济、军事目的和科学研究的各式各样的运载体，如车辆、船舰、飞机、火箭、卫星、航天器提供相应的导航服务。但是到目前为止，人类已经建立的导航系统主要还是为航空和航海提供服务，或者说导航技术发展的主要推动力来自于这两个方面，因为它们是除了陆路运输之外的两种主要运输形式，尤其是航空领域对导航提出了严格要求，这是由于飞机在空中必须保持运动，运动速度相对较快，留空时间有限，事故后果严重，而飞行器所能容纳的载荷与体积较小，使导航设备的选择受到了较大的限制。

运载体对导航要求的提高，使导航的功能从主要提供运载体的航向转变为主要提供位置信息。随着航空和航海交通的发展，为了提高安全性和经济性，人们放弃了这种较为粗放的航行方式。天空被划分为联接城市间的一条条具有一定宽度和高度的航路，近海和港口内也规定船只只能沿有一定宽度的航道行驶，为运载体提供的实时位置成为头等重要的导航信息，因为它使驾驶员能随时判定运载体是否在规定的航路或航道中行驶，是否有偏出航路或航道的趋势，离目的地还有多远，从而避免相撞、触礁或搁浅，以及误入禁区，节省油料与时间，并准时到达目的地。对于军事航行也是如此，由于执行任务的需要，军用飞机与舰艇可以沿航路或航道行驶，也可以在任何所需要的地域内活动。在沿航路或航道内行驶时，必须服从该地区统一的规定，因此要有实时定位信息，以使军民交通安全有序地进行；在航路或航道以外行驶时，必须有实时定位信息，才能及时准确地到达目的地或返回基地。尤其是在敌占区执行任务时，还要选择避开敌方火力范围，敌方所设雷区或设伏区，沿敌方不易发现或有地形隐蔽的航线到达目的地，因此也要有实时的定位信息。今天我们使用的导航系统，主要是单独或相互搭配，为运载体提供实时定位信息。而提供航向的设备，比如磁罗盘(磁罗经)、航向姿态基准系统等，虽然也是飞机或船舰必装的，但基本上已不属于导航的研究范围，而归于航行仪器(表)一类了。西安-咸阳机场周围的空中航路见图 2 - 2。

航路或航道有多宽呢？空中航行包括航路/终端区与进近/着陆两个阶段，而航路/终端区阶段又分为越洋航路、本土航路、终端区、边远区和从地面到地平面以上 1 270 m 低高度飞行区等五个分阶段，而进近/着陆阶段又分为非精密进近、精密进近和着陆两种类型。总之，越接近机场，飞机的密度越高，所要完成的操作要求也越精密(例如要在跑道上着陆)，因此越接近机场航路越窄；而在边远区、越洋区则航路较宽，故不同的飞行阶段对导航定位信息的精度提出了不同的要求。与航空相类似，水上航行区分为内河阶段、港口/港口入口阶段、岸区阶段和远洋阶段。内河和港口航道较窄，远洋航行则较宽。为了保障航行安全，并获取大的经济效益，不同航行阶段对导航信息的精度及其他要求也不一样。

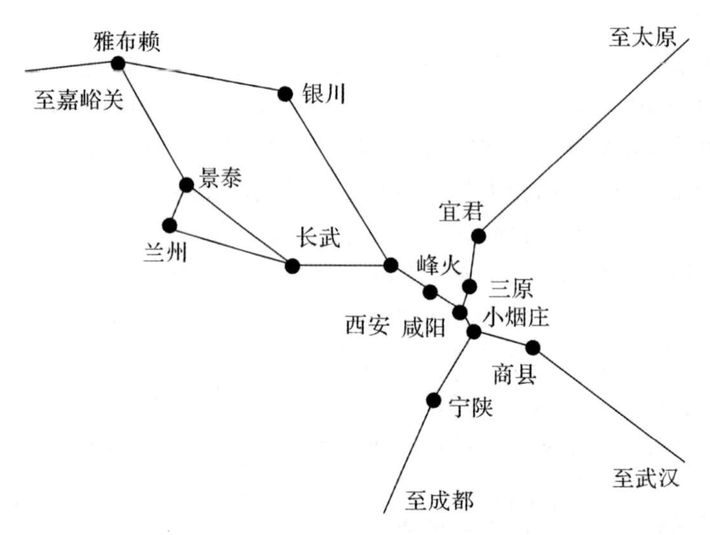

图 2-2　西安附近区域的空中航路示意图

到目前为止，我们所依赖的导航系统基本上是在第二次世界大战期间及以后逐渐发展起来的，虽然设备技术在不断改进，但体制却基本保持不变，有无线电导航系统和自主式导航系统两类，而且以无线电导航系统为主。这些无线电系统都是在陆上设立导航台，发射无线电信号。装在飞机或船只上的导航设备接收导航台发射的无线电信号或与导航台配合工作，给飞机或船只的驾驶员指示出它们的实时位置。这类无线电导航系统工作的基础是设在陆上的导航台，故称为陆基无线电导航系统。这种陆基系统所能提供的导航信号覆盖范围和所产生的定位精度通常是不可兼得的，即覆盖范围很大的系统，其导航精度和导航数据的更新速率通常较低，而提供高导航精度的系统通常只有有限的覆盖范围。这是因为设计这些导航系统时只有两种可能的选择，要么选择很低的信号发射频率，比如奥米伽系统，频率为 10 kHz 左右，电波在地球表面与电离层之间形成的“大气波导”中来回反射，因此可以传到很远的地方。正是因为有了低频导航系统，才使全球任何地方都有了导航信号覆盖。然而由于工作在低频，电波传播受到电离层变动、地表导电性能变动的影响，导航精度难以较高。另一种选择是用较高的频率，这时可以设计出具有较高精度的导航系统，比如伏尔/测距器、塔康、仪表着陆系统等，以满足要有高精度导航服务的航行阶段的需求。然而在高的频率上，电波沿直线传播而且要穿透电离层，由于地球表面的弯曲和地形起伏，一个导航台只能覆盖小的区域，见图 2-3。要完成大范围覆盖则要毗邻布局大量导航台，而且在海上和边远地区根本无法或很难建台，信号仍然覆盖不到。因此，一架飞机或一艘船舰，要视其航行的区域或所执行的使命而装备多部导航设备，以满足不同航行阶段的需要。这种情况只是在卫星导航出现之后才开始改变。因为从离地高度 20 000 km 左右的卫星，可以看到 42%的地球表面积。而所发射的电波频率很高，可以顺利地穿过电离层。因此由多颗卫星组成的星座可以覆盖全球，同时又能提供高的导航精度。

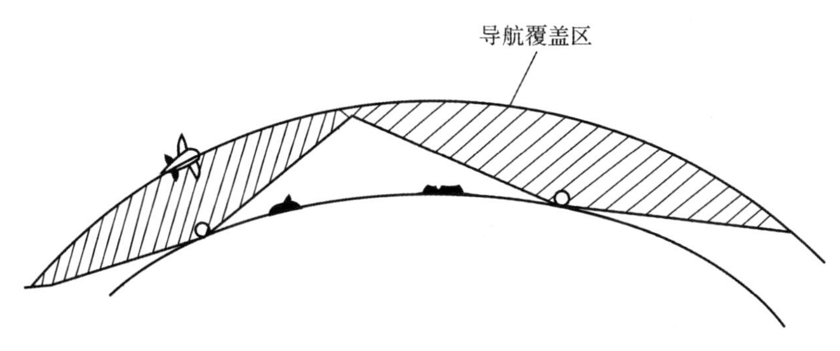

图 2-3　超高频导航台的覆盖区

不管是空中还是海上，航路宽度的规定都受着导航技术所能达到的覆盖范围与精度的制约。原因很简单，因为超过了导航信号覆盖范围与精度的航路规定是无法遵循的。导航技术的发展又会反过来促进航空和航海事业的发展，因为随着经济的发展，飞机和船只的流量不断增加，要求在同样的空间内容纳更多的运载体，并且运载体占用关键空域或水域的时间越少越好，这就要求相应的导航技术支持。因此运输和导航是一对矛盾的统一体，正是这一对矛盾推动着交通运输与导航技术不断发展。

2.1.3　导航与其他定位系统的关系

导航的基本任务是为载体提供实时的位置信息，因此实际上是一种定位系统。但是还有其他一些定位系统，比如雷达和无线电定位系统，导航系统与它们之间是什么关系呢？雷达是一种探测系统，可以固定不动，也可设在飞机、船舰或车辆上，成为移动的。它利用定向无线电波束，向目标（比如飞机、船只、导弹等）发射电磁波，电磁波在目标上发生反射，雷达接收反射波，雷达利用波束的定向性和电磁波的往返时间测量出目标的方位与距离（也有测高的）。这样，目标位置信息为雷达所获得，并提供给载有雷达的载体，而不是为目标所获得。这与导航为作为服务对象的飞机、船舰本身提供定位信息显然是不同的。当然有些雷达也可以用作导航，如海用导航雷达，多普勒雷达和精密进近雷达，但这只是雷达的一种应用方式。另外，导航既然是一种服务，服务对象自然与导航台是一种合作关系。而雷达则不然，除了二次雷达之外，其他的雷达都不管对方是否合作，都可进行探测。再者，雷达常用相对于雷达站的距离与角度对目标定位，而导航则不一定，有的用运载体相对于导航台的距离与方位定出载体的位置（极坐标定位），也可以用相距几个导航台的距离的差值来定位（双曲线定位），或者距几个导航台的距离（圆—圆定位）或距几个导航台的角度来定位。由此可见，雷达与导航都是定位系统，有些技术可以相互借鉴（比如卡尔曼滤波技术），有些雷达还用作导航，然而它们仍然是有本质差别的。

无线电定位（Radio Location）用来确定运载体或地球上固定点的位置，靶场、探矿及测绘等部门都需要无线电定位。由于导航也能定位，因此有时还将导航系统用作无线电定位。但无线电定位，比如测绘定位，是另外一门学问和技术，它所用的仪器、设备与系统，要求很高的测量精度，在测地时还要在远距离上实现很高的相对测量精度，比如在 5 000 km 上达到厘米级的精度；然而却不一定要求数据是实时的，有时为测定一个点的精确位置可以花去较长的时间。相反，导航则要给出运动中的运载体的实时位置，才能引导运载体航行，而且导航数据更新率要与运载体的速度相适应,才能实现导航的目的。因此,导航定位与无线电定位是两种技术,所用的设备与系统也不相同,但是由于卫星导航系统全球覆盖,而且可以做到精度很高,已经成为无线电定位的有力工具,从这种意义上说,无线电定位与导航定位的差别又在逐步缩小。

2.1.4 航行对无线电导航系统的要求

导航的基本作用是为运载体航行服务,其中包括交通运输航行与军事航行,它所提供的服务应该满足航行所提出的特定要求,即安全性、连续性,以及其他要求。上述要求许多是其他种类的定位系统不必要的,综上,我们可以进一步看到导航的本质,看到导航与其他定位系统之间质的差别。

一般说来,要描述一个无线电导航系统,必须考虑其精度、可用性、可靠性、覆盖范围、信息更新率、多值性、系统容量、完善性和导航信息的维数等一共九个参数,对它们分别叙述如下。

1. 精度

导航系统的精度指系统为运载体所提供的位置与运载体当时的真实位置之间的重合度。受各种各样因素的影响,比如发射信号的不稳定、接收设备的测量误差、气候及其他物理变化对电磁波传播媒介的影响等。这种重合度时好时坏,即导航误差是一个随机变化的量,因此只能用统计的度量单位来描述,即用定位误差不超过一个数值的概率来描述。

有些导航系统只为运载体提供一维位置,比如高度或方位,此时精度用 2σ 来描述,相当于95%的置信度。即每次测量结果有95%的可能性其误差小于等于 2σ 值。

有些导航系统给出运载体的二维位置,通常是水平位置,此时精度用 $2drms$ 来描述。$drms$ 是“距离误差均方根值”的缩写。当用导航系统为运载体多次提供位置时,这些位置值总与其真实位置有一些或大或小的偏差,如果不管偏差的方向,只管偏差的径向距离,用这些距离求均方根值便得到 $drms$,$drms$ 的二倍便是 $2drms$。在无线电导航系统中,常发生偏差值在各个方向上不均匀的现象,在一个方向上误差大一些,在与这个方向相垂直的方向上误差小一些,即误差分布是一个椭圆。椭圆便有椭圆度,椭圆度影响着 $2drms$ 与置信度之间的关系。如果椭圆是很扁的,即向一条线收束,那么 $2drms$ 的置信度趋于95%。如果椭圆很胖,向圆靠近,则置信度趋于98%。在军事上不常用 $2drms$ 而用圆概率误差(CEP)来描述水平定位精度。CEP是一个以运载体真实位置为圆心的圆的半径,在所有可能的导航定位值中,有50%落在这个圆内,相当于50%的置信度。一般来说,$2drms$ 值等于CEP值的25倍左右。

以上说的是衡量导航系统精度的方法。导航系统的精度还有以下三种类型。

第一种是预测精度。它是导航测量结果相对于地图上标出的位置而言的精度。由于测地学的历史发展,或因为其他原因,用于绘制地图的坐标系(测地基准),各国各地区可能并不完全一样。因此,同一地理位置,同一导航台的台址,在不同的地图上标出的经度和纬度坐标便有可能不一样。为了判明导航系统的预测精度,必须把地图数据与导航系统测得的位置(用坐标变换的算法自动显示为经纬度)都用同一种测地坐标系来指示。

第二种是重复精度。它指用户回到从前曾用同一导航系统测定过的位置的精度。

第三种是相对精度。它指用户测量出的位置相对于另一个同时用同一导航系统测量出的位置的精度。

在不同的导航应用中有时关注的精度类型不一样。如果运载体要保持在地图上标绘的航路或航道中航行，自然要求有一定的预测精度。如果运载体到了一个从前陌生的地点，用导航系统的数据记下了它的位置，而下一次还想利用同一导航系统回到那里去的话，所能达到的精度便是重复精度。在用飞机执行搜索救援中，一架飞机一般按相隔不远的一些平行线来回飞行，以对一定的范围进行搜索。当飞机刚飞过了一条线，紧接着再按同一导航系统飞往另一条线时，这两条线之间的距离所能达到的精度便是相对精度。有些导航系统，这三种精度相差是较大的。

2. 可用性与可靠性

交通运输是经济命脉，不会停止，军事航行是按需要进行，因此导航服务不能中断，应能够提供全天候服务。这就要求无论在什么天气、地形和电波传播条件下都要能提供符合要求的导航服务。然而导航系统受多种因素的影响仍可能停止工作。如导航台每年要有几天定期检修，太阳黑子活动有时会影响低频电波传播，供电系统故障也有可能造成发射台不能发射信号。应想方设法减少这些因素对导航服务的影响，因此对导航系统提出了可用性这一指标。系统可用性是它为运载体提供可用的导航服务的时间的百分比。可用性是选定导航系统的指标之一。然而还有另一项与之相关连的指标，即系统的可靠性。系统的可靠性是系统在给定的使用条件下在规定的时间内以规定的性能完成其功能的概率，它标志着系统发生故障的频度。为了说明系统可用性与可靠性的差别，我们举出在实际中不大可能发生的极端的例子。比如有些导航系统每年有几天要停下来检修发射台的大型铁塔天线，这当然对其可用性有影响，然而除开停机的那几天，它的服务十分连续，发射台、用户设备工作和电波传播都很稳定，因此可靠性很高。相反有些系统每年不需要停机检修，因此可用指标很高，但时不时要出点短期毛病，这就是可靠性不高，这种时不时发生的毛病在关键时刻影响也是很大的。在导航中还有信号可用性的提法。信号可用性指从导航台发射的导航信号可以使用的时间百分比，它与发射台及电波传播环境有关。

3. 覆盖范围

覆盖范围指的是一个面积或立体空间，那里导航信号足以使驾驶员以规定的精度定出载体的位置。覆盖范围受到系统几何关系(许多无线电导航系统，当运载体与导航台之间的距离或方位不一样时，导航精度便不同)、发射信号功率电平、接收机灵敏度、大气噪声条件，以及其他影响信号可用性等因素的影响。

4. 导航信息更新率

导航信息更新率是指导航系统在单位时间内提供定位或其他导航数据的次数，对更新率的要求与运载体的航行速度和所执行的任务有关系。比如对于无人机飞行来说，如果导航信息更新率不够，在两次为无人机提供定位数据之间的时间内，飞机的当前位置与上一次的指示位置就可能相差很远，这就使导航服务的实际精度大打折扣，不能精确和平稳地保证无人机飞行。

5. 导航信息多值性

有些无线电导航系统为运载体给出的位置信息可能有多种解释，比如奥米伽系统，大约每隔 288 n mile(海里)，其位置指示便要发生重复，这便产生了多值性问题。当然运载体实际只能处在其中某一个位置上，不可能同时在几个位置上。为了认定其中确定的一个，必须采用辅助手段。因此一旦存在多值性时，具有解决多值性的手段也是对导航系统的要求之一。

6. 系统容量

由于交通运输的发展，在一定范围内的运载体数量越来越多。有些无线电导航系统的工作方式是，导航台发射信号，运载体上只需载有导航接收机，因此无论有多少运载体都没有关系，即可以为无限的用户数目提供导航服务。这种用户设备由于工作时不发射信号，称作无源工作。有些导航系统则不然，一个导航台只能与数目有限的用户设备配合工作，即系统只能为数量有限的运载体服务。导航要求能在其覆盖区内同时为所有需要导航服务的用户提供服务。

7. 系统完善性

所谓完善性指的是当导航系统发生任何故障或误差变得超出了允许的范围时，自动向驾驶员发出及时报警的能力。这显然是必要的。比如飞机向跑道下滑的阶段，如果导航系统发生了故障或误差超过了允许的范围而驾驶员未及时发觉，而继续按仪表飞行，便有可能使飞机偏离或滑出跑道甚至撞到地上，酿成事故。

8. 导航信息的维数

导航信息的维数是指导航系统为用户所提供的是一维、二维还是三维的位置。导航系统从导航信号中导出的第四维(例如时间)信息也属于这个参数。

总之，导航系统的性能是由其信号特性和上述九个参数来描述的。为了保证交通运输和军事航行的安全和连续进行，对导航的性能要求是特定的，也是多方面的，不能只根据一项或几项参数，比如精度或覆盖范围，便认定一种定位系统可用作导航，或以此对各导航系统进行比较与选择。

2.1.5 军事导航与民用导航

导航是交通运输所必需的，也是执行军事任务所必需的，但有军事导航和民用导航之分。军事导航要为执行任务提供所需要的支持，这种支持大体上可以分为两类：一类是为军事航行服务，即把军事运载体从出发点，沿选定的航线，安全、准确、准时地引导到目的地；另一类是到达目的地之后，支持执行任务所需要的军事操作。

军事航行是部队执行各种任务的基础。对于空军来说，无论是训练、转场、运输、巡逻、空投、搜索与救援，或是到作战区域去执行各种任务，比如拦截、空袭、侦察或电子战干扰等飞机都必须从基地起飞，沿着指定的航线，准时地到达指定的空域，并且在执行完成任务之后，返回或飞向指定的机场，进近与着陆。整个航行过程中都必须依赖导航的引导。对海军来说，舰队出海进行训练、演习、巡逻、运输、缉私或是到目的地后进行水面作战、对陆攻击、布雷和扫雷等，在出港、中途航行与返回停泊的过程中都需要导航。因此导航是执行军事任务必要的保障手段，导航设备是军事平台必不可少的装备。

交通运输一般沿着规定的较为固定的航线进行，而军事航行的航线则由军事任务而定，可以沿交通航线，也可以不沿交通航线进行。比如空军基地不一定在交通线上，飞行训练一般不在交通线上进行，转场时飞行路线可能要横穿交通线，轰炸敌方目标的飞行路线要考虑到目标区、地形、气象、敌方对空火力区及敌机活动区的分布等。因此理论上民用导航服务侧重于交通线，而军事导航则要区域覆盖，还包括水下，军事导航与民用导航的服务区域不一定是重合的。另外，军事航行的环境与民用交通环境也不完全相同。民用航线主要设置在有较大货运和客运流量的城市与口岸之间，定期或不定期的空运或海运沿交通线进行，为它服务的导航台设施是较为固定的，只是随着交通运输的发展而逐步扩展与升级。军事航行则随着任务的需要有一定变动性。比如某一边境局势紧张，则在这个方向上的军队和物资运输便比较多；在战争时期随着战线的推移，空、海、陆运要及时跟上；还需要到敌占区执行任务（此时会遇到敌方的阻挠与破坏）。这就造成为军事航行服务的导航要考虑机动性、自主性和抗干扰性。

另一方面，既然导航能为军事运载体提供实时的位置和其他信息，便可以利用它完成作战操作任务。比如，预警飞机上配有功能很强的雷达，但这部雷达的基座不是固定在地面上，而是在飞机构架上，因此随着飞机的运动不但雷达的位置在不断变动而且其波束指向也因飞机航向、俯仰与倾角的变动而不断变动，这就必须要有导航所提供的飞机实时位置与姿态信息，才能探测出目标的位置。又如，在侦知目标的位置后，我方要对其实施导弹攻击，如果我方使用机动导弹或载于飞机或军舰等运动平台上的导弹，则首先要利用导航所产生的平台位置及速度数据对导弹作初始化，还可以利用载于导弹上的导航设备对其进行制导。导航的这一类作用使其成为一种武器，是部队战斗力的组成部分。战场作战的需要对导航系统的抗干扰能力、保密性、反欺骗、反利用、抗毁性、导航信息的多样性（位置、速度、姿态、时间等）及精度提出了很高的要求。

由上可见，导航不仅在经济，而且在军事上具有重大意义，正因为如此，它将随军事需求的发展而发展，军事需求是导航技术发展的重要推动力。

总之，民用导航首先要保障航行安全，同时必须考虑经济效益，因为不能带来高的效费比或者用户设备太贵的系统是不可能推广的。军事导航首先要满足执行任务的需要，当然也受到经济因素的制约，因为无论哪一个国家，军费都不可能是无限的。当然，军事与民用导航有差异，但也不是截然不同的两种技术。由于军事航行和民用交通航行所执行的任务十分类似，历史上有一些系统是首先为军事需要而发展，如奥米伽、罗兰-C 和子午仪等，然后再开放作民用的，成为一种军民合用系统。另外，军事运载体上通常装有民用导航设备，这是因为民用导航设施是现成的，也比较完备，尽量加以利用或作为一种冗余配置，从经济上和导航信息多途径保障方面看，都是合理的。

2.2 导航技术近代发展简史

为了航空航海安全和高效率地进行，也为了满足部队执行任务的需要，导航系统的选定和导航台的建设基本上是一种政府行为。而用户选用哪一种或几种导航系统，则取决于他的需要，其中包括活动范围、所从事的业务、载体的类型与大小，以及经济上的考虑。

随着导航技术的不断进步，新系统的不断出现和采用，有些旧系统由于还有相当的用户（国际的或国内的），还在继续工作，而有些则淘汰了。因此，导航设施呈现出在世界、地区或国家范围内既统一又不完全统一的情况。因此，要了解导航的现状便不得不对导航的发展历史有所了解。

本节我们将对今天还有影响的近代导航技术发展过程作一简要叙述，以帮助了解目前导航的状况。我们分无线电导航和自主式导航两方面来讨论。

2.2.1 无线电导航的发明——近代导航史的开端

无线电导航是20世纪一项重大的发明，电磁波第一个应用的领域是通信，而第二个应用领域就是导航。早在1912年就开始研制世界上第一个无线电导航设备，即振幅式测向仪，称无线电罗盘。无线电导航的发明，使导航系统成为航行中真正可以依赖的工具，因此具有划时代的意义。

在第一次世界大战期间，海上首先使用了无线电通信，与此同时，在海岸上开始安装发射375 kHz连续无线电波的无线电信标台。信标台天线的水平方向图为圆形，在所发射的连续波中用莫尔斯电码作为不同台的识别信号。船上装有定向机接收无线电波。定向机配有可旋转的环形天线，环形天线水平方向图为8字形。当船只离岸在一定距离以内时，可以用转动环形天线的方法找出接收到的信号为0的方向，这个方向便是指向无线电信标台的方向。而当能测出到两个或两个以上的信标的方向时，便可以根据这些方向的交点找出船位。

1922年发明了声呐，它的工作原理类似雷达，只是使用的是超声波，装在船的底部，船只可借以发现水下障碍物、潜艇或用来测绘海底地图。

1935年法国首先在商船上装备VHF频段的雷达，以观测海岸和附近的船只，用作近岸导航和船间避撞。1939年德国在战舰上装备了VHF频段雷达，在第二次世界大战中美国所有大的舰船上都装有雷达。

在1929年，根据等信号指示航道工作原理，研制了四航道信标、航空导航用的无线电信标，以及垂直指点信标。

四航道信标的天线为相互垂直交叉的一对环，发射连续的无线电波，为装有相应接收机的飞机指出到信标的四个航道。四航道信标在美国大陆使用，作用范围约为100 n mile，要毗邻布台才能覆盖较大的区域。

航空导航无线电信标首先在欧洲使用，然后再传到美国。它的作用原理与海上导航无线电信标十分类似。机载设备叫做无线电定向机(或无线电罗盘)，测量出相对于飞机轴线来说的无线电信标台的方位，作用范围与四航道信标差不多。由于无线电信标不限于四个航道，而是全向的，因此显然更优越一些。

在美国，无线电信标安装在机场附近，使飞机能够精确地向信标台飞行，然后执行向跑道的"非精密"进近。

鉴于四航道信标和无线电信标均只能提供航向而不能提供飞机的位置信息，因此在沿四航道信标的航路上或沿非精密进近的路线上装有垂直指点信标以对上述两种系统进行补充。指点信标的工作原理与无线电信标类似，只是天线的方向图垂直向上，形状像蜡烛的火焰，由于它的安装位置是确定已知的，当飞机飞过时便知道飞到了哪里。

与从前所用的导航方法比，无线电导航不受季节、能见度的限制，工作可靠、精度高，指示明确、使用方便，因此很快得到了推广。

这是无线电导航的初期阶段，离大陆不远的航海和发达区域的航空有了较为可靠和精确的保障。这一阶段的特点是：航海导航技术领先，航空导航技术许多是在航海导航技术启示下发展的；测向能力强于定位能力。在远海航海和洲际飞行时仍主要依靠目视观测及一些古老的技术。如今，四航道信标已经消失了，船用导航雷达、航空和航海无线电信标和指点信标还在使用。

第二次世界大战中，由于军事上的需要，无线电导航飞速发展，出现了许多新的系统。战后在此基础上继续发展，1945—1960年研制了数十种之多，典型的系统如近程的伏尔(VOR)、测向器(DME)、塔康(TACAN)等；中程的有罗兰-B、康索尔(Consol)；远程的有法康(Facom)、罗兰-C(Loran-C)等；超远程的有奥米伽(Omega)等。形成了今天的导航体制的基本格局。

(1)无线电信标：1929年问世，精度3～100(2*drms*)，拥有美国用户18万～50万个，价格低廉，工作可靠，用于民用飞机和小型船舶，它作为一种低成本与备用导航系统保留到了20世纪末。

(2)台卡系统：1944年面世，作用距离370 km，定位精度15 m，主要在欧洲使用，是一种区域性导航系统。

(3)伏尔/测距器，分别诞生于1946年和1959年，作用距离在视线距离之内，重复精度与相对精度分别为0.35°(2*drms*)和185 m(2*drms*)。甚高频全向信标(VOR)和超高频测距器(DME)两种系统配套工作可为飞机提供相对于正北的方位和到地面台的距离。我国先后研制成功这两种无线电导航系统，一共建设有176套VOR和DME投入使用，是我国民用航空的主要无线电导航系统。按伏尔系统航行与按天线电信标航行的对比，见图2-4。

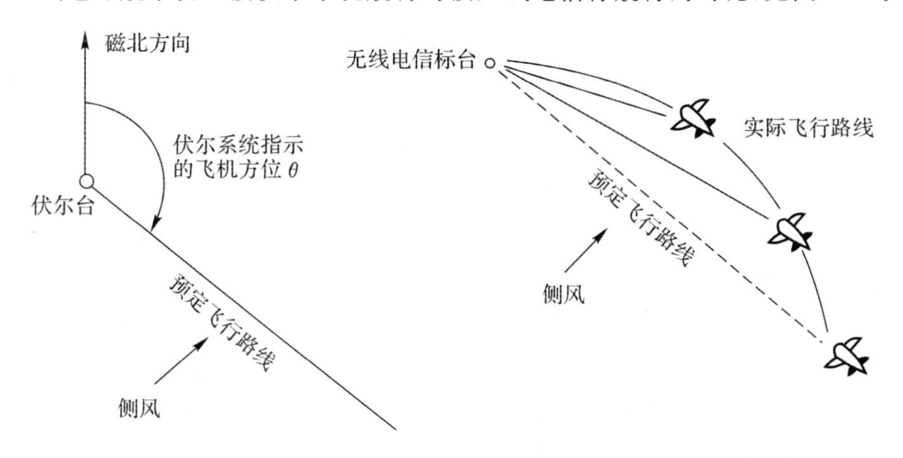

图2-4　按伏尔系统航行与按无线电信标航行之间的比较

(4)塔康系统：1954年建成，有用户约1.7万个，它在一个频段上实现了同时测向、测距。地面台生产装备了约65套，机载设备约793台。该体制是我国军用航空的主要装备体制。

(5)罗兰-C：第一个台链于1957年建成。作用距离地波2 000 km，天波4 000 km，定位精度地波460 m(2*drms*)，重复与相对精度为18～90 m(2*drms*)。全球共建大小台链约20个，近100个地面台，拥有用户超过100万个，作为民用还在继续效力。

罗兰-C是一种远距离(1 850 km)，低频(100 kHz)的双曲线无线电导航系统，选用两个同步发射器信号到达的时间差来定位，可以提供100～200 m的精度。

奥米伽，1982年全面建成，全球8个地面台，采用甚低频系统，作用距离1.5万km，精度3.7～7.4 km(2*drms*)。全球用户约2.7万个，80%以上为民用用户。

1964年美国海军发射子午仪(Transit)导航卫星，这是美国海军导航史上的重大事件，它的全称为“海军导航卫星系统”。子午仪于1964年投入使用，1967年向民用开放。系统由空间卫星、地面站和用户设备三部分组成。空中6颗卫星分布在6条离地面约1 080 km的圆形轨道上；地面建有4个跟踪站，两个注入站和一个计算中心；用户设备包括导航接收机和计算机，广泛用于美国国内外商船和军舰上。由于定义能连续定位，且两次定位之间间隔时间比较长，加之先进的真正的全球卫星导航系统GPS的问世，因此，子午仪于1990年开始被淘汰，1996年终止使用，但作为第一代卫星导航系统因其将地面导航台搬至天空中将永远载入史册。

2.2.2 自主式导航

陆基无线电导航系统的优点是把整个导航系统的复杂性集中在导航台上，使机载或船载用户设备比较简单，因此价格低廉，可靠性高，易于推广应用。但是从作战使用的角度看，由于它要有导航台及依赖电波在空间传播，对系统的生存能力、抗干扰、反利用、抗欺骗能力都不大有利。

另外一种导航方法，即不依赖外界信息，只靠载体自身的惯性测量来完成导航任务的技术叫自主式导航。惯性导航系统是利用惯性敏感器件、基准方向及最初的位置信息来确定运载体在惯性空间中的位置、方向和速度的自主式导航系统，简称惯导。

早期的机载推算导航系统，利用陀螺或磁航向将所测出的飞机的空速分解成东向和北向分量，然后分别积分，以算出各个方向上所经过的距离，并在此基础上算出所经过的距离与方向。

20世纪60年代开始，惯导首先是在航海领域，然后是航空领域大量投入使用。20世纪80年代以前所用的惯性导航系统都是平台式的，它以陀螺为基础形成一个不随载体姿态和载体在地球上的位置而变动的稳定平台，保持着指向东、北、天三个方向的坐标系。固定在平台上的加速度计分别测量出在这三个方向上的载体加速度，将其对时间一次和二次积分，从而导出载体的速度和所经过的距离。载体的航向与姿态(俯仰和横滚)由陀螺及框架构成的稳定平台输出。加速度测量实际上是对力的测量，因为众所周知，按牛顿第二定律，力＝质量×加速度。20世纪70年代出现了一些新型陀螺、加速度计和相应的惯性导航系统。主要包括：静电陀螺、动力调谐陀螺、环形激光陀螺、干涉式光纤陀螺等。

惯性导航系统有许多优点。它不依赖于外界导航台和电波的传播，因此应用不受环境限制，包括海、陆、空、天和水下；隐蔽性好，不可能被干扰，无法反利用，生存能力强；另外还可产生多种信息，包括载体的三维位置、三维速度与航向姿态。当然它的垂直定位信息不好，误差是发散的，不能单独使用。

另一种自主式导航系统是1945年左右开始发展的多普勒导航系统(Doppler Navigation System，简称DNS)，多普勒导航系统由多普勒导航雷达(Doppler Navigation Radar)和导航计算机组成。利用多普勒效应，从向飞机斜下方发射的两到四个波束的回波中，检测出飞机相对于地面的地速和偏流角(由于风的影响，飞机的空速和地速方向不一致，两者在地面上的投影之间的夹角叫做偏流角)，或者在机体坐标系(飞机纵轴方向，水平横向与铅垂方向)中的三维速度分量。在导航计算机中，以来自航姿基准系统(AHRS)的飞机航向和姿态角数据为基础，将多普勒雷达产生的信息进行坐标变换，从而求出飞机在大地坐标系的三维速度分量(即北向、东向和垂直速度)。进一步经积分解算便可得出载机的已飞距离和偏航距等信息，再根据起飞地点和目的地的地理坐标进行解算，便可得出飞机当前的地理坐标位置和到达目的地的应飞航向、应飞距离和应飞时间等多种导航信息。由于它在当时曾是唯一工作范围不受限制的系统，设备价格低廉、定位精度可为已飞距离的 13%左右，故 20 世纪 50～70 年代在一些国家曾经是飞机的主要自主式导航设备，大量装备在轰炸机、战斗轰炸机、运输机和大型客机上，并应用在航天飞行器的软着陆中。现在该系统除了应用于一些特种飞机（比如 B1－B 等）之外，还广泛应用于直升机和无人驾驶飞机上。

以上自主式导航系统都是推算导航系统，位置信息由积分导出，因此，都有一个共同的问题，就是其误差随时间而积累。而无线电导航则没有这个问题，因此，较长时间工作的推算导航系统一般需要由无线电导航系统定期进行校准。

2.3　导航技术的发展趋势

2.3.1　新时代军事作战对导航的要求

卫星导航的出现，使民用和军事航行对导航的要求得到了较好地满足。卫星导航系统的缺点是易受到干扰，而且目前为少数国家拥有，另外在山区和水下还有卫星信号被遮挡的问题。为了执行各种各样的军事任务，还需要有其他新型导航系统。

事实上，虽然现行的陆基无线电导航系统主要用于对空中和海上的民用和军事运载体的航行进行引导，但它们也有一些其他的军事作用，比如空军利用它们作目标截获、空中集合，海军用它们作搜索与救援、布雷和扫雷、防空作战、水面作战、反潜、两栖作战和后勤支持等，然而这些战术功能都只是对其航行保障能力的利用，系统不是专门为作战使用而研制的。在战场上使用的战术功能不那么强，因此一般不作有意干扰。然而随着导航，包括卫星导航军事作用的急剧扩展，开始出现了导航电子对抗问题，其中包括对导航信号的侦听、堵塞干扰、欺骗干扰和系统的反利用等。因此为军事作战服务的新型导航系统都应该尽量具有强的电子对抗能力。

现代战争多兵种合同或协同的立体战争的情况越来越多；参战单位的机动性加强，使战争进程加快，战机稍纵即逝；武器系统日新月异，射程、准确度与杀伤力不断提高。因此对作战的综合指挥能力，配合作战能力，以及快速反应能力提出了很高的要求。C^3I 系统作为重要的军事装备在现代战争中起着越来越重要的作用。C^3I 的任务首先是把关于战场上己方和敌方单位的情报信息，比如它们的分布、航向与航速等收集到一起，形成实时的战场敌我态势，提供给指挥员以帮助做出正确而及时的判断与决策；然后还要把指挥和控制命令及时而可靠地下达到各作战单位和硬软武器系统，使战场态势发生有利于己方的变化；与此同时，为了使各作战单位之间能配合作战，还要让它们了解其周围的敌我态势。

导航是 C^3I 系统的重要组成部分。有了导航为各作战单位所提供的实时定位与航向航速等信息，才能通过广播或报告的方式，让指挥员掌握己方各单位在战场上的分布与动向；也才能让各作战单位了解周围友方单位与自己的位置关系。为收集关于敌方作战单位的情报，需要有雷达、电子侦察设施等情报系统，但它们一般探测出的是目标相对于自己的距离与方位，为让指挥部和各作战单位了解目标在哪里，要以由导航所提供的情报系统的位置为基础，把目标位置换算到统一坐标系中才成。如果情报系统是装在机动平台上，比如预警飞机上、侦察船上或战车等载体上，导航不仅要提供平台的实时位置，还要给出载体的航向与姿态信息，以确定情报系统天线波束在空间的指向，才能完成这种坐标转换。导航是 C^3I 系统形成敌我态势所必不可少的成分。一些新型导航系统具有同时提供精确的位置、速度及航向姿态的能力。

战场上敌我双方作战单位常常是近距离地交织在一起，而且迅速移位变化，因此新型导航系统除了以具有电子对抗能力作为共同特点之外，所提供的导航信息精度很高也是一个特点，因为如果所提供的导航信息精度不够，便有可能提供含混甚至错误的敌我态势。有了高的导航信息精度，便不但可用于 C^3I 系统，也同时能用于各种导弹的初始化与制导。对于在机动平台上发射的导弹来说，平台的准确速度信息对提高导弹的命中率很重要，因此一些新型导航系统不但提供准确的定位信息，还具有提供准确速度的能力。高的导航信息精度使作战单位能按照指挥员的意图，在准确的时间出现在精确的地点，这是新型作战思想所要求的。因此，高于敌方精度的导航信息将对形成军事优势具有重要作用。

一般情况下，民用和军事航行要求导航给出的是运载体的地理位置信息，这是因为只要知道了目的地或目标的位置，便可以用导航完成许多任务。然而对于在一个具体战场上指挥作战的指挥员，或者互相配合作战的运动中的战斗群体来说，他们更关心的是各作战单位之间实时的相对位置，以及与敌方单位之间的相对位置，这就产生了相对导航的概念。相对导航包含两方面的内容，一是各单位的位置及其他导航信息是在为适应它们任务的需要而临时设定的坐标系中给出的；另外要能让己方各作战单位之间了解彼此的相对位置与航向，以及敌方单位与我方的相对位置与航向。这种把相对坐标系与地理坐标分开来的办法可以提高导航系统的生存能力，比如航母编队在海上作战时，各战舰和飞机的位置可以由奥米伽、罗兰-C、塔康、自主式导航和卫星导航提供。然而在战时这些系统要么有可能因摧毁、干扰或其他原因而中断导航服务，要么不能提供 C^3I 或武器发射所需要的精度。此时，如果航母编队具有由自己产生的相对导航能力，则可以保障在任何情况下均能为 C^3I 提供必要的导航服务。相对坐标系与地理坐标系也可以相互联系起来，形成相互转换的关系，因而可以根据作战需要，由作战单位灵活选择加以使用。

军事导航无论对于航行或战场作战，均要求所提供的导航信息是实时的、连续的，而且具有所需要的数据更新率，否则高的精度便可能失去意义。

为了满足越来越高的要求，许多军用系统趋于复杂是客观的事实。然而为了使用方便不能对系统的操作与维护人员的技能提出很高的要求，因此应利用计算机技术及自动故障诊断与隔离技术，使导航系统能为一般操作人员使用与维护。

为了提高系统生存能力，导航系统最好是自主式的。为了对敌方进行突然袭击，要尽量不让敌方得知己方的行动，因此希望导航系统的用户设备无源工作。

军用运载体有时具有很大的动态范围，比如高速运动或作突然的机动，要求此时导航精度不能下降。

为了适应作战需要，导航系统的覆盖范围至少要能包括作战区域，越大越好，直至覆盖全世界。当然对军事导航系统还有一些其他要求，比如导航系统可容纳无限数目的用户，用户定位精度不能随用户所处的海拔高度不同而不同，也不能随着每年每天的时间变化而变化等。

由上可见，理想的军事导航系统应该是自主式的，以使所有军事任务能不依赖于外界的信号辅助而得以完成。从现在的导航技术发展情况来看，没有一种或几种系统合并起来能够满足上述所有的军事导航要求。没有一种系统既能自主、无源而又同时满足所有用户与全世界范围的精度要求。军事作战的性质要求导航以最高可能的置信度来提供等于或超过任务需要的服务。因此必须使用各种各样的导航技术，并在各种武器各种平台上作冗余配备。现在还不得不使用非自主的无线电导航系统去满足一些军事任务的精度需要，其中首选便是卫星导航系统，而且从军事导航的整体上说，还不得不由其发挥主要作用，而其他新型军事导航系统则作为补充，用于卫星导航不能或不适合使用的场合。

2.3.2 其他新型导航系统

1. 微波着陆系统

1978年，鉴于以仪表着陆系统（ILS）和精密进近雷达（PAR）为代表的飞机精密进近和着陆系统已经使用了近40年，虽然它们对提高飞机着陆的安全和全天候能力曾经起到了巨大的作用，但是随着航空事业的发展，以及军事上对飞机着陆要求的提高，越来越暴露出单纯靠设备改进及系统体制上一些局部调整已不能满足要求。因此，国际民航组织一致决议，采用时间基准波束扫描体制的微波着陆系统作为新型的标准飞机着陆引导系统。

微波着陆系统工作在5 000 MHz频段，其地面设备包括方位电台和仰角台，它们的电扫天线分别发出左右和上下扫描的扇形波束。机载设备接收来自地面台的信号，分别测量出两种波束往复扫描经过飞机的时间间隔，这个时间间隔与飞机偏离跑道中心线的角度和离地的仰角成正比，从而可由此换算出下滑中的飞机相对于跑道的方位和仰角。飞机距接地点的距离则由精密测距器（PDME）机载设备导出。精密测距器也有地面应答机，是微波着陆系统地面设备的组成部分。

微波着陆系统引导精度高，可用性和完善性高，易于达到高等级着陆标准，覆盖区域广（可达方位±60°，仰角0°～30°），可以用于各种类型飞机的着陆引导，也便于实现曲线或折线进近。地面台天线不大，对场地要求不严，适用于军用机场，包括航空母舰舰载机的着舰引导。它由机上导出数据，使飞行员处于主动。频道数多，地面台毗邻布局时相互干扰小。因此微波着陆系统大大提高了军民用飞机执行任务的全天候能力。

但是，当各国正在研制和准备装设微波着陆系统的时候，DGPS可用于精密进近和着陆的前景出现了。与微波着陆系统相比，DGPS具有明显的价格优势，这就使国际民航界面临着新的决策。许多国家倾向于延长仪表着陆系统的使用期，在DGPS技术成熟之后直接过渡而不采用微波着陆系统；另一些国家坚持由仪表着陆系统过渡到微波着陆系统，主要是基于对只有少数国家拥有卫星导航系统这一情况的担忧。为了解决这种分歧，1995年国际民航组织决定采用由ILS/MLS/DGPS三种功能综合构成的多模式（机载）接收机（MMR）装备飞机。这样，无论机场上装备哪一种地面台，载有MMR的飞机都可与之配合，完成精密进近和着陆。

2. 环形激光陀螺捷联式惯性导航系统

惯性导航系统的固有特点，使其在军事领域倍受重视，在海、陆、空、天和水下得到了广泛的应用，成为十分重要的导航系统。20世纪80年代中期以前所使用的惯性导航都是平台式惯导。在平台式惯性导航中，陀螺安装在惯性平台上，使其工作环境不受载体角运动的影响，平台模拟了导航坐标系。载体的姿态和航向角可直接从平台上或通过少量计算获得，从加速度到速度与位置的运算也比较简单。但是，由于机械电气平台结构的复杂性，增加了平台式惯性导航系统的体积、重量和成本，可靠性也受限。

由于计算机技术的进步，出现了将陀螺和加速度计直接固连在运载体上的捷联式惯性导航系统。在捷联惯性导航系统中,复杂的机电平台被计算机数学平台所取代,因此结构简单、体积小、重量轻、成本低、可靠性高、维护简单,还可以通过余度技术提高其容错能力。

但随之而来的是计算量庞大,陀螺和加速度计不但要经受载体的线振动,而且还要经受载体的角振动,工作环境恶劣,动态误差严重。因此,要将平台式惯性导航使用的捷联陀螺直接用于捷联式惯性导航是极为困难的。

随着环形激光陀螺的出现并逐步走向成熟,计算机技术的快速发展和计算技术的日益完善,使捷联式惯性导航系统走向成熟而且其优越性越来越明显。环形激光陀螺有非常好的比例系数线性度,可承受和测量的角速率高,动态误差小,是捷联式惯性导航系统理想的测量元件。采用环形激光陀螺构建的捷联式惯性导航系统的精度达到了与平台惯性导航可比拟的水平。而它的平均故障间隔时间可达几千小时,体积、重量、功耗都比平台惯性导航小,价格也更低廉,故当前所有的军用和民用飞机在改装或更换设备时,几乎都选择了这种激光陀螺捷联式惯性导航系统。

随着光纤陀螺和微机械惯性传感器的研制成功,捷联式惯性导航系统还在不断发展。

3. GPS/INS组合导航系统

推算导航系统的固有问题,即误差随时间而积累的问题并未因惯性导航技术的进步而消除,因此出现了将无线电导航与惯性导航结合起来的组合导航系统,其中尤其以将 GPS 与新型惯性导航相组合的系统最为引人注目。

组合导航把无线电导航长期精度高与惯性导航短期精度高和不受干扰的优点结合起来。

一般说来存在有两种组合的方法。比较简单的是重调法,另一种是卡尔曼滤波法。

GPS 接收机大约每秒产生一次位置速度等导航信息,在重调法中用它去调整惯性导航的输出,这样便限制了惯性导航系统的漂移,使系统精度保持在一定范围内。

在卡尔曼滤波法中,将惯性导航产生的位置输出与由 GPS 的位置输出相比较(或均换算成距 GPS 卫星的距离去比较),得出差值。根据惯性导航的误差模型,卡尔曼滤波器可由这种差值估算出惯导的各种主要误差因素的大小,从而对惯性导航进行校正,使惯导的输出精度提高。采用卡尔曼滤波组合方法,能使总的输出精度,包括位置、速度和姿态信息的精度都高于 GPS 或惯导。当 GPS 信号因某种原因发生短期中断时,惯性导航仍可以在一段时间以较高的精度继续产生导航信息,因此系统可靠性比单独用 GPS 时要高。卡尔曼滤波组合法分为松耦合与紧耦合两种。在紧耦合中还可以进一步用来自惯性导航的速度信息辅助 GPS 的跟踪环路,使 GPS 的环路带宽可以设计得比较窄,从而提高其抗干扰能力;还可以用惯性导航校验 GPS 的完善性,这就是空中独立完善性监视(AAIM)。另一方面,利用 GPS 可以帮助惯性导航实现空中对准,大幅加快了系统的反应速度。从设备的情况看,GPS 可以作为一块电路板插在惯性导航仪中,因此结构十分紧凑。组合导航在高性能长时间工作的平台(包括导弹、飞机、舰船和车辆)中发挥着重大作用。在未来,惯性导航的体积将迅速减小,价格会迅速降低,因此,组合导航的应用会越来越广。

4. 地形辅助导航系统

组合导航主要依靠的是卫星导航对惯性导航积累误差的校正,但是,在山地低空应用时,还有卫星信号容易被遮挡等缺陷。为此,在 20 世纪 70 年代末,开始在低空作战的飞机上装备地形辅助导航系统,它利用地形信息校正惯性导航的积累误差。

地形辅助导航系统的基本工作原理是，在系统中存储有飞机所要飞越地区的三维数字地图。在飞行过程中，系统将飞机的气压高度(海拔高度)与由雷达高度表测得的飞机离正下方地表的相对高度相减，得出正下方的地形剖面图。系统将所存储的数字地图与测得的地形剖面相比较，当达到匹配时，便求出了飞机所在点的位置。还有一种地形辅助导航不仅用地形剖面，而且还用地形变化的斜率进行匹配。

由地形匹配所得的更新速率不高的定位信息，采用卡尔曼滤波方法，再与惯性导航系统相组合，产生出连续、高精度的三维位置、速度和姿态信息。

由于雷达高度表在高空时精度不高，在海上和平原上的地形信息太少，因此这种系统只适于在地形不平的低空工作。现在的低空攻击飞机是由机载地形跟踪雷达来引导和控制的。与地形辅助导航系统相比，地形跟踪雷达只能探测飞机前方的地形，使之避免与前方山峰相撞，并不确切知道正前方以外的地形，而且在爬升时由于雷达波束上指，易于暴露目标。地形辅助导航系统中存储有数字地图，因此在知道当前的位置后即知道周围的地形，便可以选择沿山谷飞行的路径；或算出与要攻击的目标的相对位置，以进行攻击；亦或根据预先知道的信息，避开敌方的对空火力。

正因为如此，从 20 世纪 60 年代末美军便开始探索有关地形辅助的原理，一直到 1980 年代，美、英、法、德及以色列等国都对此进行了大量的研制与试验。由于地形辅助导航是一种自主式导航，不怕干扰、不可能被敌方利用、精度高，特别适于低空突防，因此在未来战争中有重大的意义。地形辅助和 GPS 用于“战斧式”巡航导弹的情况见图 2-5。(新一代“战斧式”导弹上加装 GPS 接收机，将改善命中率，减少任务计划时间，为执行各种远程任务提高导航精度。)

用GPS改进战斧式导弹

战斧式巡航导弹

计划的飞行路线

· 亚音速2 400 km
· 以低到33 m的高度掠过地面
· 沿弯曲的保护航道飞行
· 用地形辅助导航

用GPS改进战斧式导弹

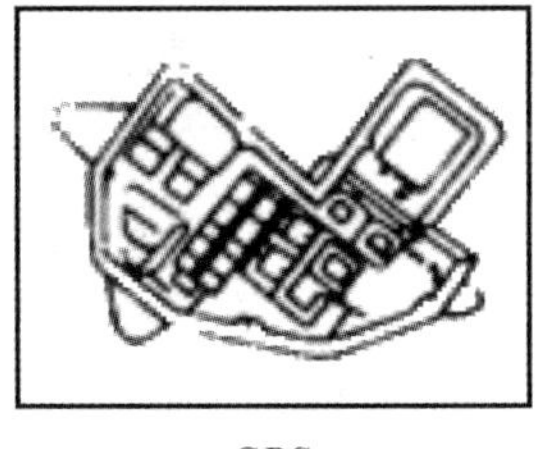

· 两通GPS接收机
· 用GPS之后的优点
· 提高命中率
· 减任务计划时间
· 提高导弹精度

GPS

图 2-5　在海湾战争期间“战斧式”巡航导弹由地形辅助系统制导示意图

5. 联合战术信息分发系统(JTIDS)

在由陆、海、空三军和海军陆战队参加的大型的联合作战中,战场区域可能达上千千米,有可能要出动上千个主要作战单位,没有性能优良的 C^3I 系统协助,作战指挥是不可想象的。JTIDS便是为这种区域性战争服务的 C^3I 的重要组成部分。它是一种作用范围最多可达 900 km(空—空)的集成通信、导航和识别系统。它使每个 JTIDS 系统成员单位,包括高速歼击机,具有准确的导航定位能力。还有很强的网内识别功能。它的大容量数据分发能力能够把各单位的导航与识别信息,以及由 C^3I 的各种情报系统(例如预警飞机、雷达站、电子战侦察设施)所收集到的信息分发(广播)出来,从而使指挥员和各作战单位掌握实时的战场敌我态势,还能把指挥和控制命令实时地下达到各作战单位。它的通信、导航和识别功能是由一个信道和统一的信号来完成的,因此,是一种集成系统。这就避免了这三种功能由三种系统分别完成时存在的覆盖区不重合,造成数据不完整和交流延误的问题。因此 JTIDS 是现代区域性战争的重要系统。国外是在总结历次战争经验的基础上,从 20 世纪 70 年代中期开始研制的,20 世纪 80 年代初开始在欧洲和美国投入使用,在海湾战争中因效用突出而受到表彰。

JTIDS 系统使用同步时分多址接入方式,把时间轴分成一段段的时隙,各个成员按其拥有的信息的多少分配一定数量的时隙,广播自己的位置和识别信息及情报信息,或指挥与控制命令。其他成员在不发射的时隙则接收信息,从中取用自己所需要的信息。

在系统成员中指定一个作为时间基准,其他成员的时钟与之同步,因此,当任何系统成员收到其他成员的信号时,根据信号到达时间(T_{OA}),便能测出本成员与发射成员之间的距离。如果能测出距三个位置已知的成员的距离,便可以定出本成员的位置。由于系统是时分多址的,来自不同成员的 T_{OA} 不可能同时产生,而成员又在不断运动之中,因此它的定位要靠卡尔曼滤波估算。由于 JTIDS 系统成员的几何分布多无法保持均匀,而且可能有高的动态,因此单用卡尔曼滤波器还不能够产生准确的导航信息,实际 JTIDS 的导航是由 T_{OA} 与惯性导航用卡尔曼滤波法相组合而产生的。导航定位坐标系由一个叫导航控制器的成员指定,然后以它为基准向其他系统推展开去。JTIDS 的导航是一种相对导航。由于所有成员的设备功能相同,时间基准和导航控制器是任意指定的,作战中万一被打掉了之后很快可用其他成员接替,因此 JTIDS 是一种无节点系统,具有很强的生存能力。它的信号使用快速跳频(每个相继的脉冲信号载频不一样,在 960～1 215 MHz 频段内随机跳变),直序扩频(信号频谱被展宽,从而不易为敌方侦知)和纠错编码(信号脉冲被干扰掉几个没有关系,必要的信息还可读出),因此系统有强的抗干扰能力,又有多重加密措施,因此不易被敌方窃听和利用。由于跳频和直序扩频方式每个时隙均不一样,并要发射敌我识别码,使敌方无法冒充己方系统成员,所以总的说来,JTIDS 是一种功能全面,生存能力强,电子对抗能力强的系统。

目前 JTIDS 还在发展,一方面利用电子技术的新成果改进设备,使体积重量下降,可靠性提高,同时其应用范围与方式也在扩大,还可能在未来武器制导中发挥重要作用。

总之,随着科学技术的不断进步,军事战略和战术的变化,导航系统技术也在日新月异。以卫星导航、微波着陆、惯性导航及组合导航、地形辅助、JTIDS 等为代表的新型系统把导航技术推到了一个新的水平,它不仅能改善航行保障功能,而且在适应新的战争环境条件下支持各种战术操作的要求。卫星导航覆盖全球,精度很高,但抗干扰能力不强。惯性导航不怕干扰,还能用于水下,但误差随时间而积累。把两者组合起来,一方面具有高的导航精度,同时又明显地提高了总的抗干扰能力。用地形信息与惯性导航相组合,形成一种自主式的精度较高与抗干扰能力很强的系统，只是地形辅助导航的应用范围有限。在 C^3I 系统中，数据通信是必不可少的，JTIDS 利用通信的同步时分多址体制同时产生 T_{OA}，以构成导航定位的基础，也利用扩频通信的抗干扰能力产生导航的抗干扰能力。当然在 JTIDS 中还用了 T_{OA} 与惯性导航相组合的方法以形成其导航功能。如果将地形辅助 JTIDS 进一步和 GPS 相组合，系统功能还会更强。卫星导航，微波着陆，惯性导航及组合导航除了具有广泛的军事作战用途之外，还广泛用于军民用航行引导。地形辅助、JTIDS 则主要作战场军事使用，它们一般不为航行提供服务，而且从体制上离开传统更远了。在新型导航系统中，卡尔曼滤波器是用得很多的，卫星导航、组合导航、地形辅助导航、JTIDS 都用。另外，无线电导航的定位体制趋于用距离—距离法，如卫星导航、JTIDS 均如此。

导航随着人类社会政治、经济和军事活动的发生而产生，发展而发展。第二次世界大战及战后时期形成的以陆基无线电导航系统为主的混合体对人类社会的繁荣与进步做出了巨大的贡献，而且军用和民用系统在体制上相差不大，只是使用侧重点不一样。20 世纪 60 年代以后投入使用的自主式导航系统在军事上对陆基无线电导航作了重要的补充。随着世界经济的发展和军事作战方式的变化，在 20 世纪 70 年代末军事信息技术发展的基础上形成并将陆续投入使用的新的导航系统混合体，以卫星导航系统为核心，把导航覆盖范围、精度和其他性能提高到一个新的高度。它将极大地促进军民航行的发展，也使导航的作用扩展到社会生活的各方面，同时将具有更强的作战功能，更能满足各种军事任务的导航需求，成为部队战斗力的组成部分。

思考题

1. 什么是导航？学习导航有什么作用？
2. 导航的功能有哪些？
3. 简述无线电定位的原理及应用范围。
4. 航行对无线电导航提出了哪些具体要求？
5. 简述卫星导航的定位原理。
6. 卫星导航在民用领域有什么作用？

第3章 陆基无线电导航定位技术

3.1 概　　述

在了解无人机与导航系统关系的基础上，为了更好地正确利用导航定位技术，根据电磁波应用的发展历程和导航台站的搭建方式，分别介绍陆基导航系统和卫星导航系统，本章介绍陆基导航系统。

陆基无线电导航，简言之，就是以无线电技术为基础的导航台站建在地球上的导航系统。根据第二次世界大战军事的迫切需要，加速了陆基无线电导航的发展。在战争期间及战后不长的岁月里，便出现了五花八门、品种繁多的陆基无线电导航系统及其设备。

据不完全统计，仅从1945—1960年期间，就研制了数十种之多。典型的系统比如近程的伏尔、测距器、塔康、雷迪斯特、哈菲克斯(Hi - Fix)等，中程的罗兰-B(Loran - B)、低频罗兰(LF - Loran)、康索尔(Consol)等，远程的那伐格罗布(Navaglobe)、法康(Facan)、台克垂亚(Dectra)、那伐霍(Navarho)、罗兰-C(Loran - C)和无线电网(Radiomesh)等，超远程的台尔拉克(Delrac)，空中交通管制的雷康(Rapcon)、伏尔斯康(VOLSCAN)、塔康数据传递系统(Tacandata-link)和萨特柯(Satco)等，另外还有多普勒导航雷达。

根据事物发展优胜劣汰的自然规律，一些系统仅在试验阶段就结束了生命，只有一小部分系统经过试用、改进、不断完善，得到了历史的认可和广泛地应用，进而得以保存下来。

本章仅就塔康、伏尔、测距器、罗兰-C、奥米伽以及多普勒导航仪、高度表、罗盘与信标等常用陆基无线电导航系统作简要介绍。

3.2 塔康系统

战术空中导航系统(Tactical Air Navigation System)是美国1955年研制并投入装备的近程无线电导航系统，简称塔康(TACAN)。该系统由塔康地面设备(也称作塔康信标)和机载设备组成，为以地面设备为中心半径350～370 km范围内的飞机(高度10 000 m)提供导航服务。

信标可架设在机场、航路点或航空母舰上。机载塔康设备安装在飞机上，与塔康信标配合工作，可连续给出飞机所在点相对于信标的方位角和距离(斜距)。在特殊需要时，也将信标装在大型飞机上，但这种信标比较简单，实际上是机载塔康设备的修改型。

3.2.1　工作原理

塔康系统是用极坐标方式定位的，见图 3－1。图中已知点 O 为塔康信标，B 点为装载了机载设备的飞机。在 B 点，以磁北 N 为参照方向，测量出顺时针方向的 θ 角和 OB 的距离 D，即定出了飞机(B) 相对于信标(O) 的位置。

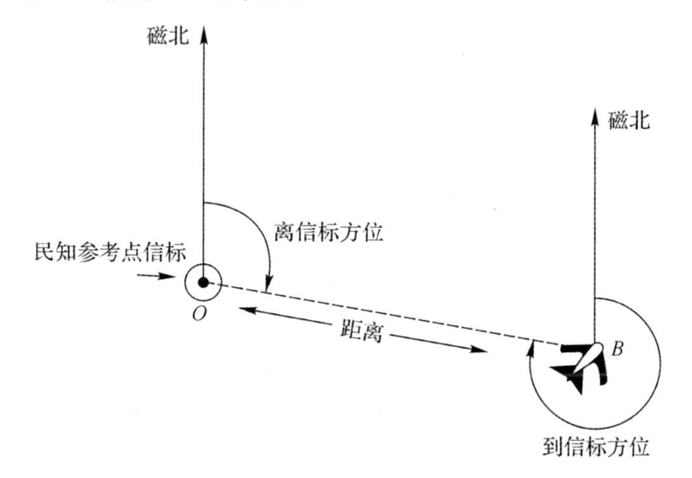

图 3－1　塔康原理

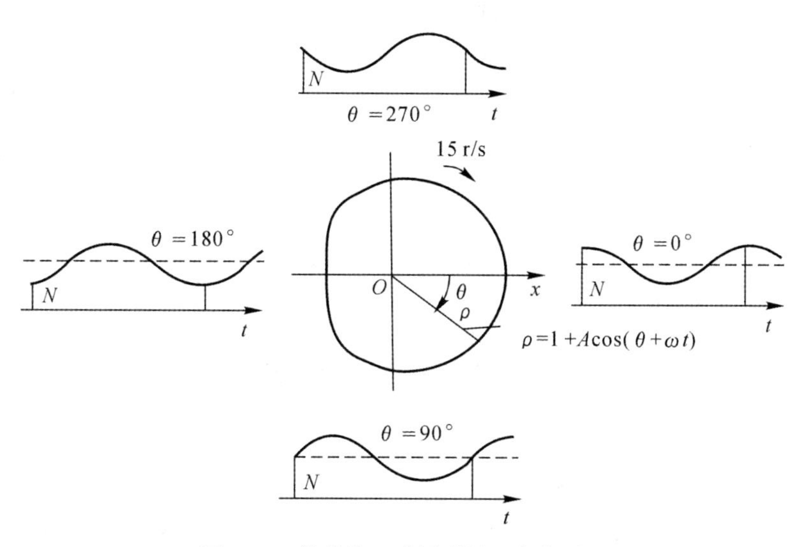

图 3－2　旋转的心形图形用于方位测量

1. 方位测量

塔康方位测量是按极坐标系的三角正余弦函数方法进行的。

在图 3－1 中，以塔康信标所在地 O 为原点，建立一个极坐标系：以 O 为原点 Ox 为起始轴，函数 $\rho(\theta)=1+A\cos\theta(A<1)$ 的图像是一个心形图形，见图 3－2。当选定一个角度 θ，在图中可找到唯一的函数值 $|\rho(\theta)|$ 与它对应，即每一个角度 θ 都有一个对应的函数值 $|\rho(\theta)|$；但是，当给定一个函数值 $|\rho(\theta)|$ 时，除了 0° 和 180° 之外，在图中可以找到两个 θ 角与它对应。因此，由于多值性，该图形不能完成塔康方位测量。

当将图 3-2 以 $f=15$ Hz 即(15 rad/s) 顺时针方向旋转时,函数 $\rho(\theta)$ 可表示为

$$\rho(\theta)=1+A\cos(\theta+\omega t)$$

式中,$\omega(\omega=2\pi f)$ 为角频率,单位为 rad/s 或$(°)/s$;$f=15$ Hz 为频率;t 为时间,单位为 s。

并且,在函数值 $|\rho(\theta)|$ 为最大值且与 Ox 重合时刻,发射测量参考脉冲 N。在坐标系内的每个 θ 方向都可得到一个随时间 t 扫描的正弦波形,频率为 15 Hz,参考脉冲 N 恰好在该正弦波的 θ 相位出现,如图 3-2 所示,在方位角 θ 分别为 0°,90°,180°,270° 位置上得到的正弦波形,参考脉冲 N 就正好在正弦信号的 0°,90°,180°,270° 相位上。由此可以看出,当解算出参考脉冲 N 所在的正弦波相位 θ 时,就完成了方位测量。

为了提高方位测量精度,塔康系统除了 15 Hz正弦环路之外,又附加了 9×15 Hz=135 Hz 正弦测量环路,形成一个九瓣的心形图形(见图 3-3(c)),将 15 Hz 正弦信号所包含的 360° 划分成 9 个相等的 40° 区域,每个 40° 恰好是一个 135 Hz 正弦周期,又被扩大成 360° 来进行测量,因此,方位测量误差可缩小到 1/9。当然,为了进行 135 Hz 环路测量,九瓣心形图形的每个最大值与 Ox 轴重合时刻,发射辅助测量参考脉冲 a。

方位测量时,首先粗略地解算出参考脉冲 N(称为主参考脉冲)在 15 Hz 正弦波形的相位,然后精确地解算辅助参考脉冲 a 在 135 Hz 正弦波中的相位。这就是塔康方位测量原理。一般把 15 Hz 环路称为粗测,把 135 Hz 环路称为精测。

塔康信标天线结构就是按具有 15 Hz 和 135 Hz 正弦调制信号设计的。信标天线的辐射方向性见图 3-3。早期的塔康信标天线结构示意图见图 3-4。

在图 3-3 中,中心天线阵馈以等幅的射频调制脉冲信号,它受 15 Hz 调制单元的反射作用,产生心形水平方向图(见图 3-3(a)),受 135 Hz 调制单元的引向作用,形成九瓣方向图(见图 3-3(b))。塔康信标天线的空间辐射方向图见图 3-3(d)。

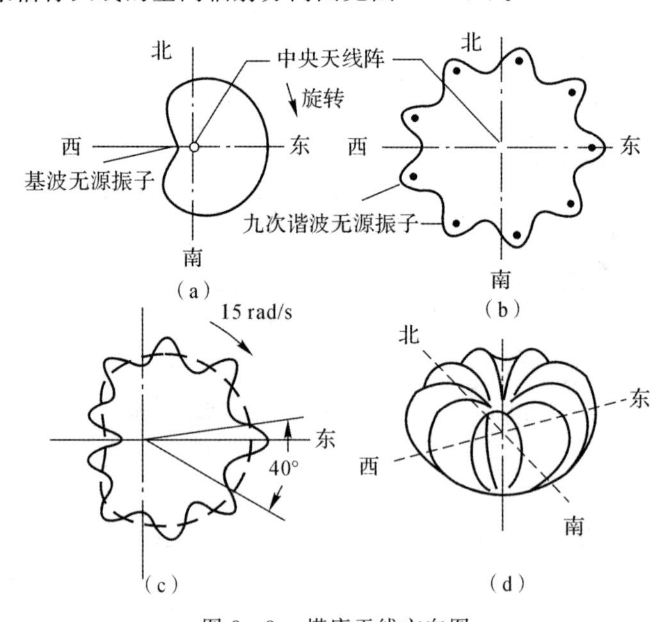

图 3-3　塔康天线方向图

(a) 心形方向图;(b)9 瓣方向图;(c)9 瓣心形方向图;(d) 天线辐射方向图

15 Hz 调制单元和 135 Hz 调制单元共同固定在一个圆盘上,圆盘由天线伺服系统驱动以

15 rad/s 顺时针方向旋转，从而在空间形成一个旋转的九瓣心形的方向图。

与旋转圆盘相重叠的，还有一个不旋转的固定圆盘。在旋转盘边上，等弧安装有九个软铁芯片。固定圆盘边上安装有两个带线包的永磁 C 型铁芯，其中一个用来产生指向北基准触发脉冲信号，另一个用来产生辅助基准触发脉冲信号。当圆盘旋转一周时，有一个软铁芯片要经过用来产生指向北基准触发脉冲的 C 型永磁铁一次。在经过的那一时刻，线包被感应产生一个脉冲信号，该脉冲就是指北基准的触发信号 N；旋转圆盘上的其余 8 个软铁芯片，各经过用来产生辅助基准触发脉冲的 C 型永磁铁一次，一共产生 8 个辅助基准触发脉冲 a 。因为一个圆周为 360°，所以基准触发脉冲间的间隔与 40°的旋转角度相对应。又由于旋转芯片与天线内、外调制圆筒共同安装在一个旋转圆盘上，因此，指北基准和辅助基准触发的时刻与九瓣心形方向图的指向之间有恒定的关系。

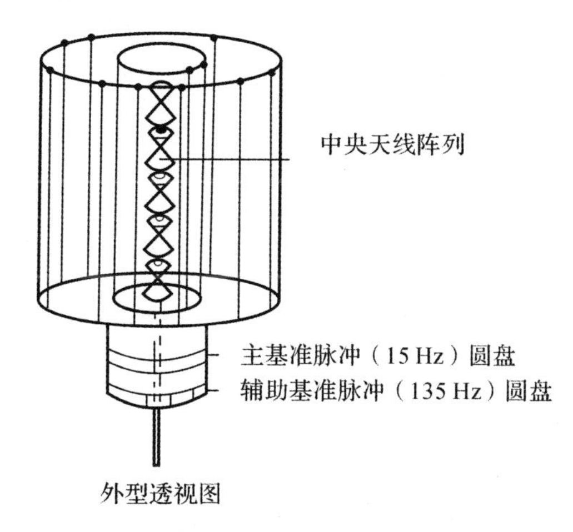

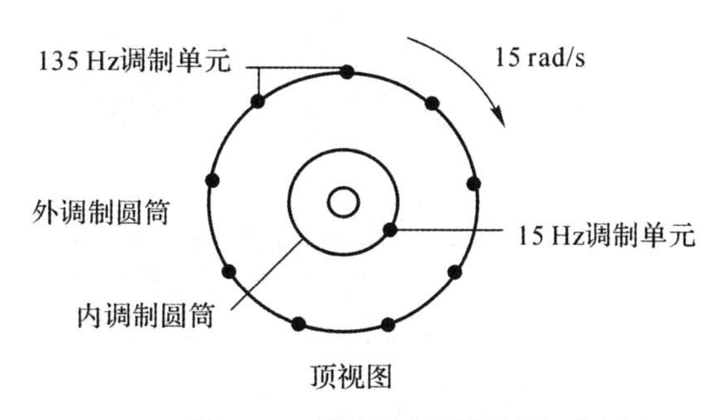

图 3-4　塔康信标天线结构示意图

指北基准触发脉冲输入到一个脉冲群产生器，产生 12 对脉冲，叫做指北基准脉冲群。同时，辅助基准触发脉冲也输入到一个脉冲群产生器，产生 6 对脉冲，叫做辅助基准脉冲群。

塔康信标规定，当九瓣心形方向图最大值旋转到对准正东方时刻，产生并发射指北基准群，然后方向图顺时针方向每转过 40°产生并发射一个辅助基准群，基准群以外的时间发射测距应答脉冲对和随机填充脉冲对。这些脉冲信号从中央天线阵列发出来时都是等幅度的，但由于受到旋转的内外圆筒的影响，在信标周围空间收到的信号，其幅度受 15 Hz(内调制圆筒引起)和 135 Hz(外调制圆筒引起)的调制，而且，指北基准群、辅助基准群与调制信号之间的相对相位关系随接收机相对于天线的方位不同而不同。

脉冲幅度调制信号总的表现为正弦波，塔康方位测量最后归结为测量基准群与这个正弦波之间的相位关系。例如，当在信标的正南方向接收信号时，在发射指北基准群的那一时刻，九瓣心形方向图最大值对准正东方，此时正南方向处于心形方向图的侧面，信号幅度为平均值；随着天线方向图顺时针旋转，最大值向南方移动，正南方接收的信号场强也随之变化；经过 1/4 周期，方向图最大值对准正南方，此时收到的信号最强，即振幅最大；随着方向图顺时针旋转，正南方收到的信号场强减小，当方向图转过 1/2 周期，信号场强变为平均值；再经过 1/4 周期，即方向图旋转 3/4 周期，最小值方向对准正南方，此刻，收到信号最小；所以在正南方，指北基准群处于调制正弦波的 0°上。同样，在正东方接收，指北基准群处于调制正弦波的 90°，正西方在 270°，正北方在 180°。

在塔康信标的东、南、西、北方向收到的信号波形如图 3－5 所示。由图可以看出，主基准脉冲 N，辅助基准脉冲 a 在正弦信号中的相位，随接收方向不同而不同，它有严格的对应关系。只要从这个波形中解算出基准所处的相位，就实现了塔康方位测量。

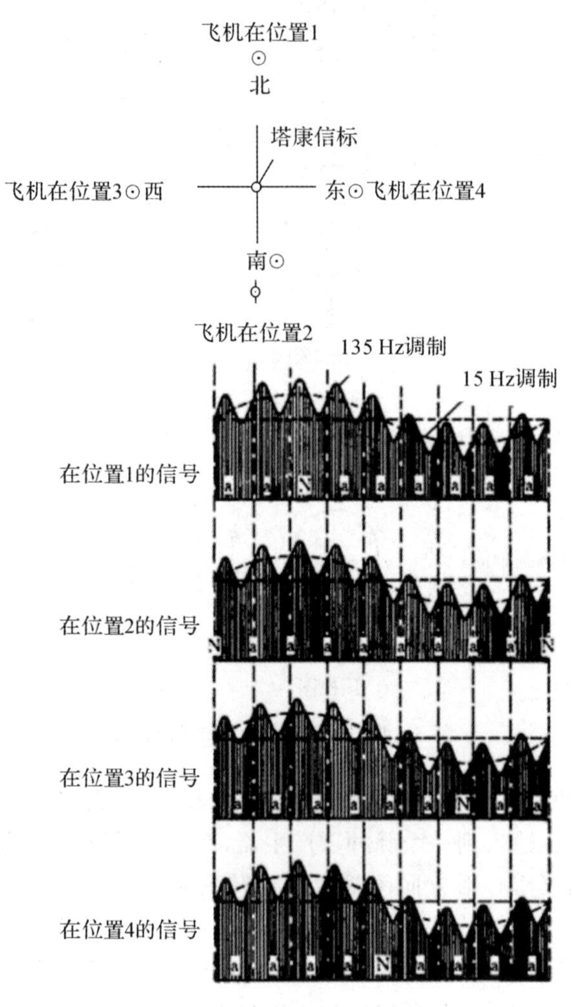

图 3－5　塔康信标发射的信号

不过，为了适应人们的习惯，塔康系统规定：机载设备在信标的正南方接收时，飞机的方位指示器应指示0°;在正西、正北和正东方向接收时,指示应为90°,180°和270°。

现在塔康信标天线还可以用电扫描方法形成旋转的九瓣心形的方向图。这种天线没有机械旋转部分,因此寿命长、重量轻、启动功率小,比以往的机扫天线更好。

2. 距离测量

塔康系统距离测量依据二次雷达工作原理。机载设备以80～120 Hz(搜索状态)或20～30 Hz(跟踪状态)速率发射询问脉冲对信号,地面信标接收到询问脉冲信号后,经过一个固定延迟,再向机载设备发射应答脉冲对信号。机载设备接收到信标发射的信号后,经过识别,选择出对自己的测距应答脉冲,并测量出询问脉冲与应答脉冲之间的时间间隔。利用这个时间间隔,可按下式换算出机载设备与信标台之间的距离

$$D=12\times C(t-T_0)$$

式中,C为电波在空间的传播速度,取3×10^8 m/s;T_0为信标台的固定延时(μs);t为询问脉冲和应答脉冲之间的时间间隔(μs)。

由于飞机在地球表面上空的一定高度上飞行,机载设备测出飞机相对于塔康信标台的距离是斜距。在远区(飞行高度$h\leqslant$斜距D时),可将D近似认为飞机在地面上的投影点与信标台的距离。

一般情况下,当信标台作用区内有多架飞机飞行时,每架飞机的机载设备都以80～120 Hz(或20～30 Hz)速率发射询问脉冲信号,信标台应答器对这些询问都要发射应答脉冲。每架飞机从信标所有应答脉冲中只选择出对自己的那些应答脉冲。为了避免机载设备出现错误选择,每个机载设备并不按照某一严格规定的速率发射询问脉冲,而是采用一个不稳频振荡器产生在时间上有一定随机变动的询问脉冲。然而,每个机载询问脉冲和信标的应答脉冲是同步的,因此,机载设备可借以从来自地面台的信号中选择出对自己的应答脉冲。

3.2.2　系统的应用与技术指标

1. 系统应用

(1)军用飞机导航。

美国最初设计的塔康系统用于航空母舰编队,为航空母舰舰载飞机提供导航服务。

塔康信标天线安装于舰桥顶部。在以航母为中心,半径350～370 km的范围内,无论航母如何运动,飞机都可完成相对航母的方位和距离测量。由于塔康系统测位测距精度较高,系统能提供二维定位,信标天线体积小、便于机动等,很快被空军采用,广泛用于独联体及东欧以外的世界各国。经过40多年的使用和发展,塔康系统不仅用作航路导航,而且用作空—空导航,如空中加油、编队飞行等。

(2)工作频段及波道划分。

塔康系统工作于L波段,频率范围962～1 213 MHz,共有252个波道,其中X工作模式126个波道,Y工作模式126个波道。波道间隔1 MHz。

1)X模式的工作波道和频率配对。塔康系统中,无论是地面信标还是机载设备,都具有收/发功能,接收频率和发射频率恒定差一个中频63 MHz。机载设备、地面信标的工作波道号、频率配对关系见图3-6。

从图3-6可以看出:X工作模式,从1X波道到126X波道,机载设备发射频率为1 025～

1 150 MHz,连续地占据 126 个波道频率;地面信标发射频率分成两段,1X～63X 波道的发射频率为 962～1 024 MHz,64X～126X 波道的发射频率为 1 151～1 213 MHz。通常把 1X～63X 称为低波段,64X～126X 称为高波段。

X 波道采用脉冲对编码,间隔 12 μs。指北基准群为 12 对脉冲,对与对的间隔为 30 μs。辅助基准群为 6 对脉冲,对与对的间隔为 24 μs。

2)Y 模式的工作波道和频率配对。Y 模式工作波道是考虑到 X 模式的地面信标从 1 025～1 150 MHz 这一段频率资源被闲置,地面布台又感频率拥挤而发展起来的。Y 模式工作波道的地面设备和机载设备频率配对关系见图 3－7。

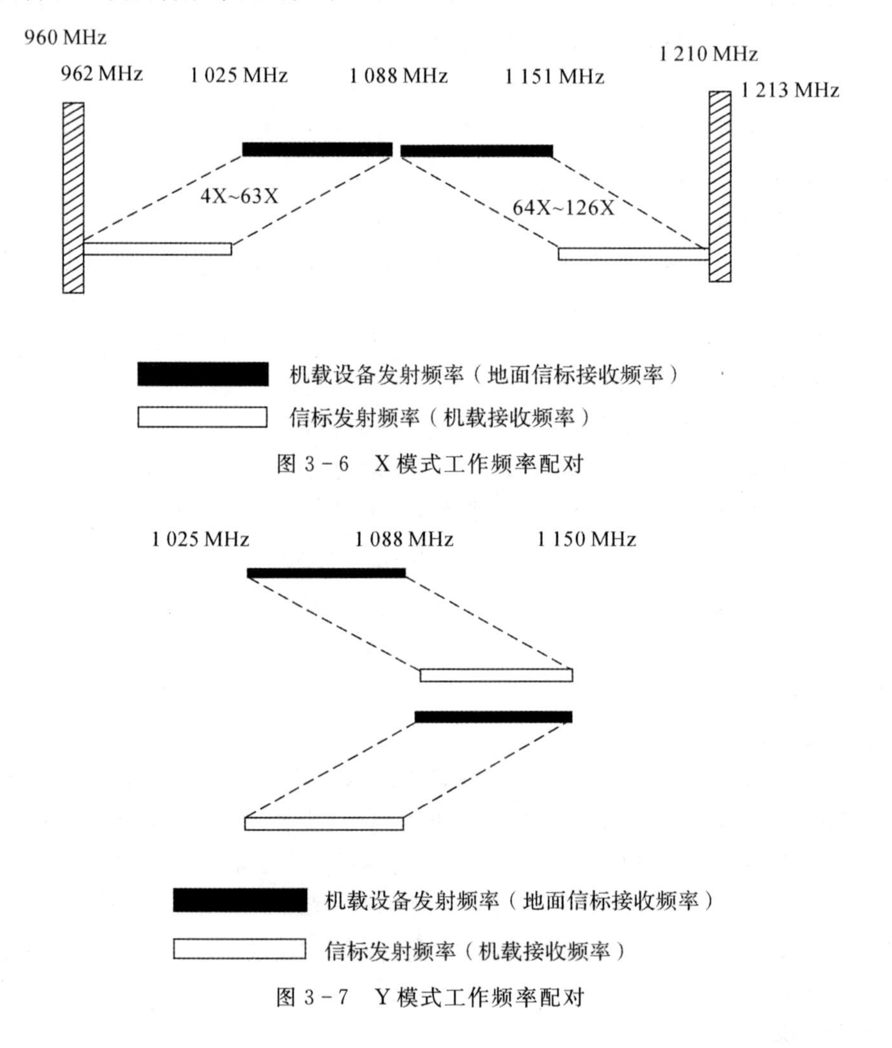

图 3－6　X 模式工作频率配对

图 3－7　Y 模式工作频率配对

从图 3－7 可以看出:Y 模式时,机载设备从 1Y～126Y 波道的发射频率为 1 025～1 150 MHz,与 X 模式完全相同;信标从 1Y～63Y 波道的发射频率为 1 088～1 150 MHz,64Y～126Y 波道的发射频率为 1 025～1 087 MHz,恰好是机载设备高、低波段发射频率的对换。

Y 模式与 X 模式的脉冲对编码间隔不同:机载设备的询问脉冲对编码间隔为 36 μs;地面应答和随机填充的脉冲对编码间隔为 30 μs;指北基准群发射 13 个脉冲,脉冲间隔 30 μs,辅助基准群发射 13 个脉冲,脉冲间隔 15 μs。

另外，信标对测距的应答脉冲固定延迟时间不同，X 模式延迟 50 μs，Y 模式延迟 56 μs。

(3)系统工作区。

系统工作区，指该系统能可靠地为飞机提供具有精度保证的定位(方位和距离)的最大的立体区域，由系统所选定的工作频段之电波传播特性、信标天线的结构及其架设高度来决定。

塔康系统的工作频段为 962～1 213 MHz，该频段的电波为直线传播，且不在高空电离层发生反射，因此，系统工作区只能限定在信标的视区范围内。地球具有半径 r，从天线架设高度 h_1 向周围观察，在沿地球表面的 S 点之外存在着看不到的区域——阴影区(见图 3-8)。飞机在阴影区内飞行时，机载设备收不到信标发射的信号，不能工作。另外，天线的中央天线阵列在顶空上的一个锥形区域内没有电波信号辐射，形成顶空信号盲区。该盲区大约为 90°～120°，塔康系统工作区示意图见图 3-8。

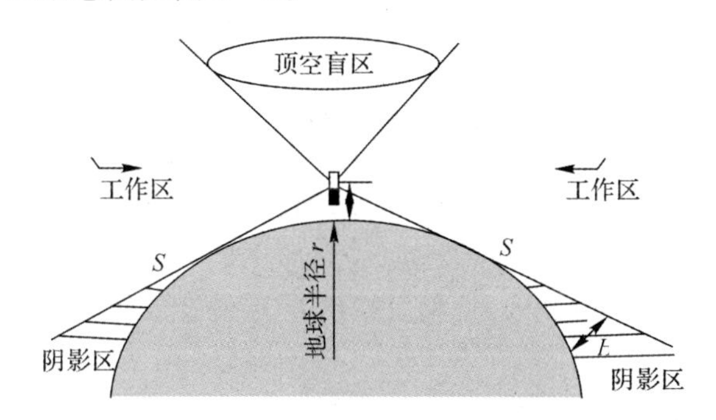

图 3-8　塔康系统工作区示意图

当天线架设高度为 h_1(m)，飞机飞行高度为 h_2(m)，并考虑到大气折射时，塔康系统工作的最大距离大约为

$$D = 412(h_1 + h_2)$$

另外，天线安装在距地面 h_1 的高度上，天线辐射出的一部分能量照射到地面后被反射到空中，与天线辐射的直射波相叠加，形成信号的干涉区。在干涉区内，由于直达波和反射波经历的路径不同，因而相位不同，叠加结果形成信号的衰减增大，这种区域大约从离天线的十几个波长处开始，一直向外向上延伸。

(4)系统工作容量。

塔康系统的方位测量只需接收信标信号就可完成，因此，允许无限个机载设备同时使用一个信标台。

对测距来说，机载设备发出的询问，需要地面信标进行应答。但地面信标的填充脉冲约有 2 700 对可用于应答。当保证 95%的机载设备处于测距跟踪状态时，系统的设计值为 100 个机载测距器同时使用同一个信标台。现在，由于微处理技术的普遍使用，机载测距器询问频率上限可以下降到 80 Hz 左右，因此，同一信标台可允许 110 个机载设备同时工作。

(5)塔康信标安装要求。

塔康系统的使用效能与信标安装场地选择紧密相关。一般来说，要安装在地面平坦区，附近没有障碍物及反射物，对远处飞行的飞机没有地物(比如山峰)遮挡，这样的信标台能满足工作覆盖区的要求，导航精度也高。否则，将有部分扇区不能满足要求，甚至大部分扇区不能提供满意服务，导致该信标台不能正常使用而报废。

地形地物对塔康信标台的影响，最重要的是对电波形成的反射和侧反射，以及山峰对电波的遮挡。山峰对电波遮挡的那个扇区工作距离将大幅缩小。反射对信号的影响，是由于直达波和反射波在空中叠加产生干涉现象而引起的，双路径干涉（见图 3－9），由于直射波和反射波路径不同，在 C 点延迟后到达的反射波与直达波信号叠加。

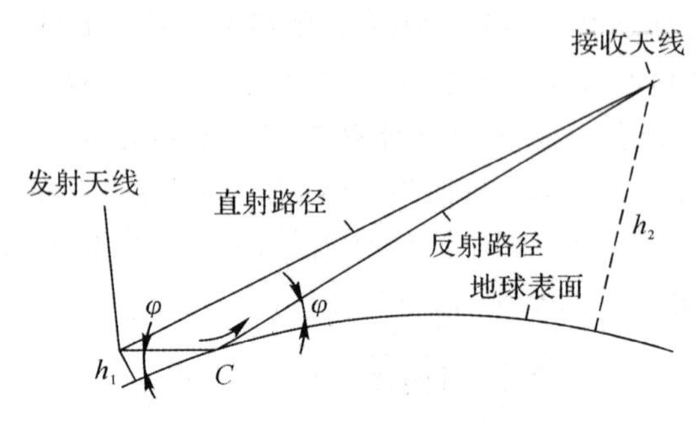

图 3－9　双路径干涉

关于 C 点叠加信号的情况，涉及的因素很多，例如反射地面的特性（介电常数 ε 和导电率）及平坦情况、天线架设高度 h_1 及接收天线高度 h_2（即飞机飞行高度）、信号频率等都有直接关系。精确的计算和分析是极其复杂的，这里仅指出 C 点的合成信号场强随距离变化是有规律的。电波传播专家计算出美国 AN/GRA－60 天线的双路径干涉辐射图见图 3－10，在信标工作范围内，某些距离上信号场强有较大的衰减。为了降低反射的影响，最有效的方法是减弱或消除反射，以粗糙地面的漫反射代替光滑地面的镜反射情况见图 3－11。

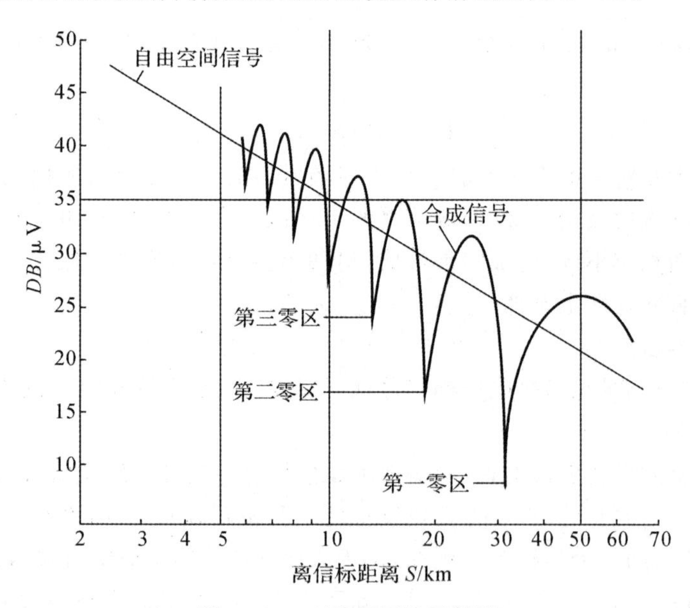

图 3－10　双路径干涉辐射图

还有一种称为侧反射，见图 3－12，它是由信标台附近的机库、飞机、机动车辆等垂直于地面的金属表面产生的反射。如果存在这种强反射，在某一方向上，机载设备测位电路往往会出现错误跟踪，即跟踪在反射信号上，产生方位错误锁定。如果反射延迟超过 1 μs，则会带来测距误差。

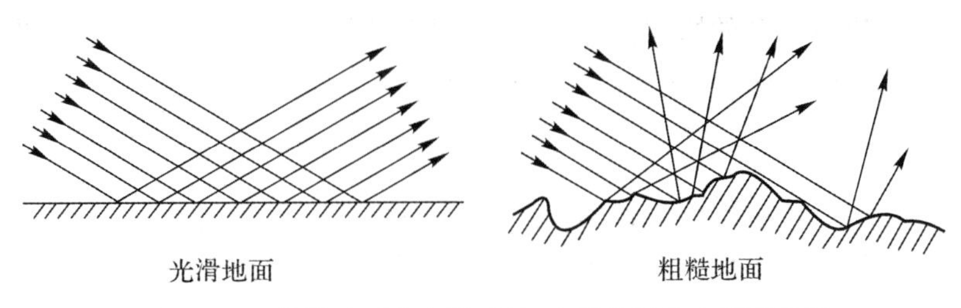

图 3-11　粗糙地面产生漫反射，光滑地面产生镜面反射

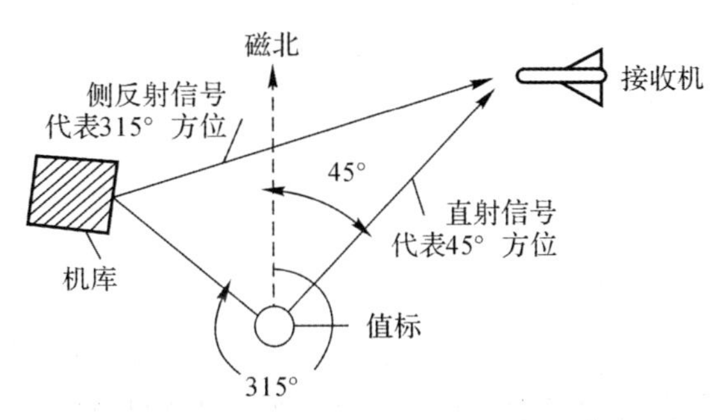

图 3-12　错误方位来源的侧反射

为了保证安装好的塔康信标台有预期的效能，塔康系统有关建台方面的要求及处理方法都有较详细的规定。

(6)机载设备天线的安装。

机载设备天线安装在飞机的蒙皮上。有两根天线，一根安装在机头，另一根安装在后机腹。天线安装的位置，除了应考虑飞机蒙皮的表面形状、遮挡物(比如副油箱)、外挂设备和其他设备天线外，还应考虑飞机的飞行状态。在各种姿态飞行时，天线对信标的信号都有较大的接收场强。其安装原则是：①满足飞机飞行动力学要求；②飞机的各种飞行姿态，都不遮挡从信标来的信号；③天线方向图的主波瓣应指向信标天线。

飞机上的副油箱、外挂设备等体积都比较大，对于矮小的塔康机载天线来说，在飞机外蒙皮上很难找到一个安装位置，在飞机的任何飞行姿态都不遮挡信标传来的电波。

塔康机载设备都在飞机上安装两根天线。机载设备工作时，根据天线上的信号场强弱，自动搜索选择一根具有足够信号场强的天线进行接收和发射，以此避开遮挡。

机载天线是单振子天线，其水平方向图是一个圆，垂直方向图见图 3-13，以飞机外蒙皮为基面，负仰角约 10°以内为信号盲区，10°以外 25°～30°为方向图的最大方向。在地面信标覆盖区的边远地区飞行时，只要保证方向图主瓣指向信标台，就可在全覆盖区获得较满意的接收效果。

若只考虑飞机的平飞和侧飞姿态，飞机腹平面基本上与地球表面平行。在距离信标台 350 km 的飞机腹平面与直射电波束向夹角约为 3°，因此，机头天线应该安装在机头的前端，使天线方向图基面与机身大平面保持有 15°～25°的夹角最为理想。机腹天线也应该这样选择安装位置。

(7)系统专用设备。

为了发挥最高效能，塔康系统必须有专用设备在各种环境中配合使用。

1)外场检测仪为检查地面停放着的飞机上装载的塔康设备，本系统设计了外场检测仪。

该设备一般固定在31波道和91波道工作。对方位和距离各设8个固定检查点，可用“自动”或“人工”控制工作。工作距离一般达1.5～10.0 m。

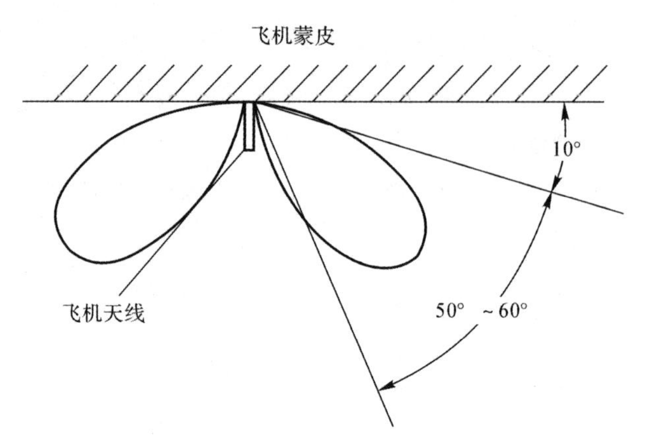

图3-13　机载天线方向图(垂直面)

该检测仪通常在飞机飞行前后为检查塔康机载设备工作是否正常时使用。

2)塔康信标模拟器它是塔康机载设备在工厂生产调试过程的标准专用信号源，具有以下功能：①测试机载接收机工作灵敏度；②测试和校准测距器的可工作距离和指示精度，以及具有速度情况下的工作能力；③测试和校准测位分机的指示及精度，在有角速度情况下的工作能力；④测试机载设备的发射功率；⑤检查识别信号通道功能；⑥可任意设置塔康系统的任一波道和任一工作状态；⑦可模拟塔康系统内的任一参数改变。

塔康信标模拟器在空军修理所或定检中队也应该配备，以作为检修塔康机载设备的标准信号源。

3)塔康机载设备功能测试台(或称检修台)一般装有与机载设备配套显示的指示器、功能件，以及与机载设备有交链关系的磁方位信号产生器等，此外，它还有为测量精度指标的精度等级更高的一些专用件。它是塔康机载设备的专用设备，通过该设备及其电缆、托架等附件，对机载设备进行通电及各种功能显示。

功能测试台配置在工厂生产调试车间及修理厂。在那些需要单独对塔康机载设备通电的地方，也需配置。

2. 系统主要技术指标

(1)工作频率。

962～1 213 MHz分126个X波道和126个Y波道。

X模式地面发射载频为962～1 024 MHz和1 151～1 213 MHz；机载发射载频为1 025～1 150 MHz。

Y模式地面发射载频为1 025～1 150 MHz；机载发射载频1 025～1 150 MHz。

波道频率间隔1 MHz。

(2)发射功率。

地面设备大于500 W(脉冲峰值功率，对机动台)；3 000 W(脉冲峰值功率，对固定台)。

机载设备700 W或500 W(脉冲峰值功率)。

(3)工作区范围。

以信标台为中心，对固定台，覆盖区半径大于350 km(飞机飞行高度1万米)；对机动台，覆盖区半径为185 km。

(4)精度。

方位精度优于2.5°(2σ)；距离精度不大于400 m(数字式)；不大于(400+0.25%D)m(模拟式)，D为测量距离。

(5)15 Hz和135 Hz对载波调制深度。

标准15 Hz调制在0.21±0.09之内，最小不小于0.05，最大不大于0.40；标准135 Hz调制在0.21±0.09之内，最小不小于0.05，最大不大于0.40；15 Hz+135 Hz合成调制度不大于55%。

(6)仰角0°以下的能量占总能量的10%以下，0°以下的最大副瓣比主瓣峰值至少低18 dB。

3.2.3　设备与应用技术

塔康系统的基本设备包括塔康地面信标台和塔康机载设备。塔康信标台一般安装在地面某已知位置，有时也安装在大型军舰或大型飞机上；塔康机械设备安装在飞机上。

1. 塔康地面信标台

地面信标台包括天线和主机两个部分。一套地面设备，天线只有一副，主机可以是单机，但更多的情况是双机备份。

(1)天线。

天线包括天线和形成天线方向图所需要的电路及天线方向图旋转扫描的控制驱动电路。天线方向图形成及其旋转扫描可以是传统的机械结构进行尺寸保证、电机伺服驱动旋转的机械扫描方法，也可以用现代的相位控制天线阵列的电子扫描的方法。

天线形成九瓣的心形方向图，并以恒定的15 Hz速率顺时针扫描，这是塔康系统测位的基本条件。

天线有两个关键技术：第一是在结构上保证天线产生的方向图，在垂直面有较小的顶空盲区和0°以下仰角有较小的能量辐射及峰值较小的副瓣，在水平面内，15和135 Hz调制深度及两个调制分量的相位偏差都应控制在某一范围之内；第二是伺服电路必须保证旋转周期恒定，并且偏离15 Hz的误差应严格控制在一个最小值内。因为0°以下仰角能量太大且第一副瓣峰值较高，一方面使0°以上仰角能量辐射减小，有用能量被损耗了，另一方面对地表面辐射的能量大，引起地面反射信号场强大，会加大零区的深度。必须保证15和135 Hz调制深度并且两者相位差要在一定的范围之内。原因是很明显的：调制深度太深，在信号的波谷(见图3-5)会影响机载接收机对基准(特别是对指北基准)的检测，一旦检测不出指北基准，将导致方位测量失效；调制深度太浅，15或135 Hz正弦分量太小，过零拐点的分辨率下降，机载设备方位测量误差增大，方位指示器指针将在大范围内摆动。根据塔康系统原理，135 Hz应根据15 Hz所划分的每个40°区起辅助测量、提高方位精度的作用，所以135 Hz相位最好应在15 Hz划分的每个40°区保持同步关系，以免造成错跟40°方位。实际上，天线加工尺寸及安装误差，都会带来15和135 Hz的相位不同步。

天线扫描应严格保证15 Hz速率恒定，因为塔康系统按一个1/15 s时间把周围空间划分成 360°，即 1°所占时间为 185.185 μs，如果扫描速率减慢或加快，1°所需的时间将增大或减小，对机载设备的方位测量将起到坏的影响，特别是现在用计算机以时钟周期来定时处理的设备，这个误差会累积形成系统测量误差，当计算机一定要去适应这种变化而不得不经常测量 15 Hz 速率时，会加大运算量及信号在实际环境传输过程中形成的起伏变化，计算机几乎无法对这种信号进行处理而导致无法进行方位测量。

(2)主机

塔康地面设备主机，包括发射机、接收机、编码—译码器、电源等分机。发射机保证有大功率发射和较满意的频谱特性；接收机有较高的灵敏度及对数控制特性的自动增益控制(AGC)电路，既能保证对近距离塔康机载设备的测距询问信号提供准确的延迟回答及对远距离塔康机载设备的测距询问，也能提供同样满意的延迟回答。发射和接收使用同一根天线，由收/发转换开关控制发射信号安全地馈送给天线，并将接收信号单向馈送给接收机。

编码—译码器的作用是完成塔康信标各种输出信号脉冲的编码，并对接收机来的测距询问脉冲进行译码，经过固定延时，形成应答脉冲编码。

该电路的输入信号是：天线来的指北基准和辅助基准触发脉冲，接收机来的询问脉冲信号，随机噪声信号产生器来的随机填充触发脉冲，导航信标台识别呼叫触发脉冲。

输出信号是：指北基准编码脉冲群，辅助基准编码脉冲群，测距应答编码脉冲对，随机填充编码脉冲对，识别呼叫编码脉冲。

该电路的技术要求是：

1)编码脉冲参数符合系统技术要求；

2)按优先权等级输出、封闭各类脉冲：基准群优先，即在发射基准群之前 50 μs 直到基准发送完成为止的时间内，只发基准不发其他信号，在发射识别声期间，不发射测距应答脉冲和随机填充脉冲；

3)测距应答脉冲的延迟时间必须准确，其中包括测距询问脉冲的译码延迟、译码定时点的误差和线路路径延迟；

4)随机填充脉冲和测距应答脉冲符合正态分布规律，即在脉冲对发射前或发射后 50～60 μs时间内不发射脉冲信号，脉冲对与脉冲对间隔为 100～120 μs 时具有最大发射概率；

5)识别呼叫脉冲群与基准脉冲群保持着同步关系。

2. 塔康机载设备

塔康机载设备由天线、发射机、接收机、频率合成器、方位测量电路、距离测量电路及控制盒组成。

设备的发射和接收用同一副天线。为了使发射信号和接收信号互相隔离，利用一个环行器将发射和接收信号各行其道，隔离度达 20 dB。

机载设备的天线按其外形，习惯上称之为“刀形天线”。它是一个半波振子天线。水平方向图为圆，全向不均匀度不大于 3.5 dB；垂直方向图扇区 50°～60°，最大值方向 30°左右，轴向盲区约 30°。

通常，飞机上安装两根天线：机头蒙皮上一根，机腹部一根。机载设备工作时，只与一根天线接通，当这根天线上接收的信号弱或没有信号时，通过双天线转换开关，设备自动搜索，寻找信号足够强的那根天线，并锁定在这根天线上工作。

天线按垂直极化波场型工作，频率范围 962～1 213 MHz，波段内驻波系数不大于 1.8，特征阻抗 50 Ω。

接收机按外差式工作,中频频率为 63 MHz,接收频率为 962～1 213 MHz。接收前端有波道预选电路,带宽为 6～8 MHz。

为了保证接收机输出的视频信号调制包络不失真,即 15 和 135 Hz 正弦调制分量为线性,从接收的最弱信号到最强信号,AGC 的线性控制范围不应低于 50 dB。

方位测量电路包括粗测通道、精测通道、判别、控制、转换电路三个部分。首先将主基准脉冲从接收的视频信号中识别出来,并与 15 Hz 正弦信号的 0°相位比较,解算出粗方位,然后转换到辅助基准脉冲与 135 Hz 正弦波 0°相位比较,解算出精方位,经过平滑处理后送显示器显示。

距离测量电路包括询问脉冲产生、回答信号识别提取,距离数据运算及测距器工作控制、转换等。

测距分机的不稳定多谐振荡器产生 80～120 Hz 脉冲,首先被晶体振荡器产生的某个时钟脉冲同步,然后根据测距器当时处在搜索或跟踪状态,产生 t_p 询问脉冲对(80～120 Hz 或 20～30 Hz),送发射机调制器和发射机功放进行功率放大,发射到地面设备,以便地面设备进行回答。

正确提取回答脉冲信号是测距器正常工作的基础。它的工作原理是由于某架飞机到信标的距离是确定的,即使飞机高速飞行,在连续询问的几个周期内,距离变化也不大,即飞机发出测距询问脉冲之后到接收到回答脉冲的时间是确定的,其他填充脉冲就不存在这种规律。因此,测距器可设计一个具有 4～5 μs 宽度的回答脉冲提取闸门,使每次询问后的地面回答脉冲都可靠地落在该闸门之内,其他填充脉冲只偶尔落在闸门中,再根据多数判决原则,准确提取出回答脉冲信号。

在搜索状态,测距器在产生询问脉冲 t_p 之后,距离计数器按时钟脉冲周期由小到大进行计数,并带动提取闸门从 0 km 位置向后移动。当有由接收机来的视频脉冲在闸门内出现时,计数器停止计数,闸门也停留在该时间位置上。接着的下一个询问周期,在停留的闸门位置内,没有出现接收的视频脉冲,说明上一次遇到的是一个随机填充脉冲,距离计数器又在这个时间位置上继续计数,闸门也开始继续向后移动。当再一次在闸门内出现视频脉冲时,计数器又停止计数,闸门也在新的时间位置上停留下来,等待下一个询问周期,检查在该闸门位置上是否继续有视频脉冲到来:如果没有脉冲出现,说明上一周期遇到的仍然是随机填充脉冲,测距计数器仍重复以前的状态继续计数向后搜索,直到连续几个询问周期,在提取闸门内都出现接收视频脉冲,说明已经搜索到对自己的回答信号,提取闸门变换为跟踪闸门,并按多数判决准则,对距离跟踪—记忆—搜索,便把正确距离数据送显示器显示。

在跟踪状态,跟踪闸门代替提取闸门,它由时间上紧紧连接的两个闸门组成:前一个称前跟踪闸门,后一个称后跟踪闸门。当距离准确跟踪时,回答脉冲应在两个闸门内出现的时间相同;当回答脉冲在前跟踪闸门内出现得多,在后跟踪闸门内出现得少,或者相反,前跟踪闸门内少,后跟踪闸门内多时,比较之后形成一个误差信号去调整距离计数器,使跟踪闸门移动,回答脉冲落在前、后闸门的时间相同,达到距离跟踪。

3.2.4　展望

塔康系统经过几十年的使用和发展,技术上取得了很大的进步,功能得到了多方面的开发,是一个较为完备的导航系统。

1. 塔康系统已经取得的发展

塔康系统已经得到全世界的公认,将多方面系统推向全世界。

最初,塔康系统只有X模式,只利用了962～1 213 MHz频率的一半。后来,又研制了具有X模式和Y模式的塔康系统,使地面设备频率扩展到全波段,以满足机场布台的需要。

对于机载设备来说,早期设备只有X模式和空—地导航功能,以后开发了空—空导航功能,为空中多架飞机的编队飞行和空中加油提供了极大方便。后来又研制了同时具有X模式和Y模式及空—空导航的机载设备,不过机载设备所使用的频段仍然是1 025～1 150 MHz(发射频率)。

现在,绝大多数的飞机装载的塔康机载设备的空—空功能只能进行相互测距。要完成空—空方位测量,机载设备必须具备一副这样的天线:它能产生类似于地面信标天线产生的扫描心形方向图,并且无论飞机向任何方向飞行,该方向图的最大值指向正东时刻发射指北基准群这条原则,始终不能改变。这无疑使天线体积庞大且复杂,同时,还必须有一个提供稳定指北的定向平台,显然,一般歼击机承载不了。另外,为了保证心形方向图有较好的包络外形,发射的脉冲数必须比地—空导航时的询问脉冲数大几倍,发射机的功率容量增大了,其功耗、体积、散热等一般歼击机也受不了。因此,具有空—空测位功能的机载设备只安装在大型飞机上,为其他飞机提供空—空方位和距离信息。这种空—空设备相当于代替了地面信标的作用。

具有空—空方位功能的机载设备,天线方向图只提供“心”形,不具有九瓣。空—空测位误差增大,一般在±5°以内。

具有空—空功能的机载设备有三种类型:①只具有空—空测距功能和空—地导航功能。这种设备大量地装在歼击机上,容量为5架～10架飞机。空—空工作过程是,一架飞机(长机)作为信标机,其他飞机(僚机)相对长机进行空—空距离测量,长机测量距长机最近的那架僚机的距离。当只有两架飞机时,互相测量到对方的距离。②一架大型机如轰炸机或预警机装载着具有提供空—空测位功能的塔康机载设备,其他飞机利用该飞机提供的方位信息完成空—空方位测量,同时进行距离测量。③逆式塔康。一架飞机(比如长机)装载了塔康设备除了给其他飞机提供距离应答脉冲之外,还发射填充脉冲,使每秒钟发射的脉冲总数不少于某一下限值,该设备的天线方向图具有全向性;其他飞机(比如僚机)装载的机载设备的天线具有旋转扫描方向性图。僚机利用具有扫描方向图的天线接收全向辐射信号,得到一个正弦调制的信号。当僚机将该天线方向图最大值与飞机纵轴平行或指向右方与纵轴成垂直时,僚机就可利用该正弦调制信号测得长机的方向。显然,具有扫描的心形方向图的设备装载在飞机上,它接收DME地面信标信号,同时可以完成距离和方向测量。

2. 导航和数据传输相结合

美国在1955年研制了导航和数据通信相结合的塔康数据传输双向设备,并由美国海军进行了鉴定。该系统在保证塔康系统的测距测位功能不受影响条件下,3 s内可传输30余条指令。指令由字—帧组成,每7个码元组成一个字,每个码元由三脉冲编码组成。传送一个字的时间约为3.6 ms。但是,美国并没有将塔康数据传输系统进一步发展,其主要原因是该方案的数据传输抗干扰性能差,数据率低,受视界限制等。

另一种数据传输方案是将塔康信道做成专用的数据通信设备,机载设备做成导航和数据传输两种功能兼备的设备，由控制盒选择控制。这种系统的地—空上行指令数据量可多些，它包括被传送接收指令的飞机梯队批号、指令内容和数据等，该指令有校验检验码，并且，在必要时可进行加密处理。该系统的空—地下行指令，因受发射机功率容量的限制，数据量较小。这种系统的改进型是采用检错、纠错和扩频跳频技术以提高系统的抗干扰性能和提高系统的数据信息量。

利用塔康信道做成导航和数传的兼容系统，有两种方案。

一是利用机载塔康设备测位测距有记忆功能这一特点，地面的塔康信息发送和数传信息发送可以按时分制工作。这种系统的地面设备配置可以按塔康发射设备和数传发射设备同时配置，用一个定时控制设备控制这两种设备轮流工作，也可以用一套发射机配备塔康信标天线和数传天线，用控制设备按时分制将发射机与两天线轮流接通发射。机载设备则是数传和导航两个终端都在守候执行工作，接收和发射通道，导航和数传共用。

这种系统在机载设备采用微处理器以后，利用计算机的强大处理功能，在保证导航功能不受影响的条件下，达到满意的数据传输性能是完全可能的。

二是将数据传输信号插入到塔康随机填充脉冲序列中由塔康天线发射传送。这种方案对测距来说也是时分制。因此，该方案必须考虑并计算以下要素：①塔康系统每次可以让出多少时隙来进行数据传送；②数据传输信息落在塔康调制包络波谷的哪些码元，可能形成信息丢失，概率是多少？采用纠错码进行纠错恢复原数据信息，成功概率又是多少？

3. 塔康系统与JTIDS系统兼容

塔康系统从1950年投入使用以来，得到了广泛应用和开发，被认为是很好的近程无线电导航系统。但是，它只采用了双脉冲编码，抗干扰性能不强，布台时，选址也较麻烦。美国从20世纪70年代开始研制JTIDS系统，为其陆海空三军提供指挥、通信导航、识别服务。

JTIDS系统的特点如下：

1)工作频段为960～1 215 MHz，与塔康系统同处一个频率段。

2)采用扩频、跳频、检错纠错的伪随机脉冲编码技术，具有很强的抗有源干扰和防窃性能。

3)多节点或无明显控制中心的系统。系统中所有台站都是用户，共同构成一个通信、导航、识别网，彼此通过保密通信，测量时差，在知道网中几个成员的位置之后，可以计算出所有成员各自的位置、航向、速度等，完成相对导航。如果网中一个或几个成员失去功能，其他成员仍然照样工作。

4)系统按时分多址工作。每个网成员大约10～12 s播发一次信息(对机载设备)，彼此能够确知相对位置。

JTIDS系统的这些设计，发射信号频谱扩宽，某一频率的发射时间只有6.4 μs，不会影响塔康系统的工作性能。另一方面，塔康系统的发射信号为窄带频谱，JTIDS系统的宽带和相关接收机不会受到干扰接收，而且在频谱很宽和采用纠错措施后，有干扰也被消除，恢复信息的本来面目，即JTIDS系统的设计，充分考虑了对塔康系统的兼容性。

3.3　伏尔导航系统

伏尔导航系统(VOR Navigation System)是空中导航用的甚高频全向信标。这种系统能使机上接收机在伏尔地面台任何方向上和伏尔信号覆盖范围内测定相对于该台的磁方位角。

伏尔导航系统出现于20世纪30年代，是为了克服中波和长波无线电信标传播特性不稳定、作用距离短的缺点而研制的导航系统，是甚高频(108～118 MHz)视线距离导航系统。飞机飞行高度在4 400 m以上时，稳定的作用距离可达200 km以上。

伏尔是甚高频全向信标(VHF Omni - Range)的简称，是第二次世界大战后期在美国首先发展起来的近程航空导航系统。1946年成为美国标准的航空导航系统，1949年被国际民航组织采纳为国际标准导航系统。到1996年底，仅美国联邦航空局就管理着950个伏尔和伏尔/测距器台站。伏尔通常与测距器配合使用，合装在一起叫做伏尔/测距器台，伏尔为飞机提供方位信息，测距器为飞机提供距离信息。伏尔系统用于航路导航，也常用于机场作为飞机进场的引导设备。

自1949年以来，伏尔的系统和技术经不断完善和改进有了很大的发展。在系统方面，为了克服场地内地形地物带来的影响，在伏尔的基础上发展了多普勒伏尔(DVOR)，提高了系统的精度。在设备方面，由最初的电子管设备发展为全固态设备，天线波束由机械转动发展为电子扫描；而且设备中引入了微处理技术和数字化技术，使设备做到远距离监视和控制，而台站为无人值守。

3.3.1 伏尔和多普勒伏尔的工作原理

1. 伏尔的工作原理

伏尔导航系统通过比较两个30 Hz信号的相位来确定飞机对伏尔台的方位。一个30 Hz信号是固定的基准相位信号，先在9 960 Hz副载频上以±480 Hz频偏调频，用副载频再对甚高频调幅，以全向方式辐射。一个30 Hz信号是可变相位信号，用两对正交奥尔福德环形天线在双边带上辐射旋转∞场型。天线系统两种辐射输出合成为旋转30次/s的心形场型。载频上还有以1 020 Hz调幅的莫尔斯码识别信号和话音。在接收端，外来信号经放大、调幅检波后分成三路：一路经副载频滤波、限幅、鉴频和30 Hz滤波后输入比相器，这是固定相位信号；一路经30 Hz滤波直接至比相器，这是可变相位信号；再一路是莫尔斯识别码和话音输出。比相器对两个相位信号比相，得出飞机对伏尔地面台的磁方位角。伏尔导航系统接收机见图3-14。

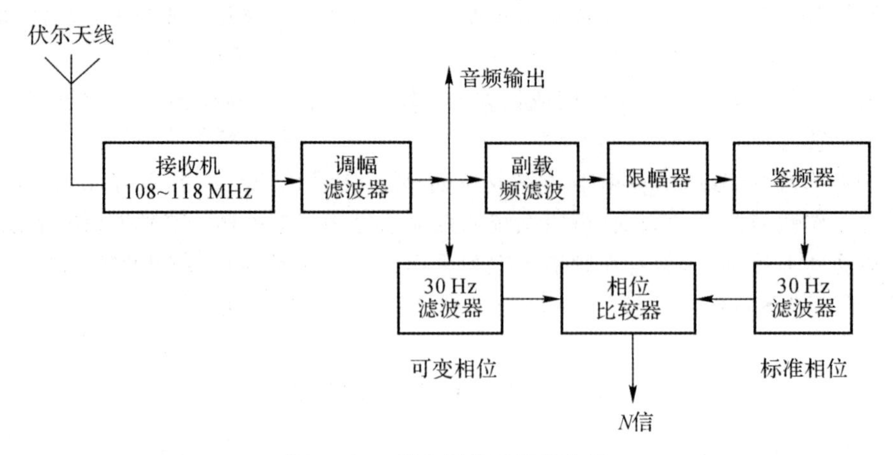

图3-14 伏尔导航系统接收机

伏尔是利用其地面台辐射场调制包络的相位与飞机方位角 θ 之间的一一对应关系为飞机提供角坐标位置的。伏尔工作于 108～118 MHz 频段，为连续波工作体制。伏尔地面台站天线方向图为一个旋转着的心形方向图。当飞机相对于地面台处于不同位置时，飞机上伏尔接收机所接收到的信号幅度调制包络具有不同的相位，从而为飞机指示出相对于地面台磁北的方位。伏尔地面台的心形方向性图是由一个无方向性天线与一个具有“8”字形方向性图的环天线组合而形成的，见图 3-15。图 3-15(a)表示飞机按预定航线飞向伏尔台；图 3-15(b)为心形方向图的合成；图中 A 为环形天线方向图的左半边；B 为环形天线方向图的右半边，B 与 A 相位差 180°；C 为无方向性天线方向图，C 与 A 相位差 180°；D 为合成方向。

$$D=C+B-A$$

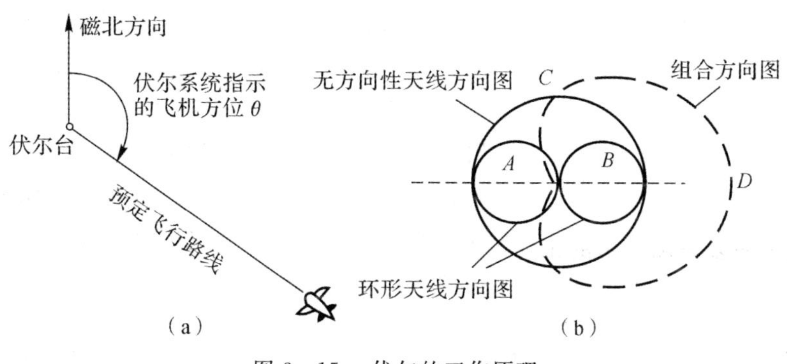

图 3-15　伏尔的工作原理

心形方向图为

$$F(\theta)=1+\cos\theta$$

当 $F(\theta)=1+\cos\theta$ 心形方向图以角频率 Ω 旋转时，产生一个调幅辐射场，这个辐射场在不同方位上调制包络的相位是不同的，这个相位与方位角 θ 相对应。为了测定随方位不同而变化的调幅辐射场的相位，在飞机上还必须有一个基准相位电压。这个基准电压的相位不随方位变化，但是它的相位必须要与磁北方位的可变相位信号的相位同相，这个信号也必须由地面信标台辐射。

但是，单有这个与方位相对应的可变相位信号还不够，为了测定相对于地球磁北的方位，还必须有一个基准信号。伏尔台的基准信号由中央无方向天线辐射，它是用频率为 30 Hz 的余弦信号对 9 960 Hz 分载频调频，再用这个被调频的分载频对载频调幅，然后辐射出去。

在伏尔台的不同方向(东、西、南、北)基准信号的相位是相同的，它不随方位变化，它的相位调整在与磁北方位上的可变相位信号的相位同相。

例如，当飞机处于伏尔台的正北方时，方位角 θ 为 0°，机载接收机收到的两种信号的相位差也为 0°；当飞机处于伏尔台的正东方时，方位角 θ 为 90°，机载接收机收到的两信号的相位差为 90°；飞机处于伏尔台的正南方时，方位角 θ 为 180°，机载接收机收到的两信号的相位差也为 180°；同样当飞机处于伏尔台的正西方时，方位角 θ 为 270°，机载接收机收到的两信号的相位差也为 270°。由此可见，机载接收机接收的伏尔台发射的基准相位信号与可变相位信号之间的相位差，就是飞机相对于伏尔台的方位角。

为了使可变相位信号与基准相位信号在机载接收机中能区分开，伏尔的基准相位信号与可变相位信号采用两种不同的调制方式。30 Hz 基准相位信号首先对分载频(9 960 Hz)调频，再用这个被调频的分载频对载频进行调幅；另一个为 30 Hz 可变相位信号直接对载频进行调幅。很显然幅度调制的可变相位信号与频率调制的基准相位信号，在机载接收机中很容易用滤波的方法分开。分开后分别进行振幅检波和频率检波，将两检波后的信号进行相位比较，两信号的相位差就是飞机相对于伏尔台磁北的方位角，即伏尔台的工作原理。

2. 多普勒伏尔的工作原理

伏尔受地形影响比较严重，对地形要求非常严格，在靠近伏尔台周围地区 100 m 范围内，地面凹凸不平不应超过±15 cm。为了放宽对场地要求，在伏尔的基础上发展了多普勒伏尔(DVOR)，因为多普勒伏尔是大孔径天线，无线孔径约为 5 倍工作波长，而伏尔的天线孔径约 0.5 倍工作波长，因而多普勒伏尔与伏尔相比场地影响造成的误差将减小至 1/10。多普勒伏尔对地形和场地的要求比较宽松，所以引入了多普勒伏尔。多普勒伏尔的工作原理与伏尔一样是方位角 θ 与两个 30 Hz 正弦信号之间的相位差相对应。在多普勒伏尔系统中，30 Hz 基准信号由中央无方向性天线直接调幅发射，而不是像伏尔那样调频之后再调幅；而相反 30 Hz 可变相位信号是在 9 960 Hz 分载频上经频率调制由以中央天线为中心的圆阵天线发射。

多普勒伏尔的天线系统是由一个中央无方向性天线和以它为中心的直径为 D 的圆周上均匀排列 48～50 个边带天线组成。天线安装于一个大的金属反射网上面，与方位有关的双边带信号由边天线辐射，边带信号频率为 $f_0+9\ 960$ Hz，称作上边带信号；$f_0-9\ 960$ Hz 称为下边带信号。为模拟单个天线的转动，圆阵天线中，每个天线的馈电都经过一个固态开关控制，依次把要发射的两个边带信号分别馈给在直径方向相对的两振子，以模拟天线的转动。馈给圆阵天线的边带信号转换速率为 30 次/s，即边带信号以 30 Hz 转速环绕中央天线旋转。相当于在圆阵的直径方向相对的一对天线以 30 周/s 的速率连续转动，见图 3-16。旋转一个无方向性天线时，天线辐射(或接收)的信号频率都将由于多普勒效应而被天线的转速调制。当天线迎着飞机“运动”时，频率增加，反之频率减少。这样，中央天线与圆阵天线差频9 960 Hz，由于阵天线的多普勒效应，将以 30 Hz 的速率变化±480 Hz，即发生调频。这就是多普勒伏尔的由来。

在多普勒伏尔系统中，载频用30 Hz 信号调幅后由中央无方向天线辐射，为系统提供基准信号。与方位有关的信号是由安装在一个圆周上的阵天线辐射的边带信号，该边带信号相对载频偏离±9 960 Hz。

3.3.2 系统的应用与技术指标

伏尔在航空导航中有着广泛的应用，例如：

1)利用机场上的伏尔台可实现飞机的归航和出航；

2)利用两个已知位置的伏尔台可实现直线位置线定位；

3)航路上的伏尔台可以作为航路检查点，实行交通管制；

4)终端伏尔(TVOR)放置在跑道轴线延长线上，飞机利用与轴线一致的方位射线进行进近和着陆；

5)伏尔与测距设备或空中战术近程导航系统相结合，组成 VOR/DME 或 VOR/TACAN 极坐标系统，直接为飞机定位。

伏尔系统按用途分有航路伏尔和终端伏尔。

伏尔工作于 108～118 MHz 频段，每隔 50 kHz 一个频道，这个频段是伏尔和机场仪表着陆系统航向信标导航台所共用。在200个频道中，伏尔占160个频道，其中120个分配给航路导航的伏尔（或多普勒伏尔）台，40个分配给机场终端区域导航的伏尔（或多普勒伏尔）台。航路导航台辐射功率100～200 W，作用距离可达370 km，工作频率112～118 MHz；而终端伏尔辐射功率50 W，作用距离40～50 km，工作频率在108～112 MHz范围内。

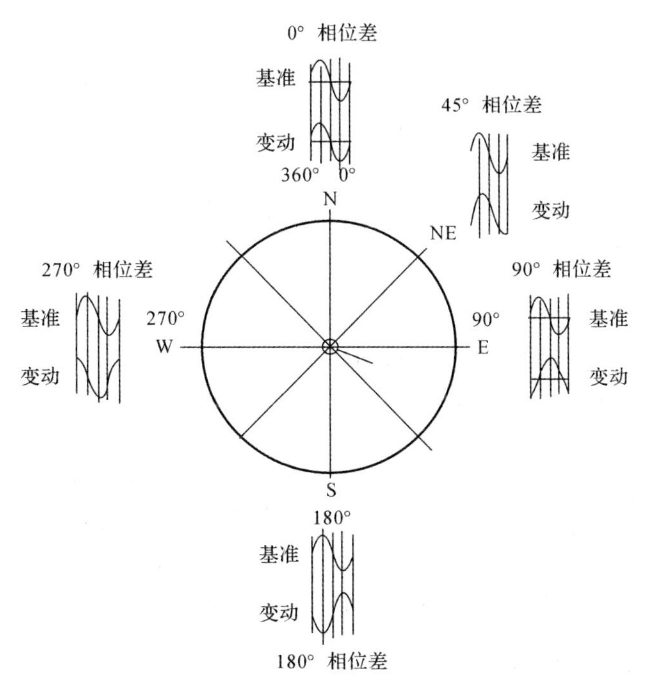

图3-16　伏尔地面台所发送的两个30 Hz信号之间在不同方位上的相位关系

伏尔系统保障飞机沿预定航线飞行，如飞机在预定的45°航线飞行时，机载接收机指针指在中央，当飞机在预定航线右边飞行时，尽管机头指向45°，但飞机偏离了航线，这时机载接收机指针偏向左边，告诉飞行员要向左拐，使飞机回到正确航线上。只要保持接收机指针在中央位置，就能使飞机沿直线在预定航线上飞行。伏尔系统可为飞机提供许多航线，使飞机向着或背离伏尔台飞行。

伏尔工作在甚高频频段，它的作用距离受视距限制，在1 200 m高空，典型作用距离为370 km，能在360°视线范围内向飞行员提供相对于地面台磁北方位的导航服务，因此它被广泛用来确定航路及走廊口的宽度。

我国规定的航线航路宽度为±10 km；走廊航路宽度为±5 km。伏尔系统布台是根据规定的航路宽度和伏尔系统的精度来规划。两台站间隔计算见图3-17。

航路宽度：

$$2D = 2W\cot\Delta\theta$$

式中，$2D$ 为两伏尔台间隔；$2W$ 为航路宽度；$\Delta\theta$ 为系统的测角误差。

由伏尔的系统误差4.5°和航路宽度±10 km可求出 $2D=254$ km。在航线上航路宽度规定为±10 km时，至少每隔254 km应布一个伏尔台。

国际民航组织对伏尔台的技术指标作了具体规定，各国厂家的伏尔设备都必须满足这一规范。

伏尔信标必须制造和调整到使飞机上的仪表指示表示从伏尔台测得的对磁北顺时针方向计算的方位角。

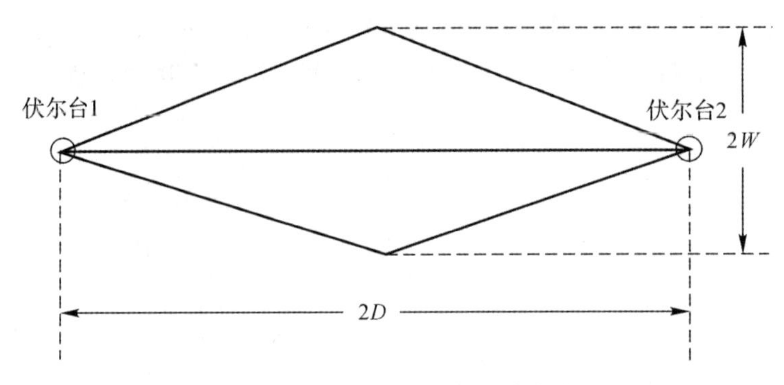

图 3-17 由伏尔决定的航路宽度

伏尔信标必须辐射带有两个分开的 30 Hz 调制的射频载波，其中一个调制的相位必须与观察点的方位无关（基准相位），另外一个调制的相位随观察点而变化（可变相位），两个信号相位差的角度等于观察点对伏尔信标台的磁北方位。

伏尔台必须在 111.975～117.975 MHz 频段内工作，最高指配频率为 117.975 MHz，波道间隔须是以 117.975 MHz 为准的 50 kHz。频率容差要优于±0.002%。辐射应为水平极化，方位信息准确度必须优于±2°。在伏尔台的主载频上，必须同时发送一个识别信号，采用国际莫尔斯电码，调制单音必须为(1 020±50) Hz。如果伏尔同时提供地空通信，则通信频道上主载频调制度不大于 30%。

3.4 测距器和精密测距器

测距器又称 DME 或 DME/N，精密测距器又称 DME/P。

两种测距系统有着不同的用途：测距器用作航路和终端区的导航，它可以与伏尔联合工作，组成伏尔/测距器近程导航系统，还可以与仪表着陆系统联合工作，协助它进行进场着陆引导；精密测距器专门用作与微波着陆系统联合工作，进行精密进场着陆引导。

两种测距系统，由于用途不同，信号覆盖范围（作用距离）也不相同。一般说，航路用测距器的覆盖范围大于等于 200 n mile(1 n mile=1.852 km)，终端用测距器的覆盖范围大于等于 60 n mile，精密测距器的覆盖范围仅在 22 n mile 以上。

两种测距系统都采用脉冲制测距。信号脉冲按规定的码间隔组成脉冲对，以使系统工作不易受随机干扰信号的影响。精密测距器除了像测距器一样应用双脉冲信号外，还用双模式工作。两种模式是初始进场模式（IA）和最后进场模式（FA）。飞机距地面台 7 n mile 以内的范围属于 FA 模式工作范围。当飞机距地面台 8 n mile 时，开始从 IA 模式向 FA 模式过渡。

两种测距系统的主要差别在于系统精度。测距器的系统误差按规定不超过±370 m (2σ)。精密测距器的系统精度比测距器的系统精度高得多。按照国际民航组织的规定，精密测距器有两种精度标准（标准 1 和标准 2）。标准 1 适合常规起落飞机的引导要求，标准 2 适合垂直起落和短距离起落飞机的引导要求。衡量精密测距器的精度有两项指标：航道跟随误差和控制运动噪声。航道跟随误差是飞机可以跟随的误差分量。控制运动噪声是飞机来不及跟随的误差分量，但当与自动驾驶仪交链时会影响飞机的姿态和引起操纵杆抖动。按照国际民航组织的规定，在微波着陆系统基准数据点处：标准 1 应达到航道跟随误差小于等于±30 m(2σ)，控制运动噪声小于等于±18 m(2σ)；标准 2 应达到航道跟随误差小于等于±12 m(2σ)，控制运动噪声小于等于±12 m(2σ)。

3.4.1　工作原理

1. 系统组成和测距原理

测距器是一种二次雷达型系统。国际民航组织规定，新开发的精密测距器必须与测距器兼容，因此，精密测距器与测距器一样也是二次雷达型系统。两种测距器具有同样的基本组成，见图 3－18。

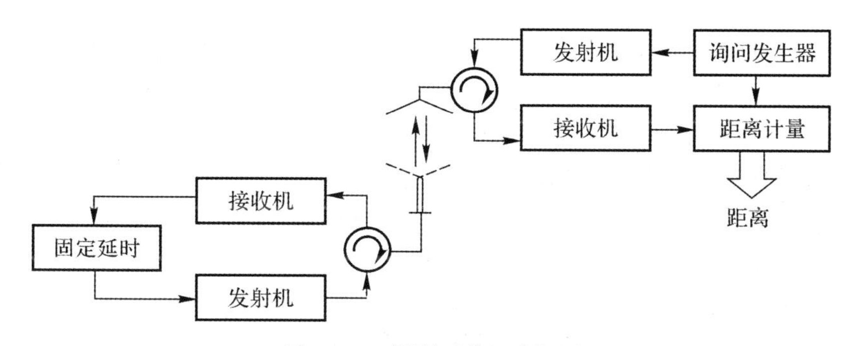

图 3－18　测距系统组成框图

地面设备的基本组成是：接收机、信号处理器、发射机和天线。机载设备的基本组成是：询问发生器、发射机、天线、接收机和距离计数器。

机上设备发射询问脉冲，被地面台应答器接收，经固定的时间延时，地面应答器向机上询问器发射回答信号。机上设备收到回答信号后，根据询问发射和回答接收之间的时间间隔，就可算出询问器和应答器之间的距离。

距离＝1/2[光速×(发收时间间隔－固定延时)]

该公式没有考虑发射询问信号时和接收回答时飞机位置的变化。这是因为，飞机运动速度相对于无线电波的传播速度而言是相当缓慢的，在信号传播的短时间内，飞机位置变化对计算精度的影响与所允许的测距精度相比较是可以忽略不计的。

该计算公式还假定电波传播速度是恒定不变的，这种假定只有在真空传播条件下才能成立。实际上，受大气传播条件及其变化的影响，电波传播速度也有微小的变化。它对测距误差的影响一般也忽略不计。

2. 通道划分

在测距过程中，地面台必须确认所收到的询问是对本台的询问才产生回答信号，机上询问器也必须确认所收到的回答信号是被询问地面台的回答信号方可进行距离测量。

测距询问信号是载频调制的脉冲对信号。测距回答信号也是载频调制的脉冲对信号。应用“通道”这一术语来规定询问载频及其脉冲对编码与回答载频及其脉冲对编码之间的联接道路。

由于空中可同时存在大量需要获得对某一地面台站距离信息的飞机，地面也星罗棋布地布置着众多地面台站，因此，为了不造成飞机与地面台站之间的错误联接，必须划分很多通道。国际民航组织对两种测距器的通道规定见图 3-19。

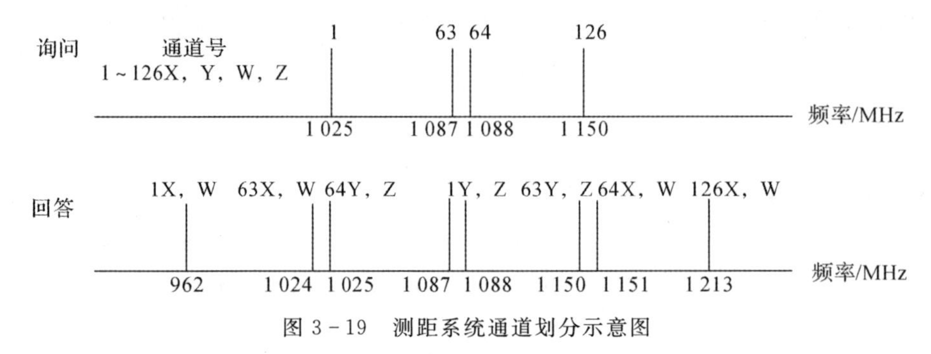

图 3-19 测距系统通道划分示意图

962～1 213 MHz 的工作频段分成四段，每段占 63 MHz。机上询问占中间两段，即 1 025～1 150 MHz。地面回答是全波段，即 962～1 213 MHz。相邻波道的频率间隔是 1 MHz。对于测距器，有 X，Y 两种编码方式。对于精密测距器，在 X，Y 编码基础上又增加了 W，Z 两种编码方式，精密测距器有 X，Y，W，Z 四种编码方式。

如果已知某一通道号，将如何求出它的询问频率和回答频率呢？方法如下。

对于 X 和 W 编码方式：

询问频率：1025＋(通道号－1)；

当通道号为 1～63 时，回答频率＝询问频率－63 MHz；

当通道号为 64～126 时，回答频率＝询问频率＋63 MHz。

对于 Y 和 Z 编码方式：

询问频率＝1 025＋(通道号－1)；

当通道号为 1～63 时，回答频率＝询问频率＋63 MHz；

当通道号为 64～126 时，回答频率＝询问频率－63 MHz。

同一通道的询问频率与回答频率需隔开 63 MHz，以避免同频相加干扰，提高信号质量。

机上询问安排在 962～1 213 MHz 的中间部分，而地面回答安排在全波段。因为压缩机上发射机的频率范围可简化机上设备，降低机上设备的成本，把成本和复杂性负担加在地面设备上。一个地面台站可以为空域中多达 100 架飞机服务，从系统整体看，这样的安排是合理的。

按照上述通道安排方法，测距器有 252 个通道能力，精密测距器具有 504 个通道能力。但是，国际民航组织从测距器的 252 个通道能力中挑选了 160 个与伏尔、40 个与仪表着陆系统配对使用，从精密测距器 504 个通道能力中挑选了 200 个通道与微波着陆系统配对使用。挑选时考虑了 1 030/1 090 MHz 属于空中交管雷达询问器/应答器的频率范围。

3. 搜索、跟踪和记忆时间

一个通道规定了一个地面台和欲对该地面台测距的一群飞机之间的联络通道。但是对于某一架飞机而言，它既收到该通道相应地面台对它的询问的回答信号，也收到该地面台对调谐到该通道的其他飞机的回答信号。就存在正在进行询问的飞机必须从众多回答信号中挑选出属于自己的回答信号的问题，否则测距仍不能正确进行。

为了使每架飞机都能区分哪些回答是属于它本身的询问引起的，机上询问信号应在一定范围内随机抖动。由于每架飞机都有各自的、彼此不相关的询问随机抖动特性，相对于本飞机询问的回答脉冲总是与本飞机的询问同步的，而相对于其他飞机的询问的回答信号是与本飞机的询问不同步的，从而可挑选出属于它自己的回答脉冲。

在机上询问器企图建立询问和回答之间的同步关系期间，测距器或精密测距器处于搜索方式。在此期间通常应增加询问率，以减少完成搜索的时间。对于测距器，模拟式搜索可以在20 s内完成，而数字式搜索可以在2 s内完成。因为前者不管有没有回答信号存在，搜索门都缓慢地匀速移动；后者在每次询问后，搜索门总是在上次搜索时最先出现回答信号的位置上出现，推进速度很快。最新的测距器，采用数字式相关器记录每次询问后应答脉冲的分布，数次询问后就可得出在哪一个时间单元回答脉冲最集中，就可完成搜索任务，因而搜索可以在1 s甚至几分之一秒时间内完成。精密测距器就采用这种搜索方法。

一旦询问器确认了属于它自己的同步回答，询问器保持锁定在它自己的同步回答上，距离门将跟随飞机运动而同步移动，此时，称作处于跟踪方式，于是询问器便输出和显示所测距离。为了减轻地面应答器的工作负荷，或者说为了提高地面应答器有可能服务的飞机架数，在跟踪时应尽量降低询问率。

对于测距器，如果电波被障碍物或其他飞机遮挡，或回答信号被识别码抢权而丢失，或飞机处于天线方向性图零点，或地面信标台短暂关闭引起回答信号在短时间内消失，机载设备将进入记忆状态。该状态的机载设备内插记忆装置将以飞机原有的运动速度进行记忆跟踪，记忆跟踪的时间可以设定。在记忆跟踪时间内，跟踪门内若没有回答脉冲出现，仍继续保持跟踪，而不必立即返回搜索状态。超过记忆跟踪时间约定，若仍没有收到回答信号，询问器才重新返回到搜索状态，在记忆跟踪时间内，一旦出现满足跟踪条件的状态，就立即转入正常跟踪状态。对于着陆阶段用精密测距器，当信号丢失后立即返回到IA模式搜索状态，同时保持1 s具有告警显示的记忆输出。

4. 定时脉冲和定时点

测距系统的信号是脉冲对编码信号，脉冲形状又是高斯形(对于测距器)或者 $\cos$-$\cos^2$ 形(对于精密测距器)。高斯形也称作钟形，$\cos$-$\cos^2$ 形指脉冲前沿按三角函数 $\cos$ 曲线变化，后沿按 $\cos^2$ 曲线变化。测距系统的距离测定实际上是信号传播时间的测定，则以脉冲对的哪一个脉冲作为定时脉冲呢？定时点又选在脉冲波形的什么位置上呢？

原来的测距应用第二脉冲定时，测距是测量所发出的询问脉冲对的第二脉冲和所收到的回答脉冲对的第二脉冲之间的时间间隔。第二脉冲定时的优点是译码的生效与时间测量的开始同时进行，如果译码失效，时间测量也同时立即取消。但是第二脉冲定时对多路径非常敏感，特别是第一脉冲的短距离回波叠加在第二脉冲上，使第二脉冲波形发生畸变，造成定时点移动，增大了测距误差。现代的测距系统应用第一脉冲定时，测距是测量所发出的询问脉冲对的第一脉冲和所收到的回答脉冲对的第一脉冲之间的时间间隔。采用第一脉冲定时后，测距精度可得到提高。

测距系统除了规定脉冲对的哪一个脉冲作为定时脉冲外，还必须规定相对于该定时脉冲的具体定时点的位置。只有这样，才能精确进行时间测量。对于测距器和精密测距器的IA模式，采用所谓“半幅度定时”。第一脉冲上升沿50%幅度点的位置作为定时的基准点。虽然在第一脉冲上升沿的50%幅度点处已经受到一些短延时回波的影响，定时基准点可能会有一些移动，但这种影响是测距器或精密测距器的 IA 模式的总精度所许可的。对于精密测距器的 FA 模式，由于总精度很高，这种影响已不可容忍，因而采用所谓的“延时衰减比较法”产生定时基准点。

5. 固定延时、寂静时间和回波抑制时间

测距系统地面应答器在询问脉冲对的接收和相应回答脉冲对的发射之间引入一段固定延时，延时量是 50 μs，56 μs 或 62 μs，设置固定延时的目的是使地面应答器有信号处理时间，使机上设备有可能进行零千米测距。

寂静时间是在地面应答器里引入一段封闭时间，在这段时间里接收机被封闭，便可以在回答发射期间保护接收机，也可防止接收机在这段时间里对多路径回波的响应。

脉冲对译码生效后，立即进入寂静状态，寂静时间一般不大于 60 μs。在寂静状态应答器对所有的机上询问都不回答，因此会降低系统效率。

在某些多路径回波比较严重的地区，在寂静时间后可设立回波抑制时间。在回波抑制时间内，只有超出某相对门限（相对于该直达信号）的信号才被视为有效询问信号，否则将被视为回波信号而被抑制。可见，回波抑制时间的设置可进一步消除同步多路径干扰，但有可能把某些幅度不够大的真正询问信号视为回波信号而被抑制，因而也会降低系统效率。

6. 随机填充脉冲

测距系统工作时，地面信标台还必须发射随机填充脉冲。第一，系统的机上询问器含 AGC，AGC 电路需要收到一定重复率的脉冲串后方可正确地建立。按国际民航组织规定，这个最低发射速率不得小于 700 脉冲对/秒，并尽可能接近 700 脉冲对/秒。试想，在空中仅有一架装有测距器的飞机的情况下，如果没有地面发射的随机填充脉冲对，那么它将只有 30 个脉冲对/秒（测距器的跟踪状态的最大询问速率）或 40 个脉冲对/秒（精密测距器跟踪状态的最大询问速率），这时机上自动增益控制就建立不起来。为此，必须有随机填充脉冲模拟其他飞机的应答脉冲的存在。第二，发射随机填充脉冲可使应答器发射机保持相对稳定的负荷，也就是保持比较稳定的内部温度起伏。对于老式电子管设计，温度起伏对设备工作影响较大；对于现代固态发射机，虽然内部温度起伏对设备工作影响不大，但仍然是不希望的。

随着空中交通密度的增加，应答器的回答脉冲对数增加，随机填充脉冲数自动减少。当回答发射达到所规定的最低发射率时，停止发射随机填充脉冲。

7. 台站识别

当飞机驾驶员选定了通道，就确定了相应的测距地面台，他就从耳机里听到该地面台发射的识别音响信号，从而判定所选台址的正确性。

每个地面台都有一组规定的代码，因而也就有相应于该代码的莫尔斯码。用该莫尔斯码的点划信号控制 1 350 Hz 信号，使之在点划存在时有 1 350 Hz 脉冲输出；空时（即不存在点划信号时）无 1 350 Hz 脉冲输出。然后，该 1 350 Hz 脉冲就像应答器回答触发脉冲一样，触发应答器的调制器，把识别信号发射给空中的飞机。机上询问器里具有 1 350 Hz 滤波器，滤出莫尔斯信号发送驾驶员耳机。

3.4.2 应用技术

1. 测距脉冲信号的陡前沿技术

测距脉冲前沿愈陡，定时点变动时相应的时间变化愈小，测距精度愈高。但是，陡前沿会造成信号的频谱变差，因此只能在满足频谱要求的范围内脉冲前沿适当变陡。国际民航公约附件10规定，测距器信号脉冲上升时间不得超过3 μs，精密测距器信号脉冲上升时间不得超过16 μs。

测距器应用高斯形脉冲，脉冲前沿相对平坦些，可以满足测距器的测距精度要求。

精密测距器FA模式应用 $\cos-\cos^2$ 形波形，脉冲前沿相对陡些。

2. 宽带中频放大器、低噪声前置放大器和鉴频器的应用

测距器的高斯形测距脉冲使中频放大器有1 MHz带宽就足够了。对于精密测距器的陡前沿脉冲，为使信号通过接收机时保持陡前沿特性，机上和地面接收机都必须有大约35 MHz的中频带宽。宽带会造成噪声增大，降低信噪比，而且由于间隔1 MHz，仍然在宽带接收机频带范围内的邻波道信号没有得到抑制，会造成邻波道干扰。

为此，在采用35 MHz宽带中频放大器的同时，应用低噪声前置放大器，以改善信噪比；还必须应用鉴频器，以抑制邻波道干扰。

3. 延时衰减和比较触发技术

测距器确定定时点的方法是半幅度检测法，也称作HAF触发技术。视频信号的半幅度与延时大约27 μs的该视频信号相比较，形成HAF定时点。由于定时点处在脉冲上升沿的半幅度处，该处已受到多路径信号的叠加影响，波形已有畸变；另外，用作比较的半幅值也因多路径对信号幅度的影响亦有抖动。因此，HAF定时方法的定时精度较低。

精密测距器FA模式确定定时点的方法是延时衰减和比较法，也称作DAC触发技术，其原理框图见图3-20。接收信号被分成两路，一路延时，延时量为 τ，另一路衰减，衰减量为 α，两路信号进行比较，当两路信号相等时产生定时触发信号。

DAC触发有两个好处，一是可以稳定定时点，定时点的确定与信号幅度起伏变化无关，即使信号幅度受多路径影响而有所起伏，但定时点的位置不受影响；二是可以达到低门限触发，当取延时量 $\tau=100$ ns，衰减量 $\alpha=-6$ dB时，定时触发点大约在脉冲前沿的10%处，在符合标准的机场里，脉冲前沿的10%处几乎还没有受到多路径干扰的影响，因而DAC技术也是抗多路径干扰的有效办法。但是，DAC定时技术的定时点较低，故要求接收机信噪比相对高些。

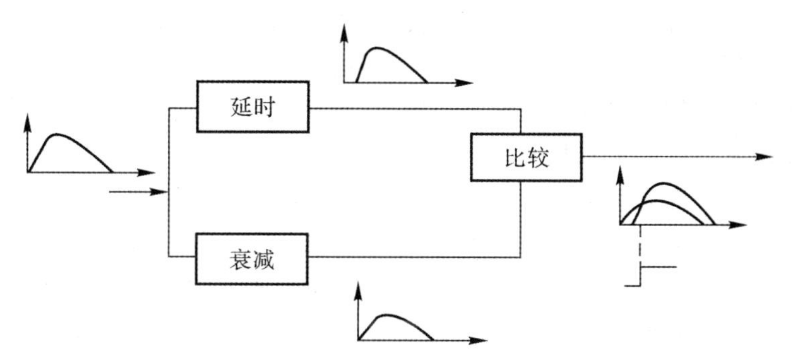

图3-20　DAC触发技术简化方框图

4. 数字调制技术

精密测距器FA模式的询问和回答脉冲必须有陡峭的前沿，并且部分上升时间（脉冲前沿5%～30%幅度处）呈直线变化。只有部分上升时间脉冲前沿呈直线变化，DAC定时点不受脉冲幅度影响的好处才能成立。因此，必须严格控制发射脉冲的形状。采用数字调制技术是控制发射脉冲形状的办法之一。

数字调制技术是采用数字化的方法调制发射机的输出波形，使发射机的输出波形总与理想波形相同。预先把一个标准波形数字化地存储在一个只读存储器里，即只读存储器里放着标准波形的理想值。同时，使发射机输出端耦合出部分能量，这部分能量经精密线性检波后形成波形的实测值。用一个高灵敏度的比较器，不断地把经过数模变换后的理想值与实测值进行比较。比较结果用来改变存储在一个随机存储器里的调制值。该调制值经模数变换后，调制发射机功率放大器，见图 3-21。

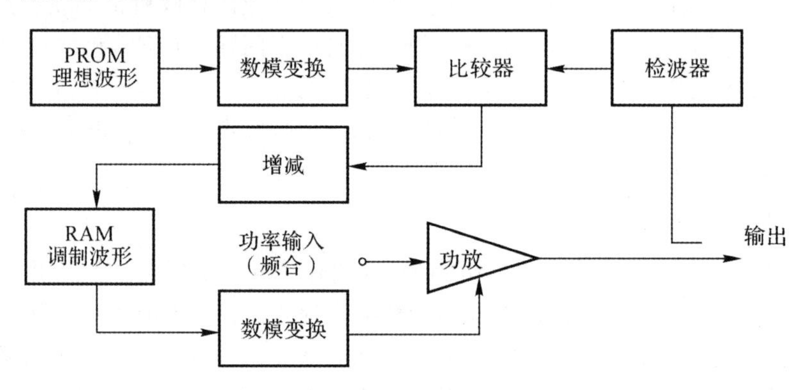

图 3-21　数字调制器简化方框图

在发射脉冲波形的某一位置，若实测值小于理想值，则比较器的输出应使随机存储器里该位置(地址)处的调制值增加，以增大该位置处的输出功率。若实测值大于理论值，则比较器的输出应使随机存储器里该位置(地址)处的调制值减小，以减小该位置处的输出功率。如此，自动地保持实际发射脉冲形状与理想发射脉冲形状相同。

由于发射机功率放大器的非线性，存储在随机存储器里的调制波形往往并不是标准的信号波形，但发射机的输出波形一定是标准波形。

5. 自动调制控制技术

还有一种稳定信号脉冲形状的方法，即所谓的自动调制控制技术。调制信号的形成方法仍然是模拟电路的形成法，但采用反馈的办法不断地进行修正。

从天线发射信号中耦合出部分能量进行检波，测出 10%和 90%幅度处的脉冲幅度，并与标准脉冲对应幅度处的标准脉宽相比较。输出误差电压控制脉冲形成器输入方波的幅度和底座的幅度。如果实测脉宽大于标准脉宽，则误差电压使输入方波幅度和底座幅度减小，近而减小合成调制波形幅度。如果实测脉宽小于标准脉宽，则误差电压使输入方波幅度和底座幅度增大，进而增大合成调制波形的幅度。由于发射机功率放大器的非线性，合成调制波形幅度减小将使发射机功率放大器输出信号脉宽减小，合成调制波形的增大将使功率放大器进入饱和区或增大饱和深度，使发射机输出信号脉宽增大，从而实现发射脉冲形状的自动稳定。

该技术目前不仅用于精密测距器，也用于测距器。

6. 导脉冲环技术

距离的测量实际上是信号在空间传输时间的测量，但在具体测量时却包含了信号在设备电路中所产生的延时。设备内部延时要受到温度变化、老化和信号幅度大小的影响，内部延时的变化影响着测距精度。航路用测距器,系统容许误差相对大些。着陆用精密测距器精度要求很高,必须消除这种影响,因而引入导脉冲环技术。导脉冲环技术的实质就是不断地利用导脉冲测定信号在设备环路中的延时。

(1)机上设备导脉冲环技术的应用。

机上设备的导脉冲环电路框图见图3-22(a),机上设备导脉冲环时间关系见图3-22(b)。

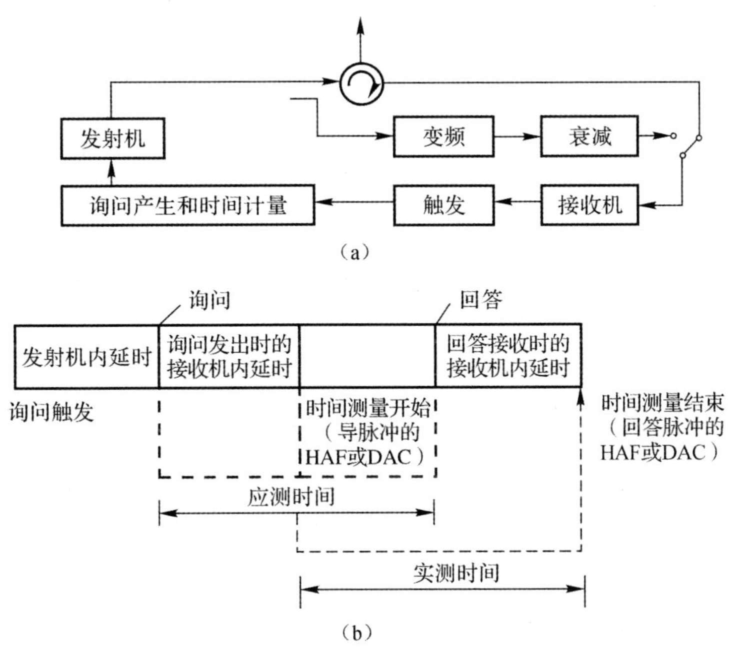

图3-22 机上设备导脉冲环

(a)电路框图; (b)时间关系图

每次询问脉冲发出之前,把接收机接到导脉冲支路(由处理器控制),询问器发射信号的一部分能量被耦合至导脉冲支路,并与63 MHz混频,变成具有接收频率的导脉冲信号。由于接收机前端的内部延时比较小,在实际电路中也可以由导脉冲发生器形成63 MHz中频调制信号,直接进入接收机中频电路。自动电平控制处理器控制导脉冲幅度,使之与上次回答信号幅度相当(处于跟踪状态的询问器,它的距离门将只接收它本身的回答信号),该导脉冲信号通过接收机产生HAF或DAC定时触发信号去启动距离测量计数器。

询问发出后,接收机立即转到主电路(可由处理器控制),准备接收回答信号。当回答信号到达时,经过接收机又产生HAF或DAC定时触发信号去关闭距离测量计数器。

如果没有引入导脉冲环电路,距离测量计数器记录的是从询问触发的开始到回答信号的HAF或DAC的产生这一段时间,显然所测时间已包含了发射机和接收机的内部延时,距离测量精度将受内延时及其变化的影响。

真正的应测时间是询问从机上天线口发出到该询问的回答信号在机上天线口被接收之间的时间间隔。

有了导脉冲环,距离计数器记录的是图中的实测时间。那么该实测时间是否等于应测时间?这取决于询问发出时导脉冲信号在接收机里的延时是否等于该询问的回答信号在接收机里的延时。

两者相隔时间短暂，可以认为温度、老化状态几乎没有变化。两者的幅度又被调节得几乎相同(这是因为导脉冲幅度等于上次回答信号幅度和本次回答信号也几乎等于上次回答信号幅度)。同一接收机，在几乎同样的温度、老化和信号幅度条件下，可以认为设备内部延时是相等的。这样，实测时间就和应测时间相同，从而消除设备内部延时及其变化对测距精度的影响。

(2)地面导脉冲环技术的应用。

与机上导脉冲电路相比，地面导脉冲环在实施上有一个困难，即不能用上次询问脉冲的幅度来调节本次导脉冲的幅度。因为空中有很多飞机，它们距地面台的距离有远有近，地面应答器连续两次收到的询问信号的幅度可能相差甚远。这样，地面导脉冲环技术就用不同的实施办法。

由微处理器控制，每隔一定的时间间隔产生发射触发信号，并立即把接收机电路短暂转接到校正支路。从发射信号中耦合出一部分能量，经变频和衰减控制后送接收机电路，并产生HAF或DAC定时信号。变频的目的是使具有发射频率的导脉冲信号变为具有接收频率的信号。衰减的目的是模拟不同远近飞机的不同强度的询问信号。记录从发射触发至由导脉冲产生的HAF或DAC之间的时间间隔，就得出设备内延时，它包括发射机的设备内延时和接收机的设备内延时。按一定的规律改变衰减器的衰减量，循环地模拟多种等级的信号幅度，就可得出在短时间范围内信号幅度与设备内延时的关系，并按表格的形式记录在计算机的内存里。此表格不断循环更新。

这样，可根据所收到的询问信号的幅度大小，从当时的表格中查出设备当时的内延时量，在固定延时计数时予以扣除，从而消除设备内部延时及其变化对测距精度的影响。在建立表格时，一般取导脉冲触发的时间间隔为50 ms，IA模式与FA模式交替进行。

信号幅度可分为16级。在1.6 s时间里可建立两张表格，一张用于IA模式的内延时查找，另一张用于FA模式的内延时查找。由于表格是循环更新的，与本次所收到的信号幅度所对应的设备内延时至多是此前1.6 s同等信号下的设备内延时。可以认为，在1.6 s时间内，设备的温度和老化状态是相同的。表格的循环更新既考虑了信号幅度对设备内延时的影响，又考虑了缓慢变化的温度和老化状态对设备内延时的影响。

7. 延时自动稳定技术

回答延时自动稳定技术起的作用与导脉冲环技术相同，监测器不断地监测应答器的固定延时，把监测结果送控制器。控制器不断地调整延时电路，使应答器的固定延时不断地自动调整在它的标称值上。

该技术不仅应用于精密测距，在新型测距器上也得到了应用。

3.4.3 设备概况

测距器与塔康的测距部分基本相同。以意大利FACE公司的精密测距器地面设备和德国SEL公司精密测距器机上设备做参考对精密测距器的设备作一简单介绍。

1. 地面设备

地面信标台由下述几部分组成：即I/O部分、控制部分、监测部分、应答器部分、双工器、环流器、天线和电源。精密测距器地面设备的简化方框图见图3-23。

I/O部分使操作员可以利用控制面板或个人计算机实现对地面信标台的控制与监测。如果通过调制解调器把它与控制中心的遥控单元连接起来，还可使操作员在控制中心实现对整个地面信标台的控制与监测。本部分的核心部件是一个智能的、微处理器管理的I/O管理器。它的主要功能是管理与本地外挂PC机、与遥控单元、与控制器及与设在本地控制室的状态指示器的通信，还管理信标的控制面板。

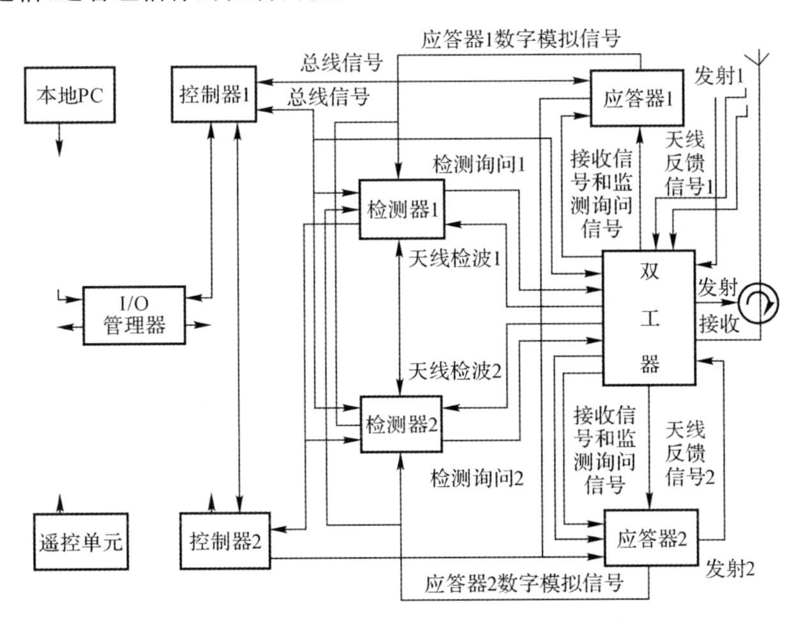

图3-23　精密测距器地面设备的简化方框图

控制部分包括两个控制器。控制器协调整个地面设备各部分的工作，两个控制器按主从方式配置。如果主控制器失效，从控制器将自动接管全部工作。控制器接受操作员的控制指令，设立信标的工作方式和参数。控制器把监测器对工作参数的监测值与告警门限比较，确定地面信标台的工作是否正常。如果主应答器参数超差，控制器把主应答器与备份应答器对换，以求解决问题。如果两个应答器都主要参数超差，控制器立即中止地面信标台的信号发射。控制器还接收监测器对固定延时的监测值，不断地修正主延时和精密补偿延时，保障地面设备固定延时的准确性。

监测器用于对信标发射信号和应答器工作参数的监测。也出于可靠性考虑，监测器是双机制，每个监测器包括监测询问、模拟处理和数字测量等功能单元。监测询问器产生正确间隔的编码脉冲对，模拟机上询问信号去启动应答器的接收、处理和发射电路。

监测器的模拟处理电路实现对脉冲幅度的模拟检测并把被监测信号的特征参量转换成可实现数字测量的信号。监测器的数字测量电路实现对被监测量的数字测量。

应答器也是双机制。每个应答器由接收机、FA模式处理器、处理器、调制器、功率放大器和频率合成器等组成。地面信标台工作时，一个应答器接天线，称作主应答器，另一个应答器接假负载，称作备份应答器。机上询问信号被地面天线接收，经环流器和双工器送到接收机。在接收机里，信号被放大、变频、处理和解调。接收机输出的宽带信号送FA模式处理器，在那里对FA模式的询问进行FA模式的DAC检测、FA模式的译码和FA模式的主延时。当主延时结束时产生FA模式的回答触发信号。接收机输出的IA模式询问触发脉冲对在信号处理器里进行IA模式的译码和IA模式的主延时。当主延时结束时，产生IA模式的回答触发脉冲。在信号处理器里，把FA回答触发脉冲、IA回答触发脉冲、随机填充脉冲和识别脉冲组合在一起，由优先权逻辑决定取舍后，送往调制器。在调制器里触发信号被转变为具有正确间隔和正确形状的脉冲对。自动调制控制电路调整输出调制脉冲的幅度，以控制发射脉冲的波形。功率放大器受调制器调制，把频率合成器的大约 1 W 的连续波调制放大成具有正确波形和功率的地面发射信号。约 150 W 的发射信号经双工器和环流器送往地面天线。频率合成器产生三路频率等于发射频率的不调制连续波信号，分别送发射机功率放大器、接收机（作为本振信号）和监测询问器。

应答器总线接口把应答器各插件的数据、地址和控制三总线挂到控制器的三总线上，还把应答器各插件与监测器联系起来，使应答器各插件的模拟和数字信号能经应答器总线接口内的模拟和数字多路开关送到监测器。

射频通道为具有 UHF 频率的信号提供通路和通路的转换。天线实现机上询问信号的接收和地面回答信号的发射。

地面信标台可采用 220 V 市电供电，也可采用 48 V 供电。多个 DC/DC 变换器把 48 V 变换为信标各部分所需的几种电源电压。

2. 机上设备

精密测距器机上设备的原理性简化方框图，见图 3－24。

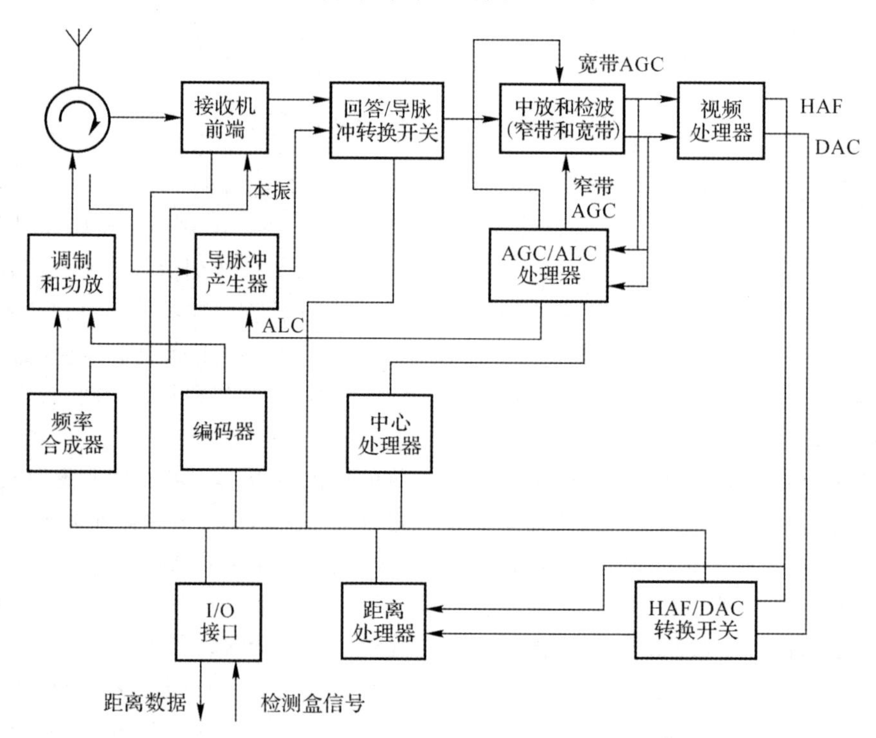

图 3－24　精密测距器机上设备的原理性简化方框图

受中心处理器控制，编码器产生符合规定间隔和规定发射速率的询问触发脉冲对。频率合成器依据所选通道号，由中心处理器控制，产生频率等于询问频率的连续波信号。

调制器受触发脉冲对触发，形成具有规定形状的调制脉冲对，在功率放大器里，该脉冲对被放大至具有规定功率的发射信号。发射信号经环流器和机上天线发向地面应答器。

询问器收到地面应答器的回答信号,经接收机前端预选和高频放大后与本振混频,产生63 MHz中频,并行地进入窄带中放检波和宽带中放检波电路。窄带检波信号和宽带检波信号既送往视频处理器,也送往AGC/ALC处理器。AGC/ALC是自动增益控制和自动电平控制。AGC处理器控制窄带中放的增益和宽带中放的增益。ALC处理器控制导脉冲信号的衰减量,使导脉冲信号的电平与接收信号的电平相适应。

从调制功放功能块的输出信号中耦合出部分能量送导脉冲发生器。在导脉冲发生器里,该耦合信号经变频和受控衰减后,形成63 MHz导脉冲信号。

视频处理器包括鉴幅器、鉴频器、HAF触发形成器和DAC触发形成器。鉴幅和鉴频的目的是确认所收到的窄带检波信号和宽带检波信号是有效回答信号,而不是噪声或邻波道信号。由HAF形成器和DAC形成器所形成的HAF脉冲对和DAC脉冲对经HAF/DAC转换开关送距离处理器。当机上发IA询问时,中心处理器使该开关接通HAF支路;当机上发FA询问时,中心处理器使该开关接通DAC支路。

距离处理器含有译码器、相关器、距离计数器和堆栈寄存器。为了抗噪声和干扰,不管IA模式或FA模式,译码总是应用HAF脉冲对。HAF形成时定时门槛在脉冲前沿的半幅度点,比DAC形成时的定时门槛高。相关器实际上是记录在作用距离范围内应答脉冲分布情况的记录器。当某个距离单元(或者是某个时间单元)的回答脉冲累计超过规定门槛时,表示机上设备已完成搜索功能,达到跟踪状态。此时,相关器向中心处理器发出中断申请。距离计数器由导脉冲所产生的HAF或DAC启动,当接收到由回答信号所产生的HAF或DAC时,将距离计数压人堆栈寄存器。中心处理器响应中断时,根据相关器的粗值计数,从堆栈寄存器中读人精密的距离计数值。

中心处理器除控制频率合成器、预选器、编码器、AGC/ALC处理器、开关和距离处理器外,还应有对原始距离数据进行$\alpha-\beta$滤波的功能。

I/O接口是输入输出接口,经过I/O接口,输入控制盒信号,输出距离数据。

3.5 罗兰-C系统

罗兰-C系统是一种远程双曲线无线电导航系统,作用距离可达2 000 km,工作频率为100 kHz。它成功地解决了周期识别问题并采用了比相、多脉冲编码和相关检测等技术,成为陆、海、空通用的一种导航定位系统。罗兰-C系统由设在地面的1个主台与2~3个副台合成的台链和飞机上的接收设备组成。测定主、副台发射的两个脉冲信号的时间差和两个脉冲信号中载频的相位差,即可获得飞机到主、副台的距离差。距离差保持不变的航迹是一条双曲线。再测定飞机对主台和另一副台的距离差,可得另一条双曲线。根据两条双曲线的交点可以定出飞机的位置。这一位置由显示装置以数据形式显示出来。由于从测量时间差而得到距离差的测量方法精度不高,只能起粗测的作用。副台发射的载频信号的相位和主台的相同,因而飞机上接收到的主、副台载频信号的相位差和距离差成比例。测量相位差就可得到距离差。由于100 kHz载频的巷道宽度只有1.5 km,测量距离差的精度很高,能起精测的作用。测量相位差的多值性问题,可以用粗测的时间差来解决。罗兰-C导航系统既测量脉冲的时间差又测量载频的相位差,所以又称它为低频脉相双曲线导航系统。1968年研制成功的罗兰-D导航系统提高了地面发射台的机动性,是一种军用战术导航系统。

罗兰-C系统的基本组成分为四大部分：地面设施，用户设备，传播媒介和应用方法。

其中，地面设施包括形成台链的一组发射台，工作区监测站和台链控制中心。一个台链由若干个发射台组成，对于双曲线定位体制的台链，它至少应包括三个发射台。对于圆圆定位体制的台链，它至少应包括两个发射台。台链中有一个发射台称主台，其余各台称副台。发射台提供无线电导航信号，工作区监测站和台链控制中心则监视和控制信号，使信号满足系统的要求。

用户设备指各种导航接收机，用户利用它们可以接收来自发射台的导航信号，进而获取它们所需要的各种定位和导航信息。

传播媒介是指无线电导航信号由发射台到用户接收机之间所经过的地球表面和大气条件，包括可能受到的各种自然和人为干扰。使用罗兰一C系统必须考虑传播媒介的影响。

应用方法包括为获取定位信息所采用的几何体制、使用的信号形式以及接收机的信号处理技术等。不同的应用方法可能导致对用户设备提出不同的硬件和软件要求，也会产生不同的导航效果。例如，使用圆圆定位体制就要求用户接收机具有高质量的时间基准设备；使用天波定位比使用地波定位工作区扩大了，但定位精度却降低了。

系统工作载频为100 kHz，属无线电波的低频段。所有罗兰-C系统的信号载频都相同。导航信号是100 kHz载频调制的脉冲信号，以脉冲组形式发射。脉冲组中的脉冲采用了相位编码，主台脉冲组和副台脉冲组使用不同的编码。不同的台链用不同的脉冲组重复周期来区分，同一台链各台则用相同的脉冲组重复周期。脉冲信号的包络形状是特殊设计的，它能保证信号频谱能量的99%以上集中在90～110 kHz的频带之内，而且还有利于抑制天波干扰。

3.5.1 工作原理

1. 选择100 kHz的工作载频

罗兰-C作为一种无线电导航系统，它依靠无线电信号来传输导航信息。不同频率的无线电信号的传播特性是不一样的，罗兰-C系统要实现远程高精度的导航定位，所选择的工作载频必须具有下述特性：

1)信号幅度和相位在传播中十分稳定；

2)信号的传播衰减必须很小；

3)工作频段应符合国际电联有关频率划分的规定；

4)工程上易于实现。

罗兰-C系统的工作载频选择为无线电波低频段(30～300 kHz)的中段，90～110 kHz，所有的罗兰-C发射台和用户接收设备都在这一相同的频段上工作。这里应该注意的是系统所规定的90～110 kHz的工作频率范围并不是通常定义下的信号能量谱的半幅度宽度，而是特别定义的包括99%以上辐射信号能量的宽度。之所以要采用这种规定，是因为罗兰-C系统发射台的功率很大，容易造成对附近其他无线业务的干扰，所以要求它的信号能量集中在一个比较小的带宽内。

系统主要利用地波定位，沿着完全导电的地球表面传播的罗兰-C地波信号功率密度反比于到发射台距离的平方。因为任何实际传播路径都不是理想的完全导电的地面，信号的地波场强还将再衰减，而衰减的程度与信号频率有关。理论研究和实际试验表明，100 kHz无线电波的衰减较小，可以传播较远的距离。

2. 双曲线定位原理

双曲线无线电导航系统基本原理：在双曲线的两个焦点上配置无线电发射台，发射无线电信号，船上接收机接收后，根据信号的时间差或相位差，测出船舶与发射台之间的差距，由两组发射台，确定船位。

罗兰-C 系统是双曲线无线电导航系统，它的基本工作原理是：在工作区内某点接收同一罗兰-C 台链两个发射台的信号到达的时间差，利用电波传播速度稳定的原理，时间差可以转换为距离差。具有相同距离差的点的轨迹是以发射台为焦点的一条双曲线，如果能获取两条相交的双曲线，则其交点就是我们要确定的位置。

(1)台链及其配置。

罗兰-C 系统的发射台链是指一组发射台形成的网络，这些发射台具有共同的时间基准并位于同一地理区域。至少要有 3 个发射台才能组成一个双曲线台链，台链中的一个发射台定做主台，其余各台称副台。主台和每个副台都组成一个台对，台链中副台的数量一般不超过 5 个。主台的功能是：

1)在规定的公差容限内发射规定格式的 9 脉冲组信号；

2)建立台链的时间基准和脉冲组重复周期；

3)监测副台信号。

副台的功能是：

1)在规定的公差容限内发射规定格式的 8 脉冲组信号；

2)保持规定的发射延迟；

3)按控制台的要求在系统超差时发射闪烁信号以实现向用户告警。

通常，主台都用英文大写字母“M”表示，副台则用大写字母“W”“X”“Y”“Z”等表示。

台链中各发射台之间位置的相互关系，包括发射台间的距离和方位，称作台链的配置。常见的台链配置有三角形、Y 形，和星形三种(见图 3-25)。三角形的台链配置是最简单的一种，也叫做一个台组。在 Y 形和星形配置中，一个台链包含了若干个台组。

例如，在图 3-25 中，Y 形配置台链含 XMY，YMZ 以及 ZMX 总计三个台组。

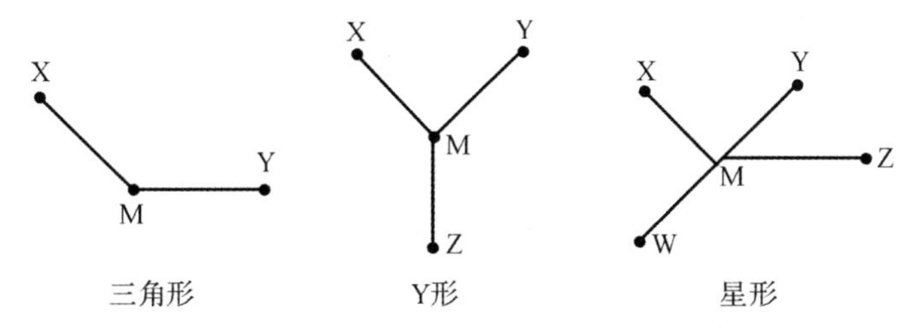

图 3-25　台链配置示意图

(2)基线和基线延长线。

基线指同一台链两个发射台之间的测地连线，近似等于两个发射台之间的大圆距离。基线用所连两个发射台的名称或字母来标识。例如，连接主台 M 和副台 X 的基线称 XM 基线。基线长度可以用海里或千米等长度单位表示，也可用无线电信号传输过该基线所需要的时间来表示，这时基线长度也称基线电长度，常用的时间单位是 μs。

基线延长线是指基线在发射台之外的射线。主台方向之外的延长线称主台基线延长线；

副台方向之外的延长线称该副台基线延长线。对于罗兰-C系统来说,因为基线延长线附近精度很低且有时差多值性,系统覆盖区不包括基线延长线附近的区域。

(3)位置线和位置线定位。

罗兰-C系统的位置线是地球表面上到两个发射台具有恒定测地距离差的曲线。根据几何原理,到两个定点(M,X)的距离差为常数的动点(P)的轨迹是以定点M和X为焦点的一条双曲线。罗兰-C位置线是双曲线位置线。不同的距离差,对应不同的位置线,形成双曲线位置线族。由于无线电波以确定的速度传播,传播距离与时间成正比,罗兰-C系统的位置线既是距离差位置线,也是时间差(也称时差)位置线。

双曲线位置线形成的原理图见图3-26。图中,以两个发射台为圆心画出两组等距离的同心圆。在每个圆周上,从圆心(发射台)来的信号到达时间是相同的。连接两组具有相同距离差的同心圆的交点,可以画出一族双曲线位置线。

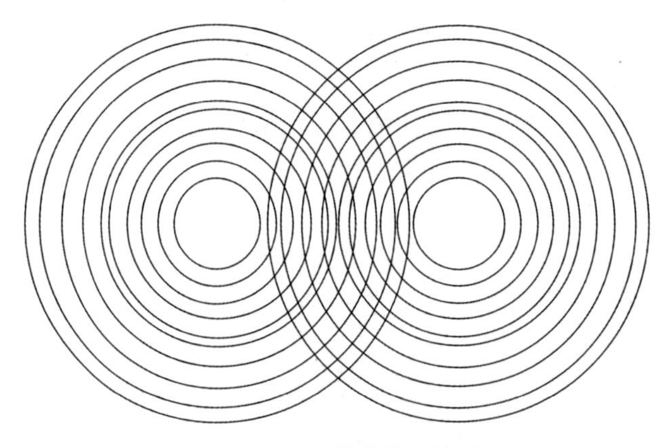

图3-26　双曲线位置线图

定位就是用某种实用的坐标系统,例如北京系地理经纬度坐标确定的一个位置。如果在一个观测点测得了一个时差,即可确定一条双曲线。但一条双曲线还不能确定位置,仅表明观测点位于该条双曲线上的某点。为了达到定位,必须要测得第二条位置线。两条位置线的交点就确定了观测者的位置。两条位置线定位的示意图见图3-27。

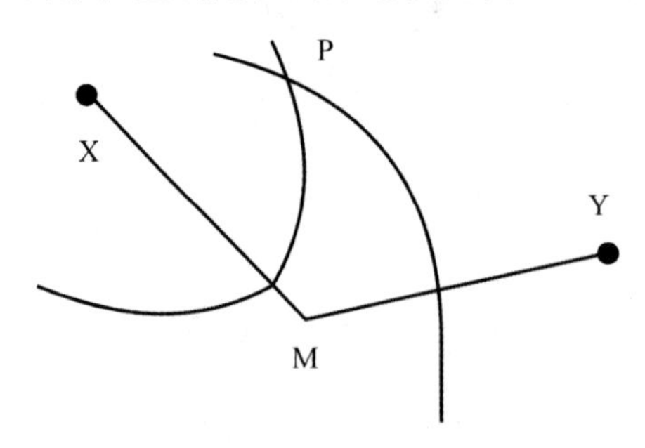

图3-27　位置线定位示意图

位置线一般都用主副台时差值来标示。罗兰-C系统备有专门的导航图,即同时印有经纬度和罗兰时差位置线族的地图。用该图可以方便地找到确定时差值的位置线,并可以直接在导航图上把定位点的时差坐标转换为地理坐标。

从时差坐标到地理坐标的转换也可以用导航表来完成，但是，目前使用的用户接收机内部都带有微处理器，可以自动完成这种由时差坐标转换为地理坐标的坐标转换功能。因此，罗兰-C接收机最终提供给用户的主要信息是定位点的地理坐标。

3. 波形和信号格式

(1)信号波形。

罗兰-C系统发射的信号是脉冲组信号，脉冲载频为 100 kHz，每个信号脉冲波形好像一滴水滴。它的发射波形有严格的定义，其特点是从脉冲起始点到脉冲最高点(称脉冲峰点)这一过程(称脉冲前沿)上升较快，而从峰点往后的过程(称脉冲后沿)下降较慢，见图 3-28。

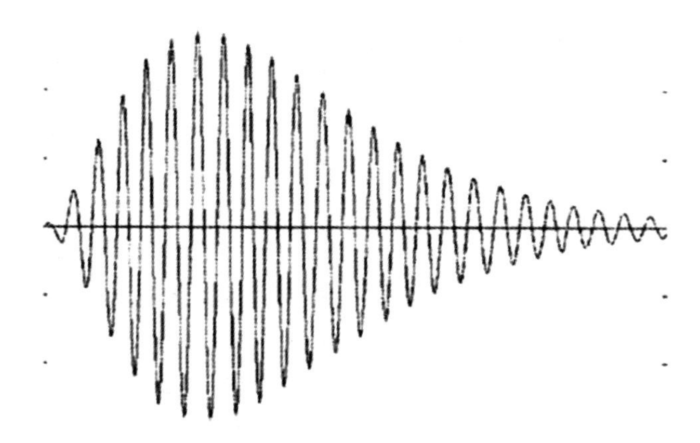

图 3-28　罗兰 C 信号波形

该信号到脉冲峰点的时间大约为 65 μs，总的脉冲宽度为 200 μs 左右。采取这种特殊设计的目的，是为了提高测量精度和抗天波干扰能力。

脉冲前沿的数学表达式为

$$\begin{cases} i(t)=0 & \text{当 } t<\tau \text{ 时} \\ i(t)=A(t-\tau)^2\exp\left[\dfrac{-2(t-\tau)}{65}\right]\sin(0.2\pi t+pc) & \text{当 } \tau<t<\tau+65 \text{ 时} \end{cases}$$

式中，A 为天线电流峰值幅度归一化值，单位 A；t 为时间；τ 为包周差(ECD)，单位 μs；pc 为相位编码参数，单位弧度；正相位编码时，该参数为零弧度，负相位编码时为 π 弧度。

(2)信号格式。

罗兰-C的信号格式包括下述内容：一个脉冲组中的脉冲数目、脉冲之间的间隔、脉冲载波相位编码、发射时间、脉冲组重复周期、副台脉冲组相对主台脉冲组的发射延迟、向用户的闪烁告警方式和双工台封闭方式等。

1)脉冲组与脉冲间隔。罗兰-C信号以多脉冲的脉冲组形式发射，副台每个脉冲组含 8 个脉冲，相互间隔为 1 000 μs；主台每个脉冲组含 9 个脉冲，前 8 个脉冲与副台一样，相互间隔为 1 000 μs，第 9 个脉冲与第 8 个脉冲间隔 2 000 μs。主台增发的第 9 个脉冲不做导航信号使用，仅仅用于识别主副台。

2)脉冲组重复周期。脉冲组重复周期是指同一发射台相邻脉冲组之间的时间间隔，用字母 GRI 表示，规定在脉冲组的第一个脉冲的第三周过零点处测量。一个台链中所有发射台的 GRI 都相同。

罗兰-C系统允许的GRI范围是从40 000 μs～99 990 μs，允许的最小间隔为10 μs。

通常，GRI用其数值除以10 μs的倍数(四位数)来表示。例如，某台链的GRI为99 600 μs，即可用9 960这个四位数来表示该链的GRI，即该台链的GRI等于9 960。

3)相位编码。相位编码是指每个脉冲组中各个脉冲的载波相位排列方式。罗兰-C系统的相位编码在两个GRI中重复一次，这两个GRI分别称为AGRI和BGRI；其重复间隔称相位编码重复周期，用PCI表示。

为了便于接收和识别，AGRI和BGRI采用不同的编码，主台和副台也采用不同的编码。罗兰-C系统信号所用的编码是8位码长的二相二周期全互补码。

4)闪烁告警。闪烁告警是罗兰-C系统向用户发出告警的一种手段，闪烁告警表示某一发射台或台对工作不正常。用户不能用正在闪烁告警的发射台信号进行定位。闪烁告警分主台闪烁告警和副台闪烁告警两种。主台闪烁告警形式是第9脉冲按一定格式周期通断，闪烁周期为12 s。通断格式为莫尔斯码，“点”大约持续0.25 s，“划”大约持续0.75 s，不同的点划组合表示台链中某个或某些台的信号不能使用。所有副台的闪烁告警形式都相同，即周期性通断脉冲组中的第1和第2脉冲。副台闪烁周期为4 s，其中“通”0.25 s，“断”3.75 s。副台闪烁表示该主副台对时差不能用于定位。

5)双工台的封闭。有些罗兰-C发射台同时发射两个台链的信号，习惯上称作双工台。

在双工发射台，因为要发射两种不同GRI的信号，会碰到两种GRI信号周期性地在时间上重叠的问题。在信号重叠期间，为避免信号的相互干扰，必须要抑制掉其中的一个信号，这就是双工台的封闭。发射信号的封闭间隔一般从第1脉冲前900 μs到最后一个脉冲后的1 600 μs。对于副台，封闭间隔为9 500 μs；对于主台，封闭间隔为11 500 μs。在双工台信号重叠期间，一个脉冲组落入另一个脉冲组封闭间隔的那部分信号将被抑制掉。

通常采用的封闭方式有两种，即优先封闭和交替封闭。采用优先封闭时，要事先规定某一GRI信号为优先周期，一般都选较大GRI的信号为优先周期。在这种封闭方式下，只要发生信号重叠，总是封闭不优先周期的信号。采用交替封闭时，封闭优先权按时间分段，两种重复周期轮流封闭。优先权的交替周期可以选择，一般选择为较大GRI的4倍。

4. 包周差概念

包周差是指罗兰-C信号载波相位与其包络波形时间起点之间的时间关系。它常用符号ECD表示，单位是μs。ECD为零的定义是：对于正相位编码信号，脉冲包络的30 μs点与100 kHz载频的第3个正交过零点在时间上完全重合。如果包络30 μs点滞后于上述过零点，规定ECD为正值；反之，如果超前上述过零点，规定ECD为负值，超前或滞后的数量就是ECD的数值。

按照电磁场理论，当离发射天线的距离超过5倍波长时，径向电场相对于切向电场可以忽略不计，这一区域称为远场。在远场，空间信号场强与发射天线电流载波相位之间除传播延迟之外，还有25 μs的相移。所以，远场信号与发射信号ECD的差异除随传播距离的色散变化之外，还有25 μs的固定相移。

罗兰-C信号波形的标准前沿是用数学公式严格定义的，按“海用罗兰-C接收设备最低性能标准”，对于正相位编码信号，脉冲包络起始后的30 μs点与100 kHz载频的第3个由正向负过零点在时间上完全重合，定义ECD为0。对于负相位编码信号，情况正好相反，应该是与载频的第3个由负向正过零点重合。但是，实际上，由于种种原因，比如设备、传播和噪声等影响，用户接收到的罗兰-C 脉冲包络的波形与标准波形相比会发生一定的畸变。如果包络 30 μs 点滞后于上述过零点，规定 ECD 为正值；反之，如果超前上述过零点，规定 ECD 为负值，超前或滞后的数值就是 ECD 的数值，见图 3-29，由于脉冲包络波形畸变，包络位置相对标准采样点位置滞后 1.6 μs，即 ECD=1.6 μs。

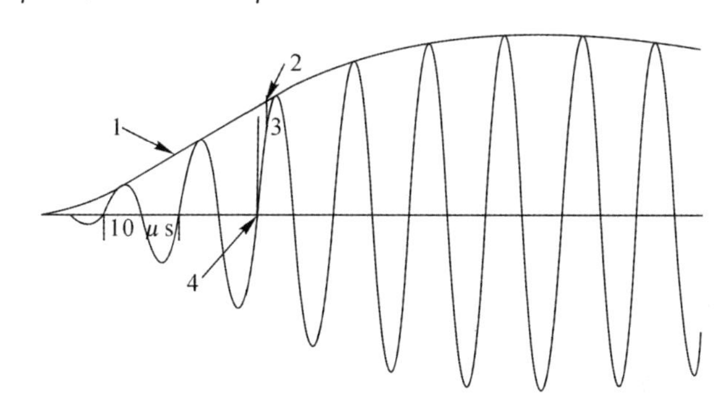

图 3-29　罗兰-C 包周差示意图

1 —为包络；2 —为包络上 30 μs 处；3 —为 ECD (1.6 μs)；4 —为载波参考零点

罗兰-C 信号波形的标准前沿是用数学公式严格定义的，其中，有一个参数就是包周差。换句话说，不同的 ECD 数值对应不同的波形。在实际应用中，采用某种统一算法后，信号的 ECD 成为波形是否符合标准的一种衡量值。

3.5.2　罗兰-C 设备

罗兰-C 系统的电子设备分为地面发射台的发射设备、同步监测与控制设备和用户接收设备三大部分。

1. 发射设备

罗兰—C 系统的核心是地面发射台，它实际上是一个发射系统，包括时频分系统、发射机分系统和发射天线分系统。发射系统设备组成方框图，见图 3-30。

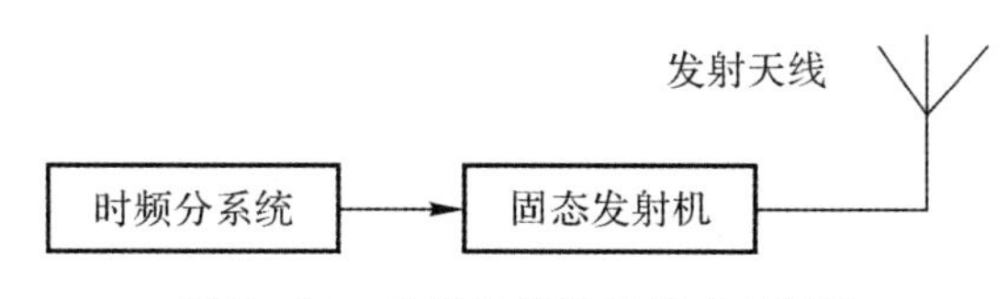

图 3-30　发射系统设备组成方框图

对发射系统的主要要求是：

1)定时发射特定信号格式的大功率导航信号；

2)对信号发射时刻和信号波形可以调整与控制；

3)高度的可靠性和高可利用性；

4)便于管理和维修，操作简单。

时频分系统的功能是为系统提供高稳定度的时间频率基准。通常发射台的频率源都采用商用的铯束频标。为了保证频率源高度稳定可靠，需要使用几部铯束频标组合在一起工作。系统设计要保证某一部铯束频标输出发生问题时，给发射机提供的频率信号相位不能中断。

发射机分系统的功能分下述五个方面：

1)接受时频分系统输出的 5 MHz 频率信号，形成发射台本地时间基准；

2)产生规定格式的大功率标准罗兰-C 信号；

3)具有全部必要的自动控制环路，以确保本机输出信号稳定、精确和严格同步，天线可以自动调谐；

4)能够长时间连续工作，主要环节应有备份，备份设备允许在工作状态下进行维修；

5)具有遥控界面，可以接受远方控制中心的状态查询以及工作转换、本地相位调整、闪烁告警等发射状态控制。

发射天线分系统接受发射机分系统馈送来的高压大功率罗兰-C 信号，并以一定效率辐射出去。

2. 同步监测与控制设备

罗兰-C 系统发射设备的根本任务是完成系统规定的特定要求的信号发射。要达到定位的目的，系统要求同一台链内的各个发射台必须保持同步发射。为了保证在系统工作区内任何位置接收的各个发射台的信号互不重合和干扰，也不产生定位的多值性，系统规定同一台链内的各个副台必须要滞后主台一定的时间再发射，这个滞后时间就称为副台发射延迟(ED)。在工作中，这个发射延迟值应保持一定的精度，即其变化不能超过某个范围。所谓“同步”，就是指保证实际的发射延迟值在规定的容差范围内变化。

在罗兰-C 系统投入工作前，通过系统的校准，一个台链中各个副台的发射延迟值虽然可以调整到规定的数值，但在以后的运行中客观上有许多因素会使发射延迟值发生变化，从而使同步偏离。这些因素大致分成两类：一是发射台时频分系统的守时能力，包括各发射台所用频率源的质量；二是发射机中各种分频及控制环路的工作状况和稳定程度。

同步监测与控制设备的作用就是从系统的角度去监视并控制主副台的同步工作。显然，只有先监测出同步状况的变化，才谈得上控制。为此，系统规定了几个监测标准量，它们是：

1)系统工作区监测站控制标准时差(CSTD)；

2)系统工作区监测站控制标准包周差(CSECD)；

3)主台同步监测分系统伪时差；

4)副台同步监测分系统伪时差。

系统的同步监测与控制部分包括系统工作区监测站，地面发射台的同步监测设备和系统控制中心三部分。

系统工作区监测站是一个位置已知的固定站，它的基本任务是连续监测一个或数个主副台对的时差和各个发射台发射信号的包周差与信号场强，由此就监测了台链的同步状况和发射台的信号质量。监测站测得的各种数据通过通信系统适时地报送台链主台或控制中心。

系统工作区监测站的配置主要取决于台链发射台的配置和工作区的自然地理环境，发射台的配置将决定一个台链中应设置几个监测站，而自然地理环境条件则涉及某一地区是否适合设立监测站。从系统角度分析，监测站主要是监测发射台对发射延迟的变化。考虑到路径对信号传播的影响，监测站设置在主副台对基线的中垂线上最好。如果要求用一个监测站监测两个台对，监测站设置在两个主副台对基线中垂线的交点处最佳。但这仅仅是理论上的一厢情愿，自然环境条件不一定允许。

系统工作区监测站的基本设备包括罗兰-C 监测接收机、数传通信收发机、微型计算机及其接口、供电和稳压电源设备等。

同步监测分系统包括主台同步监测分系统和副台同步监测分系统，分别设在主台和副台，其主要任务有如下两个。

一是监测远方发射台与本地发射台基准间的时间差，对于台链主台就是监测每个远方副台与本地主台基准间的时间关系；对于副台则是监测远方主台信号与本地副台基准间的时间关系。因为同步监测分系统测量的结果并不是主副台间严格的发射时差，但与真正的发射时差仅相差一个固定的常量，所以通常称作伪时差。

二是监测主副台工作频标之间的频率差，这点对于保持台链同步非常重要。

同步监测分系统的基本设备有罗兰-C 同步定时接收机、计数器、示波器、微型计算机及其接口、供电和稳压电源设备等。

系统控制中心的职能是收集并处理整个台链的工作数据，向各发射台发布状态查询或控制调整指令。控制中心可以单独设置，也可以设在某个发射台或监测站。控制中心的主要设备包括固态发射机的遥控单元和状态监视单元、数据处理计算机、数传通信设备以及供电设施等。控制中心可以遥控控制及调整各台发射机和监测站的监测接收机的工作状态，而且可以拷贝其实时面板显示。

3. 用户接收设备

罗兰-C 接收机是实现和完成系统功能的最终设备，由于发射和监测设备大都由政府授权部门掌管，而接收机多由部门或个人使用，所以接收机亦称用户设备。用户接收设备按操作人员参与信号处理的程度，分为人工搜索接收机、半自动接收机和全自动接收机。它还可以按使用环境来分类。目前已面世的有海用接收机、空用接收机以及陆上车载接收机等。按电路设计可以分成模拟式、数字式和微处理机式。按处理信号方式又可以分为线性和硬限幅式等。

典型的接收机包括五大部分，即天线系统、射频信号处理单元、数字信号处理单元、键盘显示单元以及电源，其原理方框图，见图 3-31。

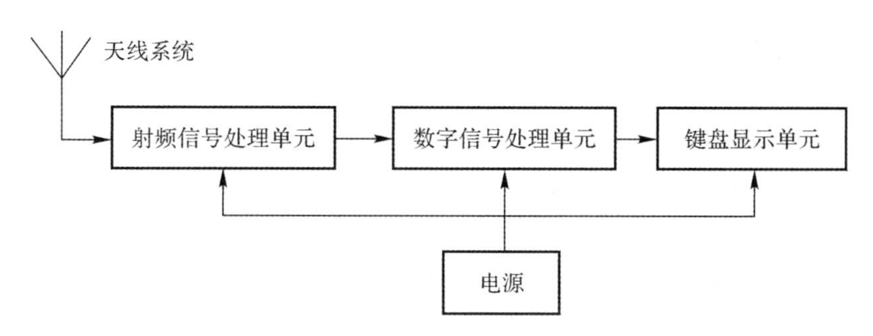

图 3-31　接收机原理方框图

天线系统包括接收天线、天线耦合器和馈线电缆。船用接收天线多采用 2.7 m 左右的鞭状天线；空用接收天线一般采用抗静电干扰的刀形天线或特殊结构的 0.5 m 左右的斜天线；车载和手持式接收天线则采用 0.7 m 左右的拉杆天线。天线耦合器通常由有限带宽的滤波器和有源前置放大器组成，其主要性能是：

1)实现天线和接收机之间的阻抗匹配；

2)使接收天线调谐,以获最佳接收效果;

3)滤除部分带外干扰;

4)防止接收机本机遭受雷击。

射频信号处理单元包括带通滤波器、射频放大器、自动增益控制电路、陷波器、限幅放大器和延迟相加电路等。它的功能是对天线耦合器来的信号进一步加工处理,从而实现:

1)抑制外来噪声和其他无线电业务的干扰;

2)对信号放大,限幅和延迟相加;

3)提取载波相位和脉冲包络信息。

数字信号处理单元包括定时/计数器、取样和数/模转换器、微处理器、ROM/RAM以及各种接口电路。该单元的主要功能如下:

1)完成信号的搜索,台链选择,天地波识别,锁定和跟踪;

2)完成时差测量,附加二次因子(ASF)修正和时差/地理经纬度转换;

3)完成各种导航参数的计算和航行管理;

4)完成与其他单元以及外设的接口。

控制和显示单元包括控制键盘(旋钮)和显示器,其功能是完成人机对话。电源单元有三种形式,即交直流变换电源、直流电源和电池电源。

3.5.3 定位精度和覆盖区

1. 定位精度

定位是指以采用某种坐标系统,如时差坐标系统、距离和方位坐标系统或经纬度坐标系统表示或确定一个点的位置。对于一个无线电导航系统来说,定位精度无疑是最重要的性能之一。准确了解系统的精度对合理充分地使用它十分重要。

从一般意义上讲,导航系统的定位精度是指在给定时间利用该系统获得的载体测量位置与其真实位置的符合程度。与所有其他导航定位系统一样,罗兰-C系统获取的载体测量位置是有误差的,包括发射信号不稳定性所引入的误差,传播媒介中天气及其他物理变化引入的误差以及用户接收设备误差等等。在规定和描述系统定位精度时,一般不包含操作误差。显然,作为导航系统重要性能的定位精度是一种统计物理量,除非指明其不确定性,否则,对系统定位精度的描述是没有实际意义的。

系统定位精度的一个重要特点是精度与用户定位所处的覆盖区位置有关,用数学语言来说就是定位精度是定位点相对发射台位置关系的函数。这是因为罗兰-C系统的定位是通过测量主副台信号到达接收点的时间差来实现的,时间差转变为距离差后,再根据已知的台站配置(经纬度坐标)计算出定位点的地理坐标。而由定位点的时间差转变为地理位置时,同样的时间差测量误差会导致完全不同的定位误差,这取决于定位点相对发射台的位置。粗略地说,对于某个固定的测时差误差,覆盖区内的定位精度将随定位点远离主台而增大。需要特别指出的是,因为影响电波传播速度的许多因素有很强的时间相关性和空间相关性,罗兰-C系统重复精度和相对精度要比其预测精度或绝对精度高得多。

2. 覆盖范围

覆盖区的一般定义是指允许用户利用系统信号定位到规定精度水平的地球表面或空间的

范围，它由系统的几何配置、信号功率电平、接收机性能、大气噪声条件和影响信号可利用性的其他因素决定。显然，即使是对于给定配置和功率的台链，其覆盖区的大小也不是绝对的。例如，对于同样的精度要求，性能好的接收机比性能坏的接收机工作区就大一些；对不同的精度要求，其覆盖区大小也不一样，精度要求愈高，覆盖区愈小。通常，罗兰-C系统台链覆盖区定义为信号噪声比（简称信噪比）为某一定值的范围，或者定义为定位精度为某一定值的范围，或者是上述两种定义的公共范围。有时，也可以用最大作用距离来描述覆盖范围，所谓最大作用距离是指三个发射台组成的台组中各台信号到达某极限最低值所产生的公共区域中离主台的最大距离。可以近似认为，这个最大作用距离在主台对两副台张角正向（小于 180°的一面）的角平分线方向。其实，用最大作用距离描述的覆盖区就对应于用信噪比给出的覆盖区。

一般地说，罗兰-C系统的覆盖区指定位精度优于 460 m 的区域；换句话说，在系统的覆盖区内，绝对定位精度都不低于 460 m。因为该系统的定位误差是随远离主台而呈发散形式的，在离主台近的区域，定位精度可以高达数十米，仅仅在接近覆盖区边缘才逐渐降低到极限精度 460 m。另外，系统的重复精度和相对精度都较少受到陆地路径传播修正的影响，比绝对精度要高好几倍；利用差分技术可以在局部区域把绝对精度提高到重复精度的量级，最高可达 20 m。但不能简单地把作业所要求的定位精度和系统覆盖区的限定精度直接相比，必须要指明作业区域和定位方式之后才能下结论。

除了定位精度，影响其台链覆盖范围的因素还包括下述五方面：

1）台链的几何位置；

2）发射台的信号质量和辐射功率；

3）收发路径的传输条件；

4）接收点的噪声环境；

5）接收机的技术性能。

对于给定的台链，可以认为发射台的信号质量和用户接收机的性能是给定的。这样，台链覆盖区最终可以归结为由三大因素决定，即接收点的信噪比条件、几何精度和天波干扰的限制。罗兰-C系统测量信号地波，天波干扰对地波覆盖区的限制也不容忽视，因为用户接收机的抗天波干扰能力是有限度的。天波干扰对覆盖区的影响主要是在天地波混合区，影响程度取决于天波延迟和天地波相对幅度比。

地波覆盖区的预测可以依据下述方法进行：

1）给定覆盖区的定位精度要求；

2）选择代表点，计算出覆盖区的一定时间概率的大气噪声电平；

3）根据发射台的辐射功率、路径传输参数和大气噪声电平，画出信噪比为规定值的轮廓线；

4）根据给定的测时差精度和定位精度要求，画出几何精度限制的轮廓线；

5）上述两条轮廓线的公共部分就是所预告的覆盖区。

最后还要指出，尽管我们希望预告的覆盖区尽量符合实际情况，但它毕竟是一种理论预告，它可以作为台链性能的一般描述，却不能作为能否使用的最终判据。系统建成之后，在理论预告的基础上应该做出实验验证，给出更为准确的覆盖区。

3.5.4 系统应用的扩展

1. 航空导航

罗兰-C系统作为一种远程无线电导航系统，它的主要应用是海上舰船的导航定位，但在航空导航方面，也可发挥重要的作用。特别是从1970年代末期以来，随着美国对罗兰-C航空应用的大力研究和推广，这一领域获得了长足的进步。罗兰-C航空应用大体可以分为下述四个方面：

首先是航线导航，这是最普通也是最重要的应用。罗兰-C系统在其覆盖区内可以为飞机提供足够精度的航空导航信息。与传统的航空导航系统（伏尔，伏尔/测距器，塔康等）相比，罗兰-C航空导航具有许多优点：①作用距离不受视距限制，可以在一个较大的空域范围内实现区域导航；②在山区和海上无法布设航空导航台的地方可以提供导航应用；③地面台附近和顶空没有盲区；④一个台链可以提供比几个航空导航台还大的工作区，经济实用。

航空应用的另一个重要方面是非精密进近。进场是每次飞行的重要飞行阶段，由于航空精密进场设备十分昂贵，许多机场都未能装备。用罗兰-C引导飞机进场，其定位精度优于现行的非精密进近要求；各空港不用增建新的导航台，节约投资和管理费用，具有明显的经济效益。

还可用于机场的飞行跟踪，亦称自动相关监视（ADS）。这一应用可使机场指挥塔调度或指挥员通过视觉直接掌握外飞飞机的飞行动态。机上罗兰-C接收机的输出可以通过数传方法送回指挥塔计算机，计算机控制的高分辨大屏幕显示器可将飞行动态直观地用图形显示出来。

另外，罗兰-C在航空领域的其他应用，诸如监视避碰导航；航空交通管制；海上、荒原、沙漠的航空营救；农林业的航空播种、杀虫、施肥、灭火；空中地形测绘等方面亦有重要价值。

航空应用的基础是空用罗兰-C接收机。1980年前的该种机型主要用户是军事部门，它由四大部分组成：机载天线和天线耦合器、接收机本机（包括模拟电路和数字处理单元）、显示器和控制盒。

1980年以后，计算机式空用接收机迅猛发展，据不完全统计，到20世纪90年代初，市场上已经有30多种不同型号的空用接收机问世。现代空用罗兰-C接收机的最大特点是接收机本机与显示器及控制盒已合二为一，可以直接进行面板安装。

考虑到飞机的速度快和跨台链工作区飞行，空用罗兰-C接收机大都具有自动陷波和多台链工作能力。

为了减轻飞行员的工作负担和保证飞行安全，不少空用机还装有航空数据库或可插装航空数据库卡。

现代空用机的以下特性得到飞行员的极大赞赏：

1）显示到达目的地或前方航路点的距离和航向；

2）电子CDI显示；

3）显示到达目的地或前方航路点所需的航行时间和估计到达时间；

4）显示对地航速、航偏角和横航迹误差；

5）航路点输入和即时存储；

6)自动航线编辑,可以随时取消或重新计划;

7)多种外设接口。

高档的空用机已与飞行管理系统结合起来,在一些飞机上实现了自动飞行。

2. 高精度授时

罗兰－C系统采用低频载波的脉冲发射,其地波信号相位十分稳定。对于已知物理特性的传播路径,能够以比较高的精度预告信号的传播时延。而发射台的时间频率基准又使用了高稳定度和高准确度的铯束原子频标,具有很强的守时能力。在此基础上,如果使发射台的信号发射时间与国际或国家的标准时间建立同步关系,那么,在已知地理位置的用户就可以借助接收其信号获取精确的时间信息。从上述授时原理不难理解,除用于导航定位外,罗兰-C系统为什么还可以用于发播精确时间和频率。

实现授时的关键之一是解决其与标准时间同步的问题。现在世界上采用较为普遍的标准时间叫做协调世界时(UTC),它以世界时(UT)作为时间初始基准,以原子时(AT)作为时间单元(秒)的基础。我国的国家时间标准已经与UTC建立了联系,罗兰-C授时的基本要求就是使发射信号与UTC建立一种同步关系。

台链时间基准定义为主台信号相位编码A组的脉冲组时间基准的发射时间。脉冲组时间基准规定为脉冲组中第一个脉冲的时间基准。对于正相位编码脉冲,脉冲时间基准定义为最接近脉冲30 μs点的正交过零点;对于负相位编码脉冲,脉冲时间基准定义为相应的最接近脉冲30 μs点的负交过零点。罗兰-C信号的发射时间定义为天线电流波形信号相位编码A组脉冲组时间基准出现的时间,常用英文缩写TOT表示。

台链的载频、脉冲间隔GRI都取自铯原子频标稳定输出的定时分频。如果主台频率源的频率和相位是受控的,使主台的每一个在符合时间(TOC)上的台链时间基准都与UTC同步,即与UTC的特定秒信号重合时,称该台链定时于UTC时间,亦称主台定时。

主台定时的台链时间基准和UTC主钟秒信号重合的秒称之为符合时间,用TOC表示,该UTC秒亦称为TOC秒。确定TOC秒时必须要规定一个起始的零秒基准。例如,美国罗兰-C台链的TOC零秒规定为1958年1月1日0时0分0秒。规定零秒后,即可根据特定台链的GRI推算出该台链所有的TOC秒时间。TOC秒的间隔是一秒和定时台链GRI的最小公倍数。

3. 差分应用

差分罗兰-C是本系统的一种重要应用扩展,利用它可以大幅提高其定位精度。

多年来,差分罗兰-C系统在许多地区都得到了成功的实际应用,例如,埃及苏伊士运河交通管理系统就使用了差分罗兰-C技术;另外,美国约翰霍普金斯大学应用物理研究室为美国海军战略潜艇发射舰载弹道导弹示范试验工作所研制的“罗纳斯”(LONARS)系统,实际上也是一种差分罗兰-C的应用。

它的基本工作原理是利用罗兰-C地波信号传播变化的相关性来获取某局部区域的时差修正值。在已知地理坐标的适当位置设立差分监测台,该台的实测时差经统计处理后与理论时差作比较,得出的差值即作为差分修正信息播发给用户。为了便于理解,可借用罗兰-C系统工作区监测站的工作过程来做说明。系统工作区监测站的地理位置是已知的,因此它的理论时差值可以通过计算精确得到。但是,监测站的实测时差中还包含了许多因素的影响,像台链同步误差、传播的昼夜和季节变化误差、气象变化误差、接收机测量误差以及各种干扰造成的误差。这样，理论时差和实测时差就存在某种差异。尽管系统采取多种方法力图减小这一差异，但无论如何也不可能完全消除掉。在当前采用的监测站控制方式中，系统力图用保持监测站的实测时差均值在控制标准时差的某一精度范围来维持同步。实际上，差分罗兰-C基准台首先要精确地监测罗兰时差，然后进行统计处理，得出它与理论时差的差值。因为导致这一差值的大部分因素都是与时间和空间相关的，即在一个比较短的时间内对相当大的地理区域变化不大。这样，差分基准台只要以一定的速度更新其播发的修正值，在该台周围的用户就可以利用这个差分修正值来提高自己的定位精度。一个设计完善的差分罗兰-C系统其定位精度较之没有差分时可能提高5倍以上，一个基准站的适用差分范围大约为100～150 km。

差分修正值的传送方法可以用广播法，也可以用询问应答方式。由于差分罗兰-C的数据传输量不大，所以系统对通信的要求不高，一般的通信系统均可满足要求。但取得原始监测值的监测接收机和提取最终修正值的数据处理方法却要求较高。监测接收机的测时差精度要在25 ns以上，对时差数据的处理不是简单的数字平均，而要用到线性回归和平滑滤波等技术来预告最适当的差分修正值。

差分罗兰-C系统由基准监测台、通信链和用户设备三大部分组成。基准监测台的主要设备是高质量的罗兰-C接收机，通信收发机及其接口和数据处理计算机。用户设备是具有差分信息输入接口并可以处理差分修正的用户接收机，当然还有通信接收机及其接口。通常，接收机和通信机在硬件上做成一体，以减小体积和方便用户。差分罗兰-C系统常用的数据链有短波、中波和超短波，当然也可以使用卫星通信链路。

值得注意的是建立差分罗兰-C系统的区域受到一定的限制，即并不是所有的罗兰-C系统覆盖区都适合建立差分系统。在台链覆盖区边缘和几何精度特别差的地方，由于基准监测接收机监测的原始精度受到限制，加之几何放大因子很大，差分的效果就很有限了。

思考题

1. 什么是陆基无线电导航，它采用什么原理？
2. 塔康系统主要用于哪些方面导航？
3. 简要叙述塔康系统的工作原理。
4. 简述测距器的工作原理。
5. 罗兰-C是哪国研制的导航系统？
6. 简述罗兰-C的工作原理。

第4章　卫星导航系统

为了克服陆基无线电导航系统受地球曲率影响的缺陷，加之空间技术的发展，人们将导航台站放到了天空中，形成了卫星导航系统。

卫星导航是利用卫星播发的无线电信号进行导航定位的技术。它是以卫星为空间基准点，向用户终端播发无线电信号，从而确定用户的位置、速度和时间。它不受气象条件、航行距离限制，可以24 h连续提供高精度的三维位置、速度和精密时间信息。当今，倍受世人瞩目的是美国的GPS系统和俄罗斯的GLONASS系统，其中尤以GPS为最。两个系统同时并存又互相竞争，出于军事对抗的需要，美国对GPS采取了降低SPS(标准定位服务)服务精度的人为措施；而俄罗斯则宣布不受限制地为民用用户提供服务，以扩大其影响。为了克服GPS采取选择可用性SA措施带来的精度影响，人们研究并着力发展了差分GPS(DGPS)、局域DGPS增强系统(LAAS)和广域DGPS增强系统(WAAS)技术，并开发自适应调零天线、GPS/GLONASS兼容机，发展GPS/INS组合技术，以获得精度更高、完善性和可靠性更好、抗干扰能力更强的导航定位服务。

4.1　概　　述

导航星NAVSTAR/GPS系统，简称全球卫星定位系统或GPS，见图4-1。实际上，GPS是由美国国防部负责研制，主要满足军事需求，用于地球表面及近地空间用户(载体)的精确定位、测速和作为一种公共时间基准的全天候星基无线电导航定位系统。

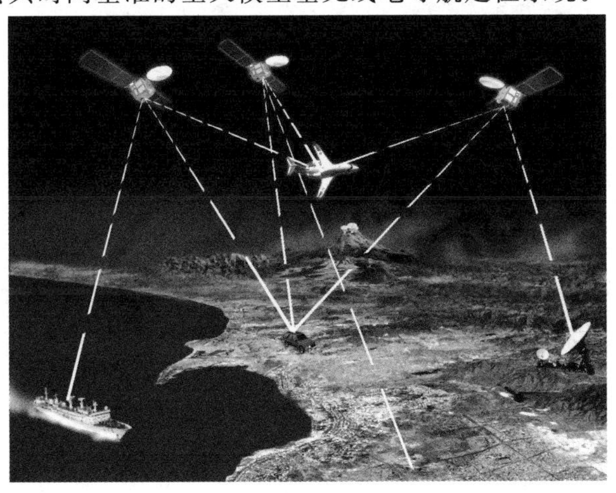

图4-1　卫星导航系统示意图

GPS 系统由三部分组成：

1)广播信号的卫星组成的空间部分；

2)控制整个系统运行的控制部分；

3)各种类型的 GPS 接收机组成的用户部分。

4.1.1 空间部分

1. 星座

空间部分包括由多颗卫星组成的星座。在空间星座布满卫星以后，可在全天任何时间为全球任何地方提供 4～8 颗仰角在 15°以上的同时可观测的卫星。如果将遮蔽仰角降到 10°，有时则最多可观测到 10 颗卫星。若将遮蔽仰角进一步下降到 5°，那么，最多可同时见到 12 颗卫星。这是由卫星运行在地球表面以上约 20 230 km 的近圆轨道和约 12 h 的运行周期来保证的。目前的星座和所用的卫星数目是从早期的相对赤道面倾角为 63°的 3 个轨道平面上的 24 颗卫星星座演变而来的。后来，由于国防预算紧缩，曾将空间部分星座卫星数目减少为 18 颗，轨道平面随之改为 6 个，每一个轨道面上运行 3 颗卫星，但这个方案最终被否决了，因为它确实不能提供满意的 24 h 全球覆盖。大约在 1986 年，计划的卫星数目增加到 21 颗，即在原来 18 颗卫星星座基础上增加了 3 颗“有源”在轨备用卫星。按设计，这些备用卫星将替代故障卫星。实际上，该星座由 24 颗工作卫星组成，均匀分布在 6 个倾角为 55°的轨道面上，每个轨道有 4 颗卫星。此外，还有 4 颗有源备份卫星在轨运行，其卫星分布见图 4－2～图 4－3。

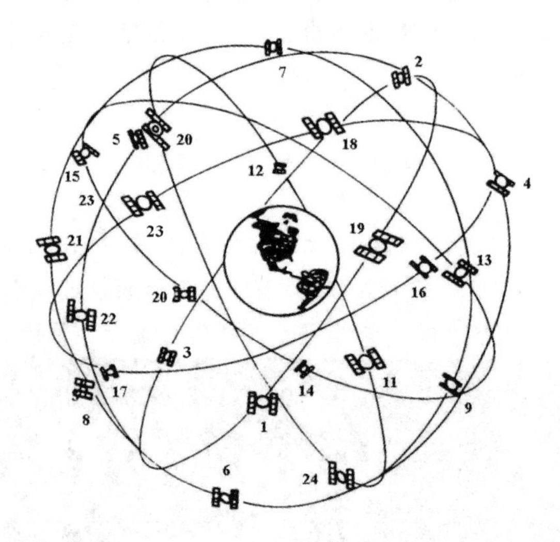

图 4－2 GPS 卫星星座示意图

2. 卫星

GPS 卫星为无线电收/发信机、原子钟、计算机及系统工作的各种辅助装置提供了一个平台。24 颗卫星的电子设备支持用户测量该卫星的伪距离 PR，而每颗卫星广播的信号则可使用户测定该卫星在任何时刻的空间位置，据此，用户便能确定他们自己的位置。

每颗卫星的辅助设备包括两块 7 m^2 太阳能电源帆板和用于轨道调整与稳定性控制的推进系统。

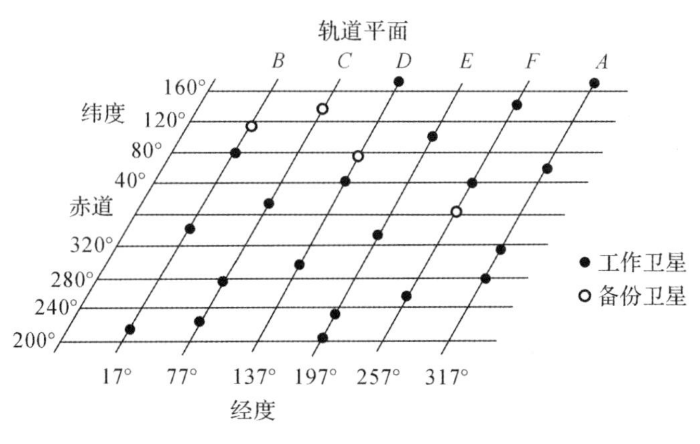

图4-3 GPS卫星分布图

所有卫星均有各种识别系统:发射序号、分配的伪码编号PRN、轨道位置编号、NASA(美国国家航空航天管理局)产品编号和国际命名等。为避免混乱,并保持与卫星导航电文的一致性,主要使用伪码编号PRN这种识别形式。

GPS卫星有五种类型,分别是:Block Ⅰ,Block Ⅱ,Block Ⅱ A,Block Ⅱ R和Block Ⅱ F型。

在1978—1985年间,联合项目办公室于加州范登堡空军基地用Atlas运载火箭共发11颗BlockI卫星,每颗卫星重845 kg。其中除了1981年因一枚运载火箭助推器故障而发射失败外,其他发射均成功。到1994年3月28日,BlockI型卫星全部被Block Ⅱ/Ⅱ A工作卫星所替代。仍在工作的BlockI型卫星(PRN-12)被推出轨道,用于科学试验。

Block Ⅱ工作卫星的星座与BlockI略有不同,首先是它们的轨道倾角为55°而不是以前的63°。其次,是它们的民用属性不同,BlockI信号的民用属性是无限制的,而Block Ⅱ信号的民用将受到限制。

第一颗Block Ⅱ卫星的价值为5 000万美元,质量超过1 500 kg。根据设计,它主要用于最初的工作星座(21颗基本有源工作卫星和3颗有源在轨备份卫星)。Block Ⅱ卫星的设计寿命为7.5年,实际工作寿命可长达10年以上,这颗卫星是1989年2月14日,在佛罗里达州的卡纳维拉尔角空军基地,肯尼迪(Kennedy)空间中心用Delta型火箭发射升空的。

Block Ⅱ A卫星(A表示新型)具有相互通信能力。其中有的带有反光镜,能用于激光跟踪。第一颗Block Ⅱ A卫星是1990年11月26日发射的。Block Ⅱ和Ⅱ A的发射运行,这些卫星在轨道中的位置使用字母(表示轨道面)和数字(表示轨道面上的位置号)来表示。

Block Ⅱ R为GPS工作星座的替补卫星(R表示替补),其设计寿命为10年,其独特之处在于采用了新的原子钟——氢钟。这种钟与Block Ⅱ的铯钟相比,其精度提高了一个数量级,另外,Block Ⅱ R卫星还改进了通信设备和卫星的轨道调整能力、卫星之间的跟踪能力,从而明显地改善了卫星脱离地面控制的自主能力。Block Ⅱ R卫星的质量为2 000 kg以上,但其价格仅为Block Ⅱ的一半。这种卫星采用航天飞机发射,每次可发射3颗,因此,星座可以实现快速替换。该计划正在实施中,将逐步用Block Ⅱ R代替现在运行的Block Ⅱ和Block Ⅱ A。

GPS卫星-Block Ⅱ F(F表示下一代)在2001—2010年间发射。这些卫星进一步改善了星上设备的能力,例如,增加惯性导航系统。

4.1.2 控制部分

控制部分由一个主控站,5个全球监测站和3个地面控制站组成,主要任务是:跟踪所有的卫星以进行轨道和时钟测定,预测修正模型参数,卫星时间同步和为卫星加载数据电文等。选择可用性(SA)的大小也由控制部分控制。通常,SA总是处于接通状态,但其影响却可以降低到零。

1. 主控站

主控站早期位于加州范登堡空军基地,现在早已迁到空间联合工作中心(CSOC)。该中心位于科罗拉多州,福尔肯(Falcon)空军基地。CSOC从各监测站收集跟踪数据,计算卫星的轨道和钟参数,然后,将这些结果送到三个地面控制站中,以便最终向卫星加载数据。此外,卫星控制和系统工作也是主控站的责任。

2. 监测站

五个监测站分别设在:夏威夷、科罗拉多斯普林斯、阿森松岛(南大西洋)、迭戈加西亚岛(印度洋)和夸贾林环礁(北太平洋马绍尔)群岛。监测站均配装有精密的铯钟和能够连续测量到所有可见卫星伪距的接收机。所测伪距每15 s更新一次,利用电离层和气象数据,每15 min进行一次数据平滑,然后发送给主控站。

上述的跟踪网是为确定广播星历和星钟校正模型的系统,对精密星历,要用另外五个地点的数据。然而,私营网也是存在的,这些私营网只用来确定卫星星历而不参与系统管理。1983年起,Macrometer厂就建立了这样的一个私营跟踪网。另一个更通用的定向跟踪网是国际协调GPS网(CIGNET),该网由NGS管理。

3. 地面控制站

地面控制站有时也称作地面天线(GA),它们分别与设在阿林松、迭戈加西亚和夸贾林的监测站共置。地面控制站与卫星之间有通信链路,主要由地面天线组成。由主控站传来的卫星星历和钟参数以S波段射频链上行注入各个卫星。以前,上行注入是每天3次,现在,则每天一次或两次。如果某地面站发生故障,那么,在各卫星中预存的导航信息还可用一段时间,但导航精度却会逐渐降低。

4.1.3 用户部分

用户部分主要是各种类型的GPS接收机,这将在4.5和4.6进行详细介绍。

4.1.4 GPS系统的特点

1. 全球覆盖

GPS系统是以人造卫星作为导航台的星基无线电导航系统,由运行周期近12 h的24颗卫星构成的星座,均匀分布在离地面约20 000 km的六条近圆轨道上,形成同时覆盖全球的卫星网。卫星离地面越高,可见卫星的地球表面或卫星的覆盖区域也越大,众多的GPS导航卫星,借助地球自转,可使地球上的任何地方至少能同时看到6～11颗卫星。完成一次有效定位,实际上只需4颗卫星已足够。

这种可见卫星的裕度设计，可保证用户挑选视野中几何配置最佳的 4 颗卫星来实现高精度的定位。

2. 全天候

GPS 的导航卫星是人造天体，可以将描述卫星位置的轨道参数以及测距信号，居高临下地以无线电波发射给用户，这种无线电导航信号不受气象条件和昼夜变化的影响，是全天候的。但无线电波穿过电离层、对流层时，会产生相应延迟，电波的直视也会因高大的建筑、稠密的森林遮挡对信号跟踪带来一定的影响，但它们并不影响 GPS 卫星导航的全天候特性。

3. 高精度

GPS 卫星导航系统的定位精度取决于卫星和用户间的几何结构、卫星星历精度、GPS 系统时同步精度、测距精度和机内噪声等诸多因素的组合。卫星和用户间的最佳几何配置由可见星的裕度设计保证；由于大地测量技术的飞速发展以及人造卫星在测量领域的广泛应用，已经能够得到精确的地球重力模型，地面跟踪网对卫星的定轨精度可精确到 1～10 m 以内；卫星和用户之间的相对位置测量精度，利用伪码测距可达米级，利用载波相位可精确到毫米级；电波传播的电离层折射影响可采用双频接收技术消除；对流层折射的影响也可通过本地气象观测得到精确模型予以降低；有效利用用户和基准站（置于位置精确已知的点上）间误差在空间和时间上的相关性，即差分定位原理，可使实时定位精度提高到厘米量级。目前，GPS 提供两种定位服务：C/A 码标准定位服务（SPS）和 P(Y)码精密定位服务（PPS）。未加选择可用性（SA）时，SPS 服务可达：水平方向 20～40 m($2drms$)，垂直方向 45 m(2σ)，测速 0.2 m/s(2σ)，测时精度 0.2 μs(2σ)。美国国防部认为，这样的精度已对美国自身安全构成威胁，因此，人为采取 SA 措施，将 SPS 服务的精度降低为：水平位置 100 m($2drms$)，高度 156 m(2σ)，测速 0.3 m/s(2σ)，测时精度 340 ns(2σ)。PPS 服务用于美国军方，未获准的用户不能使用 P(Y)码。

4. 多用途

由于 GPS 具有全天候、全球覆盖和高精度的优良性能，可广泛用于陆、海、空、天各类军民载体的导航定位、精密测量和授时服务，在军事和国民经济各部门，乃至个人生活中，都有着极其广阔的应用前景，曾在“海湾战争”期间大显神通。实际上，随着微电子和计算机技术的飞速发展，GPS 应用已迅速扩展到国民经济的各行各业，不再局限于传统的导航定位。

4.2　GPS 系统的定位原理

GPS 系统的定位过程可描述为：已知卫星（广播描述卫星运动的星历参数（EPH）和历书参数（ALM）实现）的位置，测量得到卫星和用户之间的相对位置（伪距 PR 或伪距变化率 PRR），用导航算法（最小二乘法或卡尔曼滤波法）解算得到用户的最可信赖位置。

如果用户到卫星 S_1 的真实距离为 R_1，那么用户的位置必定在以 S_1 为球心，R_1 为半径的球面 C_1 上；同样，若用户到卫星 S_2 的真实距离为 R_2，那么，用户的位置也必定在以 S_2 为球心，R_2 为半径的另一球 C_2 上，用户的位置既在球 C_1 上，又在球 C_2 上，那它必定处在 C_1 和 C_2 这两球面的交线 L_1 上。类似地，如果再有一个以卫星 S_3 为球心，R_3 为半径的球 C_3，那用户的位置也必定在 C_2 和 C_3 这两个球面的交线 L_2 上。用户的位置既在交线 L_1 上，又在交线 L_2 上，它

必定在交线 L_1 和 L_2 的交点上。这个交点就是要求的用户位置。

上述即为 GPS 卫星定位的几何原理。

4.2.1 如何描述卫星位置

在 GPS 系统中，卫星位置是作为已知值，由卫星广播给用户，而卫星在空间的位置则由描述卫星位置的轨道参数或开普勒参数确定。实质上，是用开普勒近动椭圆去逼近卫星运动的实际轨道。研究表明，卫星运行规律符合开普勒三条定律。在空间，卫星在中心力场作用下的运动，是在一个通过地球中心的固定平面上运动，这个平面叫卫星运动的轨道平面；卫星在其轨道平面上的运动轨迹是一个椭圆，地球中心处于椭圆的一个焦点上。

于是，要正确描述卫星的位置，首先必须描述卫星运动的轨道平面在空间的位置；其次，必须描述卫星在轨道平面上作椭圆运动时椭圆的形状；最后，必须描述卫星在椭圆轨道上的瞬时位置。

要确定卫星轨道平面在空间的位置，首先得找到一个可认为固定不变的参考系。地球虽在自转，但地球的赤道平面在空间的位置可视为基本不变，这可用作参考平面；同样，地球绕太阳公转的轨道平面在空间的位置也可认为基本不变，它也可作为一个参考平面。现在，我们假想整个宇宙空间是一个以地心为中心，半径为无穷大的球，叫做天球；再假想把地球的赤道平面无限延展，使它和天球相交，其交线叫天球黄道(见图 4-4)。

天球赤道和天球黄道相交于两点，一点叫春分点，另一点叫秋分点。由于天球赤道面和天球黄道在空间的位置基本不变，春分点和秋分点在天球上的位置也基本不变，因此这两点可作为参考点。现在我们以春分点和天球赤道面作为确定卫星轨道平面在空间位置的参考系。

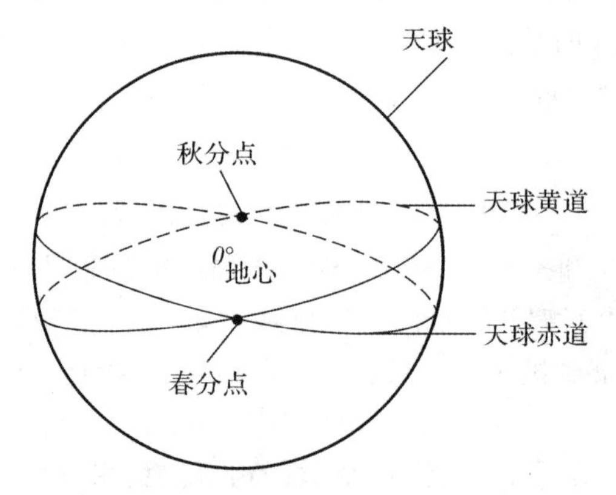

图 4-4　天球、天球赤道和天球黄道

为了方便，假定地球是一个均匀的球体，这时地球对卫星的引力是指向地心的，忽略对卫星的其他作用力，那么，卫星将在以地心为其一个焦点的椭圆轨道上运行，且卫星轨道平面通过地心(见图 4-5)。这样，卫星轨道平面在空间的位置就可由轨道参数 Ω 和 i 来确定。Ω 是卫星轨道面和赤道面的交线 OR 与地心和春分点连线 OR 之间的夹角。卫星自南向北通过时，其轨道和赤道面的上升交点 R 称为升交点，而 Ω 角可用春分点和 OR 与天球赤道的交点 R' 之间所隔的天球赤径来量度，因此，称 Ω 为升交点赤经。升交点赤经 Ω 决定了卫星轨道在什么位置和赤道面相交。i 角则是卫星轨道平面和地球赤道平面之间的夹角，称为轨道平面倾角。轨道平面倾角 i 决定了卫星轨道平面和地球赤道平面之间的相对位置。卫星轨道和作为参考面的地球赤道平面的相交位置确定了，则卫星轨道平面和地球赤道平面间相对位置（倾斜角度）也确定了，即卫星轨道平面在空间的位置也就完全确定了。因此，升交点赤经 Ω 和轨道面倾角 i 这两个轨道参数是用来决定卫星轨道平面在空间位置的，他们作为已知参数由卫星广播给用户。

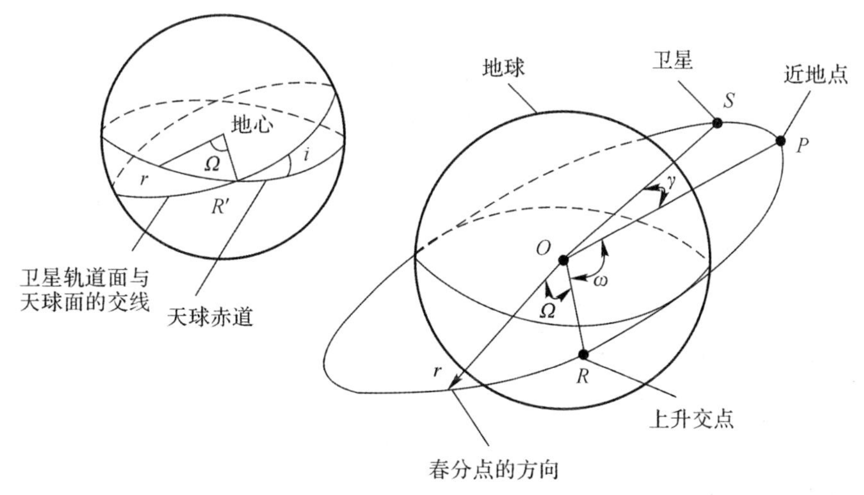

图 4－5　基本轨道参数

卫星在轨道平面上的运动轨迹是椭圆，同是椭圆，却有扁有胖。

用三个轨道参数（ω，α 和 e）来确定卫星在轨道面上的轨道形状，ω 是近地点角，它是卫星最靠近地球质量中心的点——近地点 P 和地心连线 OP 与 OR 之间的夹角。近地点角 ω 决定了卫星运行椭圆轨道长轴的方向。长轴方向确定后，再加上表征椭圆轨道的半长轴 α 和偏心率 e，在轨道平面上椭圆的取向和形状也就完全确定了。

确定卫星在椭圆轨道上的瞬时位置要用到真近点角 γ，它是卫星与地心连线 SO 和近地点与卫星连线 PO 之间的夹角。但卫星发射的并不是，而是卫星通过近地点的时间 t_P。和卫星在轨道上运行的平均角速率 n。之所以用近点角来描述卫星在轨道上的位置，完全出于历史的原因。常用的近点角除真近点角 γ 外，还有平近点角 M 和偏近点角 E。平近点角 M 是一种数学抽象的概念，只作为一种定义参数使用，而偏近点角 E 和真近点角 γ 则是几何扩展的结果，它们之间存在着如下关系：

$$\begin{cases} M = n(t - t_P) \\ M = E - e\sin E \qquad \text{（开普勒方程）} \\ \tan\gamma_2 = 1 + e_1 - e\tan E_2 \end{cases}$$

可见，要得到卫星在椭圆轨道上的瞬时位置 γ，需要求解开普勒方程，这是个迭代过程，有兴趣的读者可参阅 GPS 的专著。

总结起来，描述卫星在空间位置需六个轨道参数，通常把它们称为开普勒参数或历书数据。这些参数都被当成已知值，由卫星广播给用户。

参数意义在决定卫星空间位置中的作用，i 升交点赤经轨道平面倾角确定卫星轨道平面在空间的位置，ω，α，e 近地点角椭圆轨道的半长轴椭圆的偏心率确定卫星轨道平面上椭圆轨道的形状，t_P 卫星通过近地点的时间确定卫星在椭圆轨道上的瞬时位置。

4.2.2 怎样得到卫星与用户之间的相对位置

1. 单程测距原理

GPS 系统是无源测距系统，即用户完成测距无需向卫星发射信号，但卫星和用户相距遥远，怎样才能得到用户和卫星之间的距离呢？和陆基无线电测距及雷达测距不同，GPS 的测距利用了“单程测距”的概念。在这种单程测距中用了两只时钟，一只在星上，一只在用户接收机中。卫星和用户之间的距离，实质上是通过比较接收机中恢复的卫星钟和用户本身的时钟之间的差，即测量卫星钟传播到用户时所花的时间，即传播时延，得以实现的。如果卫星钟和用户钟精确同步，即两钟信号同频同相，或确知他们之间的相位差，那么，根据无线电波传播的恒速（光速 c）特性，当测得的传播时延是 τ 时，利用物理学中距离等于速度乘时间这个简单公式，可以得到星和用户间的真实距离 $R=\tau_c$。

实际上，卫星钟和用户钟并不可能精确同步。当两钟间存在钟差时，这样测得的距离并不是用户和卫星间的真实距离，而是伪距离，简称伪距 PR，表示为 $PR=R+c\Delta t$。可见，伪距 PR 和真距 R 之间相差的部分仅仅是两个钟差 Δt 产生的距离 $c\Delta t$。

那么，伪距用什么方法测量呢？常用的方法有码伪距、相位伪距和积分多普勒伪距。

2. 用伪码测量伪距（码伪距）

为说明伪码的概念，先要简单介绍二进制随机序列的概念和特性。

取一枚硬币，规定国徽面为“1”，有字面为“0”，以一定方式抛掷硬币，并将每次掷出的结果（0 或 1）排列起来，例如为 01011011100101100…。这就是一个二进制随机序列。这种二进制随机序列的主要特点是：

1）序列是事先不能完全确定的非周期序列，因而不能复制；

2）序列中，“1”和“0”出现的概率（机会）各为 1/2；

3）序列的自相关函数 $R(\tau)$ 定义为：

$$R(\tau)=相同码元个数-相异码元个数相同和相异码元的总数$$

τ 表示该序列与自身的移位序列之间的相对移位量。当 $\tau=0$ 时，$R(\tau)=1$；当 $|\tau|>t_0$ 时，$R(\tau)=0$；当 $-t_0<\tau<t_0$ 时，$R(\tau)$ 与 τ 呈线性关系（见图 4-6）。

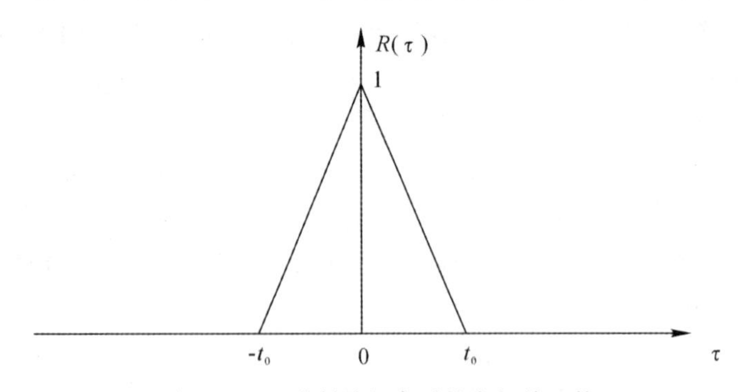

图 4-6　二进制随机序列的自相关函数

可见，二进制随机序列具有优良的自相关特性，但无周期性，不能复制，故不实用。

如果能找到既有良好的自相关特性，又具有周期性（可重复），同时能预先确定的，因而也能复制的序列，那是最好的。我们把这种具有随机序列特性的非随机序列，称为伪随机序列，而把由二进制码元“0”和“1”组成的伪随机序列称为二进制伪随机码，简称伪码。

伪码具有优良的自相关特性，因此可对它进行相关（相乘）积累接收；伪码具有周期性，故可用来作为测量电波时延的尺子；伪码具有事先可确定性，因此伪码的相位可以识别，这种可识别的伪码相位就是尺子上更细的刻度（标记）。

GPS 中使用两种伪码：C/A 码和 P(Y)码。C/A 码的频率为 1 023 MHz，码长为 1 023 b（位），重复周期 1 ms，两个码位之间的时间间隔 1 μs，相当于 1 码位对应于 300 m；P(Y)码频率为 1 023 MHz，码长为 15 345×107 b，重复周期 2 664 天，两个码位之间的时间间隔 0.1 μs，相当于 1 码位对应于 30 m。

实际上，用作测量电波时延尺子的，既可以是 1 ms（C/A 码周期），也可以是 20 ms（数据位速率），6 s（数据子帧），Z 计数（一周中，子帧的数目。从本周六子夜开始，到下一周六子夜又重新开始。其中，每个计数值与子帧时刻对应，并出现在下一个子帧的前沿）以及总的周数 WN。

GPS 中的伪码测距是通过比较用户钟与在用户设备中再现（恢复）的卫星钟相对应的标记（刻度）来实现的。今以 C/A 码测距来说明伪码测距的原理，见图 4－7。

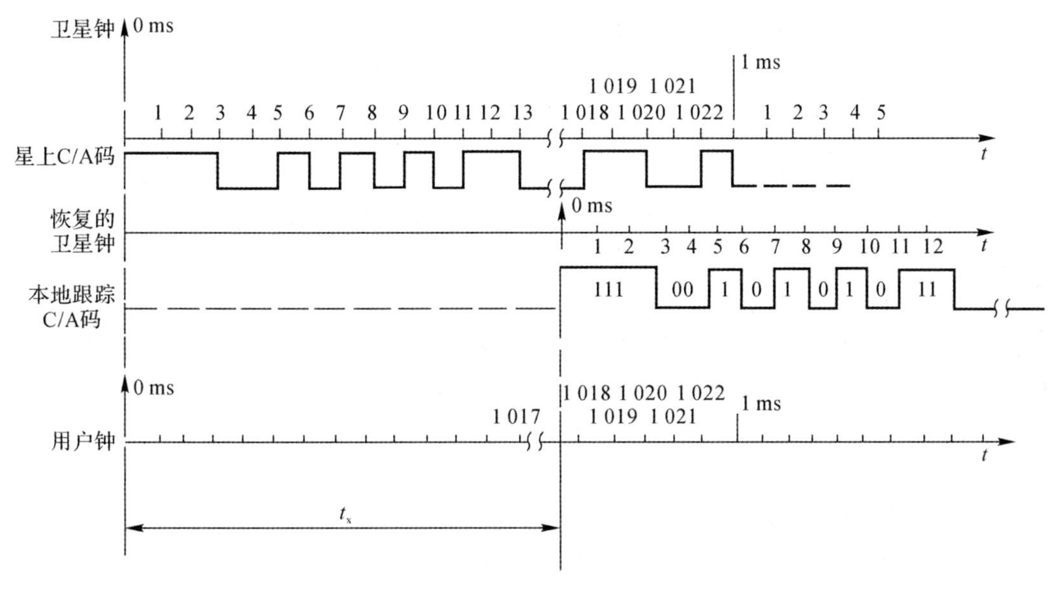

图 4－7　GPS 伪码测距原理

图中，假设卫星钟和用户钟精确同步，t_R 是卫星发射的信号在传播路径上的真实延迟（已假定两钟精确同步，并没有其他因素引入的附加延迟），它是通过比较用户钟与用户设备中恢复出来的卫星钟的相应标记（0 ms，1 ms，2 ms，…）实现的。恢复出来的卫星钟标记时刻，所标记的就是卫星钟信息的发射时刻，理解这点是很重要的。图中直观看出，卫星钟和用户钟均从 0 ms 启动，经过时延 t_R＝101 725 个 C/A 码码位后传到用户，时延 t_R 乘以光速 c 就是测量伪距。

3. 用载波相位测量伪距（相位伪距）

通过积分载波相位（ICP）来测量伪距，原理和用 C/A 码测量伪距相同，只是这时以载波波长作为测量时延的尺子。虽然也可用恢复的载波相位与本地数控振荡器(NCO)的载波相位比较而实现,但单值测量的距离小于载波波长 λ 的一半($\lambda/2=10$ cm)。通常都用对载波相位进行积累(积分)的办法来实现。这里的关键是积累的区间(积分的上下限)的选择。严格讲,这个区间应从接收机中恢复的可以识别的载波相位零点开始,累积到接收到相同的载波相位零点时为止。但载波相位的零点并不能识别,只能用码相位零点,即伪码的初相来代替。这是因为,在卫星发射时刻,GPS 系统时是同步的,码相位零点和载波相位零点相关。而在接收机中被恢复出来的伪码初相(码相位零点)却是可以识别的。但由于 C/A 码码环恢复的码相位零点的精度太差,一般作到(1/10~1/100)码位,近似于 15~150 个载波波长,仍然无法得到准确的积累载波相位的起点,但是随着码环跟踪精度的提高,载波整周数的多值性范围在缩小,若码环的跟踪精度能达到小于 $\lambda/2=10$ cm,就可消除载波的整周多值性。这说明,载波整周多值性的范围与伪码测距精度紧密相关。相位伪距 $PR\varphi=R+C\Delta t+N\lambda$,可见,相位伪距离 $PR\varphi$ 和码伪距 PR 之间,仅仅只差载波的整周数 N 乘波长 λ($PR=R+C\Delta t$)。

载波相位测量的精度很高,约为(1/100~1/200)$\lambda\approx$(1~2) mm。但如何做到快速解整周多值性 N,即用一个时元的观测量就实现 N 值的求解,是一个有待探索的问题。直接求解比较困难,目前的办法是尽可能缩小搜索范围,常用方法有:伪码窄相关距技术以提高码环跟踪精度;用积分多普勒来平滑伪距测量;用差分技术提高实时定位精度。

4. 用积分多普勒测量伪距

当卫星和用户之间存在相对运动,即它们之间的距离发生变化时,接收机中恢复的卫星发射频率(接收频率)和卫星发射的实际频率并不相等,这种频率变化就是多普勒效应。这和我们站在铁道前听到高速行驶的火车的汽笛声,从火车远处驶来,通过自己又远离而去时所听到的汽笛声,由低沉到高亢再到低沉的变化一样。实际上,单位时间内发出的代表汽笛声频率的波长个数并没有变化,只是由于火车和人之间的相对距离的变化,使汽笛声波在火车和人之间传播的时延发生变化的结果。这说明,即使卫星严格按等间隔 1 ms 产生一个码初相(C/A 码周期始点),但由于多普勒效应的结果,在接收机恢复出来的相邻两个 1 msC/A 码初相标记之间的间隔,已经不再是严格的 1 ms 等间隔了,是大于或小于 1 ms,取决于卫星是靠近还是远离用户的运动。

在子午仪系统中,采用了积分多普勒频移(即相位差)。这个频移相当于距离改变量占距离。实际上,积分多普勒测量的是积分间隔间的伪距差,和相邻两次积分载波相位测量值的差相当。但积分载波相位测量得到的是伪距,而积分多普勒测量得到的伪距差,也是真距差。积分多普勒是对被恢复的载波进行积分,因为其中含有多普勒频率,但积分区间不是由用户钟提供,而是由用户中恢复的卫星钟的相应标记提供,而且积分的结果,应当减去发射相邻两个码初相期间所发射的载波的整周数。

实际上,卫星在 t_1 和 t_2 时刻内发射的电波周数等于接收机在 $t_1+\Delta t_1$,到 $t_2+\Delta t_2$ 时间内接收的电波周数(见图 4-8)。因多普勒频移和每秒钟距离的改变成正比,故在间隔 $t_1+\Delta t_1$ 到 $t_2+\Delta t_2$ 内的积分多普勒频移和这段间隔期间总的距离改变成正比,即积分多普勒 IDOP $=(R_2-R_1)1/\lambda_T$,$\lambda_T=C/fL_1$ 是载波 $fL_1=1\ 575.42$ MHz 的波长。可见,积分多普勒 IDOP 测量的是积分间隔的距离差(R_2-R_1)。

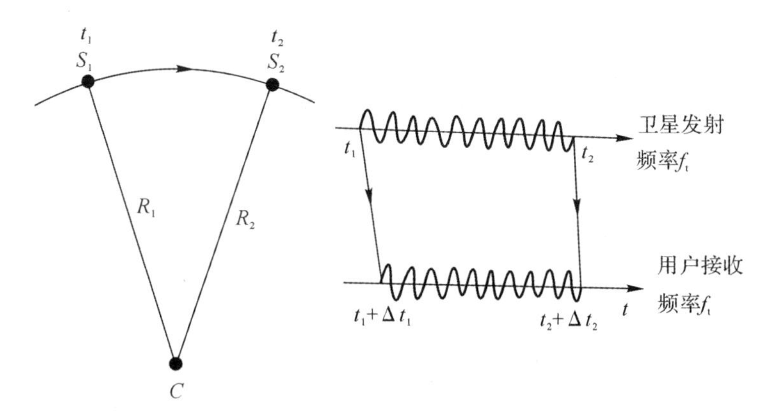

图 4-8　卫星从 S_1 到 S_2 时，用户(U) 测得的多普勒频移

4.2.3　用户的位置是怎样得到的

GPS 系统的实质，是要得到用户(载体) 的高精度的瞬时位置。定位过程是，首先，根据卫星广播的星历，计算出第 i 颗卫星的准确位置 x_i, y_i, z_i；其次，根据测量的码伪距或相位伪距，计算出用户与第 i 颗卫星之间的相对距离 PR_i；最后，根据导航方法计算出用户的三维位置 x, y, z。假设用户钟和卫星钟之间的时差为 Δt，根据测量伪距方程 $PR_i = R_i + c\Delta t (i=1,2,3,4)$，就可以方便计算出用户的位置 x, y, z 和钟差 Δt。这里 $R_i = [(x_i - x)^2 + (y_i - y)^2 + (z_i - z)^2]^{1/2}$ 是用空间两点间的距离公式表示的用户到第 i 颗卫星的真实距离。由此可见，只要测量得到用户到 4 颗卫星的伪距 PR，就可以同时得到用户的三维位置 x, y, z 和用户钟与卫星钟之间的钟差 Δt。然后在用户钟中扣除掉这个钟差，就可以使用户钟得到精度和卫星上铯原子钟精度相同量级的精密时间。这便是所有 GPS 用户(接收机)虽然采用廉价的石英钟，却依然能保持高精度守时的原因。

4.3　GPS 的信号结构和导航电文

4.3.1　GPS 的信号结构

1. GPS 卫星信号的组成

确定卫星位置和 GPS 时间等的参数都是以卫星信号的形式广播给用户的，卫星上有一台日稳定度为 10^{-13} 的铯原子钟，其振荡器产生 $f_0 = 10.23$ MHz 的基本频率。卫星工作在 L 波段，为校正电离层折射引入的附加传播时延，系统采用双频体制，即用了 L 波段的两个载频信号，分别为 L_1 和 L_2，它们是基准频率 f_0 的整数倍，关系为

$$\begin{cases} f_{L1} = 154 f_0 = 1\ 575.42 \text{ MHz} \\ f_{L2} = 120 f_0 = 1\ 227.6 \text{ MHz} \end{cases}$$

卫星向用户广播的导航信号包括：

1)卫星星历及星钟校正参数；

2)测距时间标记；

3)大气附加延迟校正参数；

4)与导航有关的信息。

这些信息统称数据信息,它们是以不归零二进制编码脉冲的数码形式传送给用户的。

数据位速率为 50 Hz,每个码位占时 20 ms。这种码由状态+1 或-1 的序列构成,+1 或-1分别与二进制 0 或 1 对应。不归零二进制波形见图 4-9。

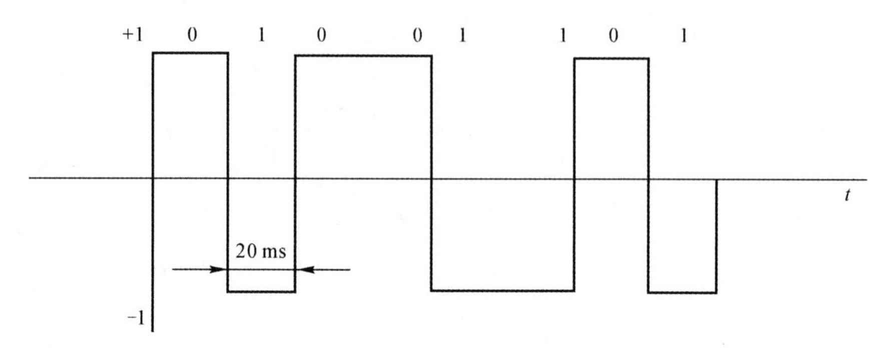

图 4-9 不归零二进制波形

为了实现单程精密测距;保密通信和提高抗干扰能力,同时便于卫星识别和选择,先将这些数据编码脉冲和伪码(C/A 码和 P 码)通过模 2 相加(模 2 加法规则为 0+0=1+1=0;1+0=0+1=1)调制到伪随机码上进行扩频,再将扩频后的码对载频进行双相移相键控(BPSK)或双相调制,最后由卫星天线通过通信链路发射给用户。载波双相调制波形见图 4-10。

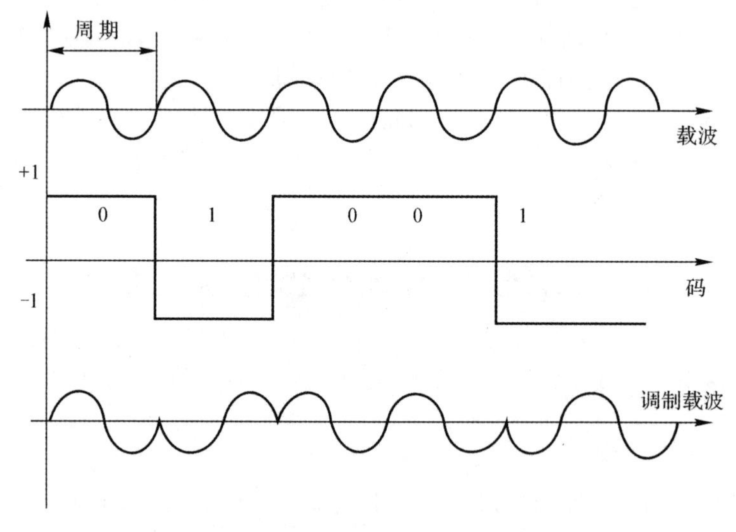

图 4-10 载波的双相调制波形

由图可见,当码的状态发生改变时,载波相位发生 180°相移,这就是双相调制。

卫星时钟读数使用两种伪随机码 C/A 码和 P 码表示。C/A 码频率为 $f_0/10$,每毫秒重复一次;P 码频率为 f_0,约 2 664 天重复一次;在反电子欺骗 A-S 接通时,密钥码 W 主要用来将 P 码加密成 Y 码(W⊕P=Y),不知道密钥 W,是难以解出 P 码的。导航信号(数据)或导航电文的编码需 1 500 b(位),以 50 Hz 的频率在 30 s 内传输。

L_1 和 L_2 载波均被 P 码调制(更精确地讲,是被 Y 码调制),C/A 码只调制在载波 L_1 上,其相位与 P 码正交(即移相 90°)。如果 $L_i(t)=a_i\cos(f_i t)(i=1,2)$表示未调制载波,而 P 码、

C/A码和导航电文的二进制状态序列分别用 $P(t)$，$C/A(t)$ 和 $D(t)$ 表示，则调制载波表示为

$$\begin{cases}L_1(t)=a_1P(t)D(t)\cos(f_1t)+a_1C/A(t)D(t)\sin(f_1t)\\L_2(t)=a_2P(t)D(t)\cos(f_2t)\end{cases}$$

式中，$P(t)$ 表示精码，这里表示没有加密的信号；$C/A(t)$ 为粗捕获码；$D(t)$ 对应于导航电文；因子 $a_i=\sqrt{2P_i}$ 表示信号分量的功率；f_i 为相应载波的频率。

由不归零二进制编码脉冲组成的导航电文 $D(t)$ 的码速率为 $FD=50$ Hz，码元宽度 $T=20$ ms，因此编码脉冲的带宽 $\Delta F=1/T=50$ Hz，而P码的码速率为 $f_0=1\ 023$ MHz，码元宽度 $t_0=1/(1\ 023\times106)$ s。将 $D(t)$ 调制到 $P(t)$ 上，就是将二者相乘或模2相加，乘积码为 $D(t)\cdot P(t)$，其带宽 $\Delta f=1/t_0=1\ 023$ MHz。可见，调制信号 $D(t)$ 的频带从50展宽到1 023 MHz，这就是扩频。

利用伪码优良的自相关特性和可重复特性，可以对扩频信号进行相关(相乘)接收，并可极大地改善接收信号的信噪比，相关接收电路输出、输入功率信噪比之间的关系为

$$(S/N)_{出}=(S/N)\lambda\times\Delta f/F$$

可见，采用扩频信号，尤其是伪码速率很高时，可以大幅度地改善信噪比，对P码而言，$\Delta f=1\ 023$ MHz，$\Delta F=50$ Hz，其改善程度可达50 dB左右。因此，这种扩频信号的相关接收，可以有效地抑制诸如多径干扰，不希望的卫星干扰、窄带噪声和人为施放的干扰。扩频信号相关接收原理见图4-11。

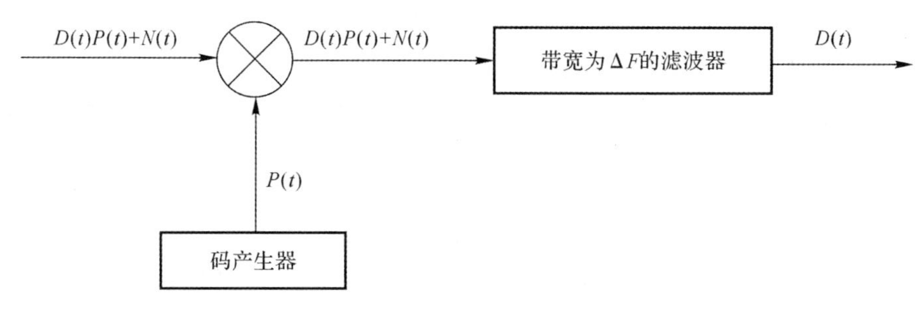

图4-11　扩频信号的相关接收原理

假设输入端除扩频信号 $D(t)$，$P(t)$ 外，还有干扰噪声 $N(t)$。当本地产生的伪码 $P(t+\tau)$ 和扩频信号相乘，且本地伪码与接收的伪码相对移位 $\tau=0$ 时，乘法器的输出 $=D(t)$，$P(t)P(t)=D(t)$，而干扰信号相乘后为 $N(t)P(t+\tau)$，其带宽已被扩展为 $\Delta f=1\ 023$ MHz，干扰信号的能量被分布在其中，经过滤波器 ΔF 后，通过的干扰噪声能量仅为加到乘法器输入端干扰噪声能量的 $\Delta F/\Delta f$ 倍，从而有效地抑制了噪声干扰。

2. 怎样区分星座中的卫星

GPS的卫星是由24颗卫星组成的星座，每颗卫星的信号采用相同的频率，同样的调制方式，那么，用户接收机怎样知道接收的是哪颗卫星的信号呢？原来，卫星虽多，但每颗卫星所用的伪码却是唯一的。就是说，GPS系统采用的是码分多址(CDMA)体制。于是，接收机中，不同伪码的产生便成为识别不同卫星的唯一依据。伪码是一种周期性的、可复制的、具有良好自相关特性的二进制伪随机序列，它的产生以可抽头的反馈移位寄存器为基础。移位寄存器的每个单元中含有一位二进制位，当移位脉冲加到移位端时，每出现一个移位脉冲，可以将移位寄存器中的内容右移一位，最右边单元的内容便是输出的伪码，而最左边单元的内容的新值取

决于抽头的两个确定单元内容的二进制和(二进制加法遵循:1+0=0+1=1,1+1=0+0=0),这两个确定单元的选择是任意的,但它却决定了最终得到的伪码的特征。

现以4个单元组成的移位寄存器来说明伪码产生的原理,见图4-12。

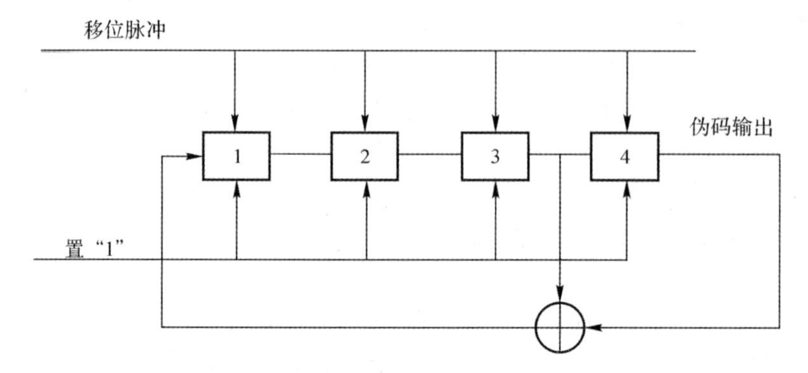

图4-12　m序列产生器

四级可抽头移位寄存器在移位脉冲作用下顺序产生各种状态的状态表。开始时,在置“1”脉冲作用下,将移位寄存器各单元均置成“1”,称全“1”状态。

在移位脉冲作用下,各单元内容逐位右移,第4级寄存器的内容便是输出的伪码111100010011010,当第16个移位脉冲到来时,各状态开始重复,呈现周期性,其周期等于15t_0(t_0是移位脉冲的周期)。当然,抽头不同,所产生的m序列的结构也不相同,所以,m序列的结构仅仅取决于反馈(抽头)连接的方法。

GPS的C/A码和P码的产生原理与此类似,只是码长、码速率和移位寄存器的抽头不同而已。之所以要产生伪码,一是为了识别卫星(各卫星的伪码是唯一的),二是为了在相关接收时,通过比较本地产生的伪码和接收的来自卫星的伪码之间的时延,完成伪距(时延)测量。除了用抽头反馈移位寄存器产生伪码外,还可以用查表编码法产生伪码。

这时,将所需要的不同伪码存储在EPROM存储器中,通过查表实现伪码的产生。

4.3.2　GPS的导航电文

卫星广播给用户的导航电文包括卫星时钟信息、卫星轨道信息、卫星健康状况及各种校正数据,主要用来计算卫星位置和时间。

总电文由1 500位组成,分为5个子帧。每个子帧在6 s内发射10个字,1个字30 b(位),共计300 b,每个字的发射时间为0.6 s。导航电文格式见图4-13;导航电文的结构见表4-1。

表4-1　一帧导航电文的结构

子帧1	TLM	HOW	数据块Ⅰ
子帧2	TLM	HOW	数据块Ⅱ
子帧3	TLM	HOW	
子帧4	TLM	HOW	备用
子帧5	TLM	HOW	数据块Ⅲ
	30 b	30 b	
	300 b (6 s)		

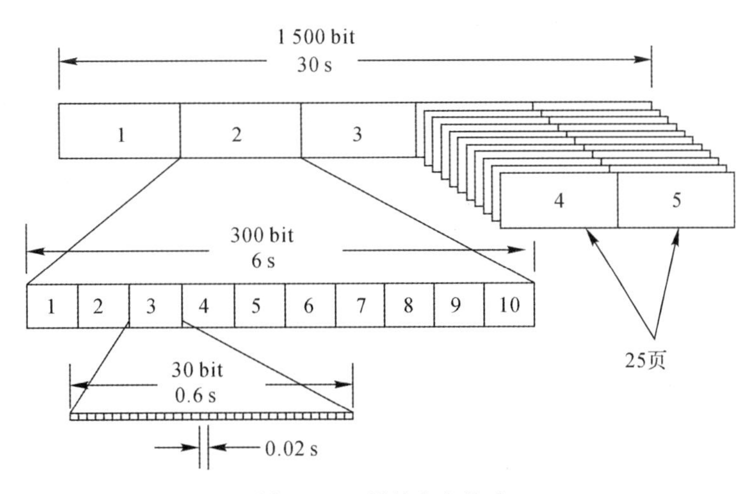

图 4 - 13　导航电文格式

每个子帧均以遥测字 TLM 打头，后跟一个转换字 HOW。

遥测字 TLM 的头 8 位是同步头，其余是向地面站发送的遥测信息、奇偶校验等。同步头为子帧中的编码脉冲的解调提供一个时间起点，编码脉冲以此为起点，顺序按位拼装，即可译出正确的导航信息。同步头的起点也是一个时间标记点，带有传播时延的信息。同步起点对应的时间包含在前一子帧的转换字(HOW)的 Z 计数中。

每个子帧的第 31～60 b 构成转换字 HOW。HOW 字的前 17 位是 Z 计数，实质是子帧计数，记录的是子帧的数目。每周六的午夜零时作为第 1 个子帧的起点。经过此点，子帧(Z)计数加 1。一个星期共有 100 800 个子帧，计满这个数时，便重新开始。因为每个子帧的时间是 6 s，子帧计数实际上计的是时间，只要将子帧计数器的内容乘以 6，这样得到的时间就是下一子帧的起始时间。子帧识别指明该子帧是五个子帧中的那一个子帧。同步标志指明导航信号中的子帧是否与伪码同步，若不同步，就不能进行 C/A 码到 P 码的转换。HOW 字之所以叫转换字，是因为它的一个主要作用，是在测距时实现由粗测距码(C/A 码)到精测距码(P 码)的转换。

第 1 子帧除 TLM 和 HOW 字外，其余部分构成数据块 I，数据块 I 包含有卫星时钟校正参量 a_0, a_1, a_2，时钟基准时间 t_{oc}，时钟校正参量的老化度 $\mathrm{AODC} = t_{oc} - t_L$。$t_{0c}$ 是卫星钟校正量 $\Delta t_s = \alpha_0$ 所对应的时刻，其他时刻 t，星钟校正量 Δt_s 是 $(t - t_{oc})$ 的函数。t_L 是地面站组为了制备时钟校正参量，对该钟进行测量，取得所需数据的时刻，制备的时钟校正参量数据的时刻。制备的时钟校正参量是预报参量，因此 $t_{oc} > t_L$，t_L 和 t_{oc} 相隔时间越长，说明预报的时间也越长，数据的可信度就越差，故称 AODC 为老化度。数据 I 块还含有大气校正参量 $\alpha_0, \alpha_1, \alpha_2, \alpha_3, \beta_0, \beta_1, \beta_2, \beta_3$ 和两个载频在卫星发射设备中的群延时差 T_{GO}。后两个数据是为单频用户准备的，因单频用户不能用双频法修正电离层附加延迟，只能靠模型来修正，T_{GO} 供单频用户在修正测距数据时用。

第 2、第 3 子帧除 TLM 和 HOW 字外，其余部分构成数据块Ⅱ。数据块Ⅱ中含有卫星星历或轨道参数。

第 4 子帧除 TLM 和 HOW 字以外，其余空着以备用。

第 5 子帧除 TLM 和 HOW 字以外，其余构成数据块Ⅲ。数据块Ⅲ中含有 24 颗卫星的信息，有历书的基准时间 t_{oc}。粗略的星历和卫星钟修正量，卫星识别和卫星健康状态等。由于每颗卫星的数据需占用一个子帧，所以 24 颗星需 24 个子帧才能把数据送完，这样，全部 24 颗卫星的历书以 25 帧(25 页)为一周期，共计需 125 min 才能将各星的历书数据发送完。由于第 4、第 5 子帧的各页可以通过每颗卫星广播，所以用户只需收到一颗卫星的信号，就可以粗略地知道其他卫星的情况。卫星健康状态字告诉用户该星是否正常，而卫星识别则是指明用户跟踪的卫星的伪随机码编号。

4.4 精密时间同步

4.4.1 时间概念的形成

世界是物质的，物质是运动的。运动是物质存在的形式。物质在运动过程中呈现出周期性。人们在比较物质运动周期长短的过程中，逐步形成了时间的基本概念。实际上，时间是对事物运动周期长短的度量。凡是具有较稳定周期的信息，均可作为测量时间的尺子。如单摆运动周期，石英晶体振荡频率的周期，原子跃迁频率的周期等均可用来计量时间，但它们周期的稳定性都与它所处的环境有关，即使是非常稳定的原子跃迁频率的周期，当它处在高速运动的环境下也会有变化，产生所谓相对论效应。目前，人们常依据天体运动来确定时间，通过天文台观测天体运动周期来给出 GMT 时(世界时即格林尼治平太阳时)的年月日时分秒。这是因为自然天体运动是永恒的，它是时间长短的客观依据，是人类长期实践的结晶，也容易被人们所公认。

4.4.2 时间的计量及其计量标准的传递

人们为了描述物质运动的周期引入了时间的概念及其相应的计量办法和计量单位，正如人们为了描述两个物体间的距离(或空间两点间的距离)引入了长度的概念一样，它们都是人们在认识事物实践中形成的。所以，时间和长度、空间等概念一样，是客观存在的，但又是相对的，无头无尾的。它们的大小、长短都与观测者所处坐标系(环境)有关，相比较而存在。比较必须在相同环境(即相同参照系)中进行。要计量时间，首先要有计量时间的标准，就是计量时间长短的尺子，即计量时间的单位。在计量时间的单位中，大的用世纪(1 世纪＝100 年)，小的用 ns(1 ns＝10^{-9}s)。要统一时间的计量，就要统一为世界公认的计量标准，既要有保存统一计量标准的地方(如美国海军天文台的铯原子频标组合用于长期守时提供计量标准)，还要有传递时间标准的工具。时间信息的传递是进行时钟比对的基础(尤其是对于分布在两地的时钟)。由于传递任何信息都需要时间，传递时间信息也不例外。因此，必须将传递时间信息过程中的时延准确扣除。若用电波传播时间信息就要扣除它在传播路径上的时延以及它在传播途中和恢复它时所引入的各种误差。其中引入的随机误差靠多次测量积累平滑滤除，系统误差依靠校准。

人们往往把授时系统与无线电导航系统集中放在一个系统中实现，原因是它们之间有相互依存的密切关系。

4.4.3 时钟同步的方法及其发展

时钟同步也叫“对钟”。要把分布在各地的时钟对准(同步起来)，最直观的方法就是搬钟，可用一个标准钟作搬钟，使各地的钟均与标准钟对准。或者使搬钟首先与系统的标准时钟对准，然后使系统中的其他时钟与搬钟比对，实现系统其他时钟与系统统一标准时钟同步。

所谓系统中各时钟的同步，并不要求各时钟完全与统一标准时钟对齐。只要求知道各时钟与系统标准时钟在比对时刻的钟差以及比对后它相对标准钟的漂移修正参数即可，无须拨钟。只有当该钟积累钟差较大时才作跳步或“闰秒”处理。因为要在比对时刻把两钟“钟面”时间对齐，一则需要有精密的相位微步调节器去调节时钟驱动源的相位，另外，各种驱动源的漂移规律也各不相同，即使在两种比对时刻时钟完全对齐，比对后也会产生误差，仍需要观测被比对时钟驱动源相对标准钟的漂移规律，故一般不这样做。在导航系统用户设备中，除授时型接收机在定位后需要调整 1 PPS(秒脉冲信号)信号前沿出现时刻外(它要求输出秒信号的时刻与标准时钟秒信号出现时刻一致)，一般可用数学方法扣除钟差。时间同步的另一种方法是用无线电波传播时间信息。即利用无线电波来传递时间标准，然后由授时型接收机恢复时号与本地钟相应时号比对，扣除它在传播路径上的时延及各种误差因素的影响，实现钟的同步。随着对时钟同步精度要求的不断提高，用无线电波授时的方法，开始用短波授时(毫秒级精度)，由于短波传播路径受电离层变化的影响，天波有一次和多次天波，地波传播距离近，使授时精度仅能达到毫秒级。后来发展到用超长波即用奥米伽台授时，其授时精度约 10 μs 级左右，后来又用长波即用罗兰-C 台链兼顾授时，其授时精度可达到 μs，即使罗兰-C 台链组网也难于做到全球覆盖。后来又发展到用卫星钟作搬钟，用超短波传播时号，通过用户接收共视某颗卫星，使其授时精度优于搬钟，可达到 10 ns 精度。看来利用卫星授时是实现全球范围时钟精密同步的好办法，只有利用卫星，才可在全球范围内用超短波传播时号，用超短波传播时号不仅传递精度高，而且可提高时钟比对精度，通过共视方法，把卫星钟当作搬运钟使用，且能使授时精度高于直接搬钟，直接搬钟难以使两地时钟去共视它。共视可以消除很多系统误差以及随时间慢变化的误差，快变化的随机误差可通过积累平滑消除。

4.4.4　GPS 系统时间

1. GPS 系统各卫星钟的精确同步

GPS 系统各卫星钟的精确同步，是实现 GPS 系统定位、测速、授时、校频等功能的技术基础。因为 GPS 系统定位原理，首先要求已知卫星位置，卫星在空间不停地运动，卫星的位置在不断变化，卫星位置是指它在某一时刻的位置，故要有统一的时间标准，把 GPS 系统中各卫星钟精确同步起来。卫星与用户之间相对位置的测量，也要求各卫星钟精确同步，否则就无法通过比较卫星钟和用户钟实现伪距测量。利用卫星完成测速授时和校频，就更需要各卫星钟精确同步，否则，各卫星钟就不能起到搬钟的作用。GPS 卫星定位系统是“星基”导航系统，各 GPS 卫星就是该导航系统的基准站。所有无线电定位系统都要求系统的各基准站时钟精确同步，否则也无法实现单程测距，这也是为什么许多无线电导航系统都能兼顾授时(比如罗兰-C、奥米伽、子午仪等)的原因。

2. GPS 时间同步方法

GPS 系统为了提高系统时间同步精度，首先要求各卫星钟均采用铯原子钟，铯钟长稳可达 2000 万年才差 1 s，各卫星钟还要定期与地面系统标准时钟比对，以便给出各卫星钟在比对时刻相对标准钟的钟差和钟漂修正参数。再稳定的时钟驱动源，若较长时间不校，误差便会积累，使钟差越来越大。各卫星钟的钟差和钟漂修正数据是将各地面监测跟踪站观测数据经计算中心处理后得到，并随 GPS 卫星星历和历书数据一起注入给各卫星，然后再由各 GPS 卫星周期性地广播给 GPS 系统用户。精确的 GPS 系统时间同步，同时要求地面各测轨跟踪站的时钟也要精确同步起来。它们可以通过共视 GPS 卫星完成其间的时钟同步。当然，它也要求地面系统能给出各卫星的精密星历参数，提供精确的电离层延迟校准参数，对流层的折射修正、收发信道相移，电波传播速度的变化，卫星钟的相对论效应以及卫星钟在地面站恢复再现的精度等，否则各地面测轨跟踪站时钟也难于精确同步。GPS 系统各卫星钟、各地面测轨跟踪设备的时钟之间同步也是相互依存的。

3. 卫星钟驱动源的相对论效应

由于世界是物质的，物质又是在不停地运动，而物质的机械运动都与受力情况有关。

卫星的频标随重力位（一般相对论效应）不同，使其振荡频率的尾数有很微小的变化，它是由于地球的扁率和太阳及其他抖动力的影响而产生的。这种变化虽然很小，但对于要求极其精确的时间同步系统仍是不可忽略的。尤其是作为度量时间的尺子，它的误差会随时间积累，所以，更不能忽略。而特殊相对论效应（即所谓同步的相对性原理）产生的影响必须修正。牛顿定律只是对宏观运动规律的总结。在宏观高速的相对论力学和微观量子力学中，这些运动规律就要作相应的修正，即要用洛伦兹变换代替伽利略变换。物体的质量、长度、时间等量均要引入 $1-(v/c)^2$ 修正因子，装在卫星上的原子频标，由于它所处环境不同，受力情况变化，因而使其运动规律发生变化。除了要考虑由于温度、电磁环境引入的振荡器频率漂移而产生的时钟误差外，还存在着一般和特殊相对论效应而引入的钟漂移，当受重力位的影响时还会显出周期性。当然，也要考虑用户和卫星发射机之间存在相对运动而产生的多普勒效应的影响等。基于上述考虑，相对论效应的综合影响为常数 $\Delta f=4.443\times10^{-10}f$，即相对于地面钟，卫星钟读数走得更快，这显然会对 GPS 测量产生影响。为了使卫星针与地面钟所采用的原子时长保持一致，在地面上生产原子钟时，必须有意将其频率降低 $\Delta f=4.443\times10^{-10}f$。由于卫星钟的标称频率为 10.23 MHz，因此在生产时，应将其频率调整为：$f'=(1-4.443\times10^{-10})\times10.23$ MHz=10.229 999 995 45 MHz。

这样，当卫星发射后，卫星钟在轨道上运行时因受到相对论效应的影响，频率自然会变成 10.23 MHz。

4.4.5 GPS 卫星授时的基本原理

GPS 是一种星基无线电导航系统，当 GPS 用户设备收星定位后，借助在用户设备中已恢复的卫星钟信息，精确扣除它在传播路径上的延迟，校正各种误差后便可实现用户钟的精确同步，从而实现授时。

4.5 GPS 用户设备

GPS 用户设备（接收机）的功能是接收 GPS 卫星发送的导航信号，恢复载波信号频率和卫星钟，解调出卫星星历、卫星钟校正参数等数据；通过测量本地时钟与恢复的卫星钟之间的时延来测量接收天线至卫星的距离（伪距）；通过测量恢复的载波频率变化（多普勒频率）来测量伪距变化率；根据获得的这些数据，计算出用户所在的地理经度、纬度、高度、速度、准确的时间等导航信息，并将这些结果显示在显示屏幕上或通过输出端口输出。

GPS 接收机按其用途分类，可分为授时型、精密大地测量型、导航型 GPS 接收机；按其性能分类，分 X 型（高动态）、Y 型（中动态）、Z 型（低动态或静态）接收机；按所接收的卫星信号（L_1，L_2，C/A 码、P 码、Y 码）和观测量（码伪距、L_1 相位、L_2 相位）可分为如下四种。

1）L_1、C/A 码伪距接收机；

2）L_1 载波相位、C/A 码接收机；

3）L_1/L_2 载波相位、C/A 码、P 码接收机；

4）L_1/L_2 载波相位、C/A 码、P/Y 码接收机。

其中 1），2）两类用于标准定位服务，3），4）两类用于精密定位服务，只有美国军方和特许的非军方用户才能享受精密定位服务。而我国应用的主要是前两类 GPS 标准定位服务接收机。下面介绍这种类型的 GPS 接收机。

4.6　GPS 接收机

4.6.1　GPS 接收机的基本组成

GPS 标准定位服务接收机的种类也很多，但其基本结构是相同的，都由天线/低噪声前置放大器、连接电缆、接收主机组成，见图 4-14。准全向天线接收其视界内空中所有 GPS 卫星辐射的 L_1（157 542 MHz），C/A 码扩频信号，由随后的低噪声前置放大器滤波放大，设置前置放大器是为抑制接在其后的传送电缆及接收机后级产生的噪声，以改善信噪比。多颗卫星的信号被同时放大后经电缆馈送到接收机主机。

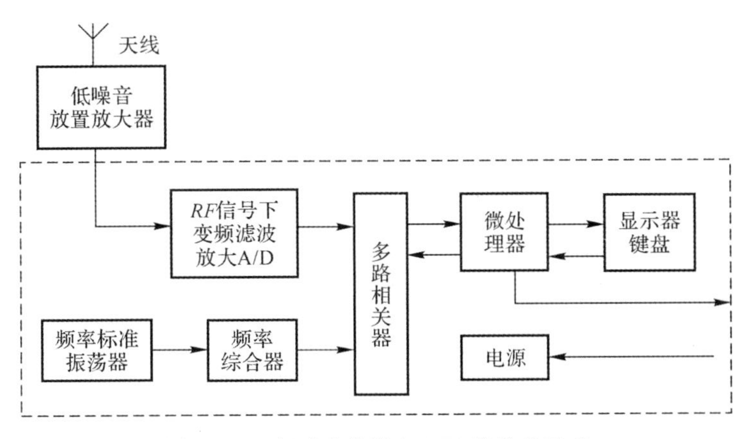

图 4-14　标准定位服务 GPS 接收机组成

天线/前置放大器送来的 GPS 卫星信号在接收机主机中经下变频、滤波放大、模数变换后成为数字信号送至多路相关器。多路相关器可以是 1～12 路相关通道或更多，由应用需要和生产厂技术水平而定。接收机具有多少个相关通道，则可同时并行接收跟踪多少颗卫星信号。每个相关通道由码延时锁定环和载波锁定环组成。码延时锁定环（DLL）是将本地伪随机码（本地 C/A 码）与卫星伪码（C/A 码）对齐，实现对卫星信号的捕获、跟踪、解扩、识别、时间恢复和伪距测量；载波锁定环是一个惯性环，它使本机载波与卫星信号载波同步，以解调出卫星星历数据等,并可进行载波相位测量。相关通道的工作,完全是在微处理器的程序控制下进行的,所测得的伪距、载波相位及解调出的卫星星历数据被实时录入微处理器的存储器中。微处理器根据采集的卫星星历、伪距观测值解算出用户的位置坐标及其他导航信息,并将解算出的用户位置和相应时间显示在显示器上或通过 I/O 端口输出。键盘用于人机对话,完成用户对接收机的操作和导航功能。频率标准振荡器提供接收机的参考频率信号和时间基准信号。频率综合器产生接收机 *RF* 信号下变频的本地参考信号和相关器的参考时钟频率信号。另外,还有接收机各部件工作所需的供电电源部件。

4.6.2 GPS 接收机的工作原理

1. 接收天线

GPS 接收机天线的主要功能是接收来自 GPS 卫星的信号。GPS 接收机天线的种类繁多,常用的有螺旋天线、微带天线、框形天线、缝隙天线、偶极子天线等,其中前两种用得较普遍。螺旋天线具有较好的特性,但是,这种天线具有一定高度,制造相对较复杂,对于有些应用场合,比如飞行器,不允许天线体突出于飞行体外,这时采用微带天线较合适。微带天线体积小、重量轻、工艺简单、价格低,在 GPS 接收机中广为应用。

微带天线由两层平行的导电层中间隔以绝缘介质层而组成,下面的金属导电层接地,而上层是辐射器,见图 4-15。

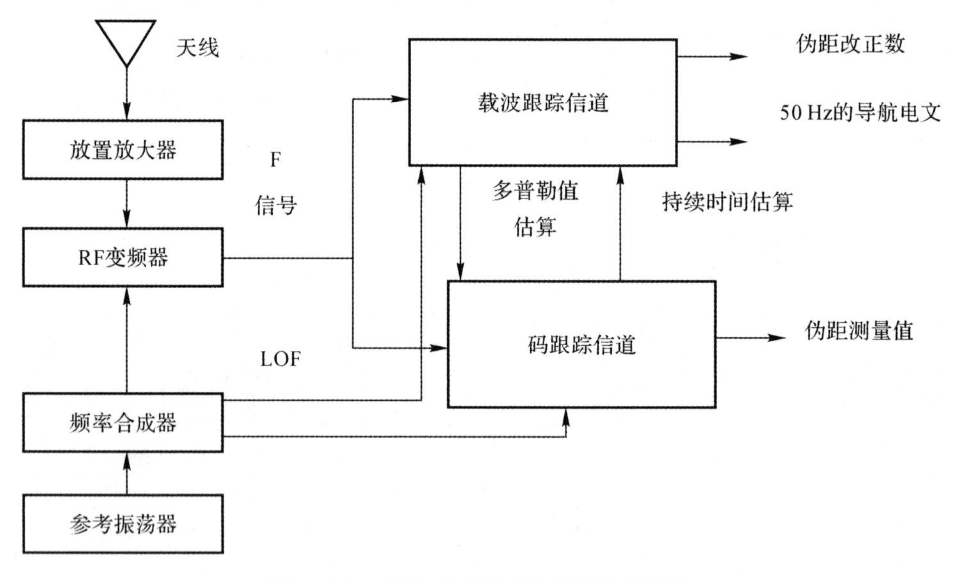

图 4-15 普通 GPS 接收机跟踪系统原理

GPS 接收机天线的主要技术要求是:接收频率为 L_1,即 1 575.42 MHz 的信号;天线辐射方向图应能保证全向接收来自空中的右旋圆极化电波;天线馈线的阻抗应为 50 Ω,其输出驻波应小于等于 2。

2. 低噪声前置放大器

为了保证接收机的灵敏度,通常将 GPS 接收天线与低噪声前置放大器做成一体,使天线输出端至低噪声放大器输入端之间连线尽量缩短,以降低馈线损耗。低噪声前置放大器的组成见图 4－16。

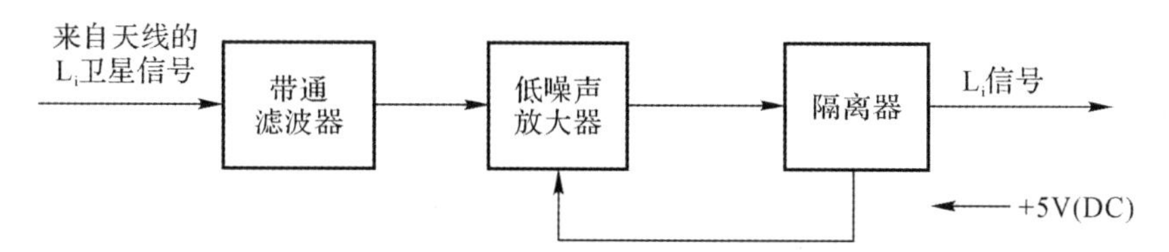

图 4－16　低噪声前置放大器组成框图

输入端的带通滤波器起选择信号频率和阻抗匹配作用，它让天线接收到的 GPS 卫星 L_1 信号顺利通过，到达低噪声放大器，阻止通带外的其他信号或干扰信号通过；同时输入端与天线输出阻抗匹配，滤波器输出与低噪声放大器输入端阻抗匹配。带通滤波器常用谐振腔滤波器和微带滤波器，主要技术指标是：通频带宽约百分之一中心工作频率；带内插入损耗小于 1 dB。

低噪声放大器一般是宽带放大器，其第一级放大器采用低噪声微波晶体管，以保证低噪声放大器的噪声系数不大于 2 dB。

低噪声放大器的增益一般在 30 dB 左右，输出阻抗为 50 Ω，和特性阻抗为 50 Ω 的电缆匹配。因为低噪声放大器的直流工作电压（一般＋5 V 或＋12 V）也是由同一电缆从接收主机送来，隔离器的作用就是把直流电压与放大器输出的射频 L_1 卫星信号分离。一般天线/前置放大器至接收主机间的连接电缆为 15 m 左右。

3. 接收机高频信道

接收机高频信道包括图 4－14 中 RF 信号下变频、滤波、放大、A/D 及频率综合器。

由天线/前置放大器来的 GPS 卫星 L_1 信号经后置放大器滤波、放大，以补偿电缆传输对信号的损耗，保证接收机的射频选择性和灵敏度。而后与锁相频率综合器产生的第一本地参考信号 14 GHz 混频，由滤波器选出其差频信号 1 575.42 MHz。经第一中频放大器放大后，与第二本地参考信号 140 MHz 混频，由声表面波滤波器选择其差频信号 35.42 MHz。该声表面波滤波器中心频率是 35.42 MHz，－3dB 带宽 18 MHz，接收机的高频通道选择性主要由它保证。第二中频信号 35.42 MHz 由具有自动增益控制（AGC）的放大器放大后，与第三本地参考信号 311 MHz 混频，由低通滤波器选出第三中频信号 431 MHz，经自动增益控制放大器放大后，送到模/数变换电路（即 A/D 变换器）。至 A/D 变换之前的接收机通道对卫星 L_1 信号都是进行模拟信号处理，是典型的超外差接收机电路，GPS 卫星 L_1 信号经三次外差变频以后变为约 431 MHz 模拟信号，采用三次外差变频有利于抑制镜像频率信号干扰，提高接收通道增益和选择性。A/D 变换器由 571 MHz 时钟信号进行采样，将卫星模拟信号 431 MHz 变换为两位数据信号——模和符号，表示为 MAG&Sign，该数据信号的频率为 14 MHz，输出至相关器进一步进行处理。自动增益控制电路调节接收机高频信道的增益，使 A/D 变换量化的取值保持一定比例。超外差接收机的所有本机参考信号 14 GHz、140、311、407 和 571 MHz，均是由同一锁相环路产生，锁相环的基准信号频率是由温度补偿晶体振荡器产生的 10 MHz 基准信号，因此，这些本机参考信号的频率稳定度与 10 MHz 基准信号的稳定度相当。

4. 接收机相关处理通道

每颗 GPS 卫星发射的导航信号是将基带信号（其码速率为 50 b/s，码位宽 20 ms，用 $D(t)$

表示)先与伪随机码(C/A 码速率为 1 023 MHz/s,码长为 1 023 b,周期为 1 ms,用 $C/A(t)$ 表示),模二相加[$D(t)C/A(t)$]或两者波形相乘[$D(t)C/A(t)$],而后再对载频(1 575.42 MHz)进行 BPSK 调制形成信号 L_1,以实现直序扩频。

GPS 接收机天线同时接收其视界内的全部卫星,一般可同时接收 6～11 颗卫星信号。这就是说,接收机高频信道输出的 14 MHz 二位数字信号中包含着多颗卫星的信号。那么接收机各相关器是如何把所要的卫星信号分离出来而拒收不需要的卫星信号呢？这正是为什么 GPS 接收机要采用相关信号处理的原因。

比如我们要在人群中寻找一位你不认识的人,最好的方法是拿着那人的相片逐个去辨认,相貌与相片对上的,就是你要找的人,这就是用相貌相关来找人。我们知道,空间 24 颗 GPS 卫星每颗用的伪码(C/A)的结构都各不相同,但与各颗卫星一一对应(码分)。GPS 接收机的各通道正是利用伪码具有良好的自相关特性,在同时接收到的所有卫星信号中,找出相应的卫星信号而拒收不需要的卫星信号。这就是相关接收技术。

相关接收电路的工作原理见图 4-17,电路的输入端信号是 $D(t)\cdot C/A(t)$,本地伪码发生器产生与所要接收卫星信号完全相同的伪码,但两者时间上有一相对位移 τ,即本地伪码为 $C/A(t-\tau)$。在乘法器中,信号与本地伪码相乘,输出为

$$D(t)\cdot C/A(t)\cdot C/A(t-\tau)$$

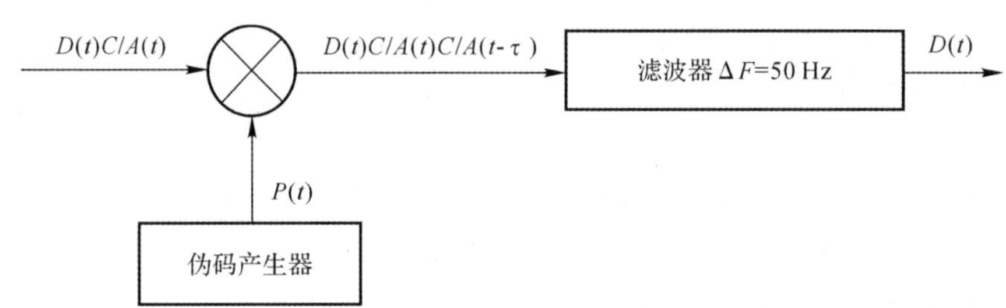

图 4-17　相关接收电路原理图

当本地伪码和卫星信号中伪码存在相对时间位移,即 τ 不等于 0,且位移大于一个伪码码位宽度时,$C/A(t)\cdot C/A(t-\tau)$ 的值远远小于 1,所以 $D(t)\cdot C/A(t)\cdot C/A(t-\tau)$ 的值也非常小,因此几乎检测不到信号 $D(t)$ 的存在。

只有当本地伪码与卫星信号伪码不存在相对时间位移,即 $\tau=0$ 时,则 $C/A(t)\cdot C/A(t)=1$,因此乘法器输出为卫星基带信号 $D(t)$,才能恢复出卫星信号 $D(t)$,这称为解扩。这时我们称接收机本地伪码实现了与卫星信号伪码相关。

一般 GPS 接收机具有多个(1 至 12 个不等)相关处理通道,每个相关通道的电路完全相同。当代的 GPS 接收机,大多是数字接收机,高频通道做成一片 MMIC 芯片,相关通道作成一片 ASIC 芯片,这既缩小了体积,又降低了成本,同时增加了可靠性。GPS 接收机具有多少个相关通道,就能同时接收多少颗卫星信号。我们仍以某型 GPS 接收机为例,该机具有 6 个相关通道,每个相关通道的原理框图见图 4-18。

每个相关通道主要由一个载波锁定环路和一个 C/A 码延时锁定环路组成。载波锁定环路用来跟踪卫星信号载波频率和载波相位,使环路中载波数控振荡器产生的本地参考信号频率与卫星信号载波频率保持相等、相位差接近于零,称为载波同步。在载波同步的情况下,就可对双相移相键控 BPSK 信号进行解调,得到基带信号;还可测量载波多普勒频率和多普勒频

率变化率。伪码延时锁定环路用来使本地 C/A 码相位与接收的 GPS 卫星信号中的 C/A 码相位保持同相,以实现对卫星信号的解扩和伪距离测量。相关通道的工作有三种状态,搜索信号状态、牵引状态和对信号锁定跟踪状态。下面首先介绍锁定跟踪工作状态下载波锁定环路和码延时锁定环路的工作原理,而后介绍搜索和牵引状态。

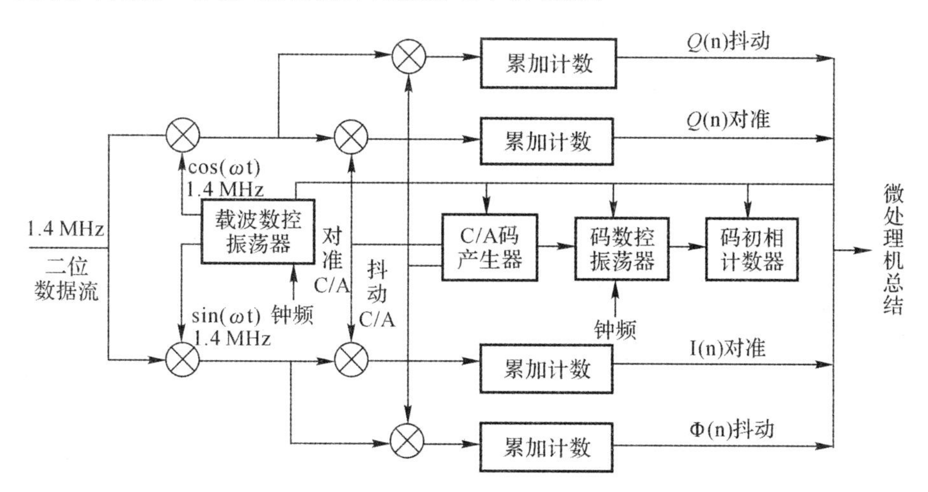

图 4 - 18　相关通道简化原理框图

(1) 跟踪工作状态。

由图 4 - 18 可见,来自高频通道的卫星信号是两位数据流,不考虑多普勒效应情况下,其精确速率是 1.405 397 MHz,它含有多颗卫星信号,其中某颗卫星信号可表达为:

$$D(t)\cdot C/A(t)\cdot \sin(\omega_s t+\theta_s)。$$

式中,ω_s 是 1.405 397 MHz 的角频率;θ_s 是卫星信号的相位。

假想相关通道已经跟踪锁定该卫星信号,那么,载波数控振荡器产生本地参考信号:

$$\cos(\omega_{rt}+\theta_r) \text{ 和 } \sin(\omega_{rt}+\theta_r)$$

式中,$\omega_r=\omega_s$;$\theta_r-\theta_s=\theta_e\approx 0$。

它们分别与输入卫星信号相乘(鉴相器比相),其差额信号分别形成同相(I)、正交(Q) 信号:

$$\begin{cases} I=D(t)\cdot C/A(t)\cdot \cos\theta_e \approx D(t)\cdot C/A(t) \\ Q=D(t)\cdot C/A(t)\cdot \sin\theta_e \approx D(t)\cdot C/A(t)\cdot \theta_e \end{cases}$$

本地 C/A 码发生器产生的 C/A 码,表达为 $C/A(t-\tau)$,在跟踪状态下,本地码与卫星信号伪码同步,即 $\tau\approx 0$。当本地 C/A 码与 I、Q 卫星信号相乘,则得到:

$$I_{对准}=D(t)\cdot C/A(t)\cdot C/A(t)=D(t)$$

$$Q_{对准}=D(t)\cdot C/A(t)\cdot C/A(t)\cdot \theta_e=D(t)\cdot \theta_e$$

由累加计数器分别对 I 对准和 Q 对准数字信号进行累加计数,变成 I(n)对准、Q(n)对准数据送给微处理计算机。可见

$$[I_{对准}]\cdot[Q_{对准}]=D(t)\cdot D(t)\cdot \theta_e=\theta_e$$

$[I_{对准}]\cdot[Q_{对准}]$ 的乘积反映着载波同步的相位剩余误差。微处理器正是将 I(n)对准、$Q(n)$对准数据相乘,滤波处理后去控制载波数控振荡器,保持载波锁定的。这就是载波锁定环路的闭环控制工作原理。

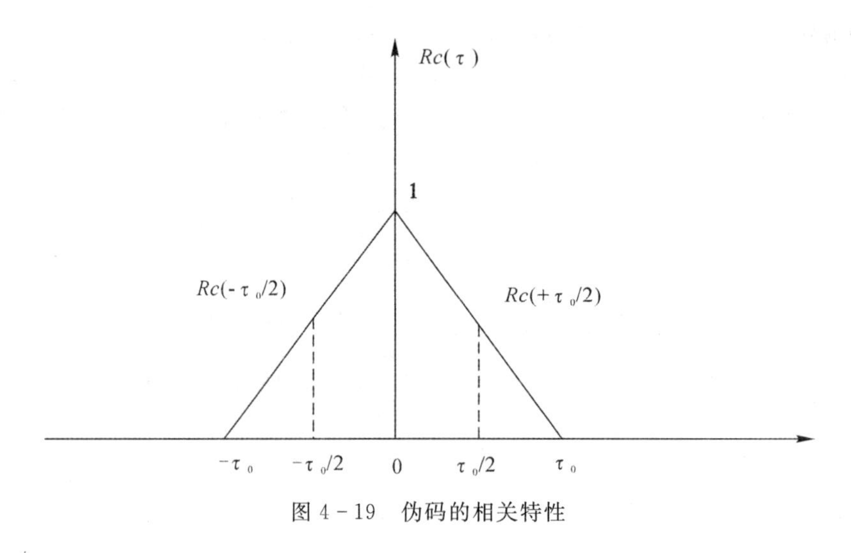

图 4-19　伪码的相关特性

本地 C/A 码发生器在产生“对准”C/A 码的同时，还交替产生超前或滞后半个码片宽度($\tau_0/2$)的 C/A 码(见图 4-19)，记为 $C/A(t-\tau_0/2)$ 或 $C/A(t+\tau_0/2)$，其中 τ_0 是 C/A 码片宽度 1 μs。

由累加计数器分别对 $I_{超前}$、$Q_{超前}$ 数字信号和 $I_{滞后}$、$Q_{滞后}$ 数字信号进行累加计数，形成 $I(n)$ 抖动、$Q(n)$ 抖动数据送微处理器，计算机正是按上述原理对这些数据进行滤波处理后，去控制码数控振荡器和 C/A 码产生器，使本地产生的 C/A 码与卫星信号的 C/A 码保持相位同步。这就是码延时锁定环的跟踪工作原理。

(2)数据解调。

在上述相关通道处在跟踪状态时，从载波锁定环路的同相支路 I 对准，可以解调出卫星数据信号 $D(t)$。实际数据解调是由微处理器对 $I(n)$ 对准数据进行处理来进行数据解调的，微处理器以恢复的卫星钟 1 ms(一个 C/A 码周期) 为周期从累加计数器中读取 $I(n)$ 对准数据，若连续读出 $I(n)$ 对准数据 20 次(20 ms)均为“正”，则判为数据“1”；若连续读的数据 20 次(20 ms)均为“负”，则判为数据“0”；这样就实现了数据位同步和解调。

微处理器从解调出的数据串中，找出“8”位子帧同步头，10001011 或 01110100 即找出字头，再按前述的导航信号结构分离出各种参数，完成数据解调。

(3)伪距的测量。

在多路相关器中，除前面介绍的多个相关通道外，还有一个本机基准时钟单元，由基准时钟信号发生器和基准时钟组成。基准时钟信号发生器以接收机高频信道中频率综合器产生的 40 MHz 信号作为主时钟信号，分频产生供相关通道和基准时钟用的时钟信号。基准时钟是接收机的本地时钟基准，它产生与 GPS 时间或 UTC 时间同步的秒信号，和一个 100 ms 的时钟取样信号(TIC)，用来取样全部相关通道的测量数据(码相位计数、码初相计数、20 ms 初相计数、载波相位计数、载波周期计数)。

一旦相关通道跟踪上卫星信号，就可解调恢复卫星时钟信号。因为在跟踪状态，码延时锁定环中，本地产生的 C/A 码与接收来的卫星信号中 C/A 码几乎重合(同步)，因此本地 C/A 码周期 1 ms 和码片宽度 1 μs 就是接收机恢复的卫星时钟信号。注意，这些恢复的卫星时钟信号是经过空间传播和接收机信道延迟的时钟。另外，在相关通道跟踪状态，从载波锁定环的同相支路解调出卫星数据信号，卫星数码是 20 ms 一位，子帧同步字头是卫星钟 6 s 时刻，这些都是接收机恢复的卫星时钟信号，它们都可以作为伪距测量的尺子。

接收机测量的伪距是在某一取样瞬间，求本地时钟的时间读数 t_1 与卫星钟的时间读数 t_2 之差，再乘以光速 c 即可得出。由于从卫星到接收机天线，无线电波传播延迟时间在 60～80 ms范围，所以接收机中实际是用本地基准时钟 100 ms 作为取样信号，对恢复的卫星钟 20 ms计数、码初相计数(1 ms 计数)、码相位计数(μs 计数)、码时钟相位计数(1 μs 以下)进行取样，读数即为钟差，乘以光速即为测量的伪距。

(4)伪距离变化率的测量。

在相关通道跟踪状态下，载波锁定环路中载波数控振荡器产生的信号频率与卫星信号载波同频(没有频差)，只有很小的剩余相位误差，也就是说，这种状态下本机载波数控振荡器产生的信号可以代替卫星信号的载波。因此，只要以本机基准时钟取样信号 TIC(100 ms)对载波数控振荡器的频率计数器和相位计数器连续进行取样，前后连续两次取样读数之差，就是取样间隔 TIC 内的多普勒计数值，该多普勒频率计数乘以载波波长且。λ_0($\lambda_0=c/f_0$，$f_0=$ 1 575.42 MHz)即是 TIC 间隔的伪距变化量。该伪距变化量除以取样间隔时间(100 ms)就是这时刻的伪距变化率。

(5)卫星信号的搜索和捕获。

如上所述，相关通道只有实现了对卫星信号的捕获跟踪，才能解调出导航数据、测量伪距。在此之前要对卫星信号进行搜索，那么接收机是如何搜索到卫星信号的呢?

由于 GPS 卫星在空间轨道上约 12 小时绕地球一周。因此，即使地面 GPS 接收机固定不动，它与 GPS 卫星之间也存在着相对径向运动，何况 GPS 接收机载体(用户)也多是运动的，如车载、船载、机载等，所以 GPS 接收机与 GPS 卫星之间总是存在相对径向运动的。有相对径向运动存在，就一定会发生多普勒效应，GPS 卫星发送的导航信号载波频率虽然是固定的 1 575.42 MHz，而 GPS 接收机天线接收到的卫星信号载波频率却变为 1 575.42 MHz$\pm f_d$，其中 f_d 是多普勒频率，对于中、低动态用户，最大值一般约±6 kHz。由于多普勒效应，GPS 接收机接收到的 GPS 卫星发送的导航信号 L_1 的载波频率和 C/A 码相位不断变化，所以接收机必须首先搜索到卫星信号，才能达到捕获跟踪它。

考虑多普勒效应后，GPS 接收机高频信道输出的卫星信号数据流频率应是 1.405 397 MHz±6 kHz 范围。接收机中的微处理器程序控制相关通道，必须同时进行卫星信号载波频率搜索和 C/A 码及码片搜索，称为二维搜索。具体搜索方法是：在卫星信号载波中心频率 1.405 397 MHz的正负 6 kHz 频率范围内(共 12 kHz 范围)，以 500 Hz 为搜索间隔，每间隔 500 Hz设置一个本地载波频率点(通过程序设定载波数控振荡器输出频率)。在每个设置的本地载波频率点上，程序设定本地伪码发生器产生一颗卫星的 C/A 码，在码周期(1 ms)结束时对码延时锁定环路的累加计数器读数 $I(n)$，$Q(n)$ 进行相关检测，即计算 $[I(n)]^2+[Q(n)]^2$ 值，若没有超过捕获门限值(程序中设定)，则判伪码没有相关上，就是没有检测到卫星信号。再控制本地 C/A 码延时移动 1/2 码位，重复上述相关检测过程，直到移动 2 046 次把一个 C/A 周期(1 023 码位)相关检测完。如果还没有检测到卫星信号，再换一颗卫星，直到 24 颗卫星都搜索完，若仍没有发现卫星信号，控制载波数控振荡器频率跳 500 Hz 到相邻的另一个载波频率搜索点，重新开始进行 C/A 码和码片搜索。如此重复地控制相关通道进行二维搜索，直到某一次检测到 $[I(n)]^2+[Q(n)]^2$ 值超过捕获门限，立即停止码位移动，并在这一点上连续重复检测多次，若多次均超过门限，则判为搜索到了卫星信号，相关通道转入牵引工作状态。在牵引工作状态，载波锁定环路和码延时锁定环路闭环工作，如同跟踪状态一样，朝着使$[I(n)]^2+[Q(n)]^2$值增加的方向，牵引本地载波频率和本地C/A码相位，当载波达到同步和C/A码几乎重合时，$[I(n)]^2+[Q(n)]^2$值将达到最大(最大值是1)，这时立刻转入锁定跟踪工作状态。

以上叙述的是接收机在冷启动情况下搜索卫星信号的过程，可见，这个过程是很费时间的。所谓冷启动就是在接收机中没有保存有用的卫星历书和接收机的初始概略位置数据时，接收机开机后的收星工作状况。实际上，GPS接收机多数时间是热启动下工作，因为GPS接收机一旦接收卫星信号进行定位一次以后，接收机中的存储器就会保存着卫星的历书和位置，下次再开机时，接收机中的微处理计算机会自动根据保存的这些数据，计算出可见卫星号和每颗可见卫星的载波频率和码的大概位置，去控制接收机相关通道，使接收机很快就可以搜索捕获到卫星信号。

5. 定位计算

当GPS接收机捕获跟踪到卫星信号以后，即可测量出接收天线至卫星的伪距离和距离变化率，解调出卫星轨道参数等数据。根据这些数据，接收机中的微处理计算机就可按定位解算方法进行定位计算，计算出用户所在的地理经纬度、高度、速度、时间等信息。

4.6.3 GPS接收机的主要技术指标

虽然GPS接收机种类繁多，技术特性差别很大，但一般GPS接收机具有下述主要技术特性指标。

1)接收机的跟踪通道数通常是1～12个跟踪通道。它表示GPS接收机可以同时并行接收GPS卫星颗数的能力。

2)接收跟踪信号的种类如仅仅接收L_1和C/A码；接收跟踪L_1、C/A和P码、L_2、P和Y码。

3)测量定位精度如GPS标准定位服务的GPS接收机的定位精度为：水平位置精度100 m($2drms$)；垂直高度精度156 m($2drms$)。

4)时间同步精度表示GPS接收机通过测量定位以后，输出的时间同步秒脉冲信号与GPS时或UTC时同步精度。如GPS标准定位服务的GPS接收机的时间同步精度为：340 ns($2drms$)。

5)位置数据更新率一般每秒1～10次，通常高动态GPS接收机的更新率高。

6)首次定位时间指GPS接收机从开始加电源到首次得到满足定位精度要求的定位结果过程所占的时间。分以下三种情况：

第一，当GPS接收机中没有保存正确星历数据时(即所谓冷启动)，首次定位时间小于15 min。当GPS接收机不加电或不接收GPS信号情况时，运输距离超过1 000 km；或者GPS接收机连续七天以上设备不加电工作或不接收GPS信号，属于这种情况。

第二，GPS接收机中保存有正确星历数据时(即所谓热启动)，首次定位时间小于5 min。

当设备在正常工作情况下，发生掉电或关机24 h，但少于7天；或设备在正常工作情况下，发生GPS信号中断24 h以上，但少于7天，而设备一直保持加电状态。上述情况属于热启动。

第三，当设备在正常工作情况下，发生掉电时间小于 60 s 或发生 GPS 信号瞬间中断小于 60 s 时间，恢复正常后，GPS 接收机首次定位时间小于 2 min，这有时称该项指标为再捕性能。

7）接收机灵敏度当输入 GPS 接收机的卫星信号（L_1，C/A 码）功率在－130 dB 时，设备应能够捕获卫星信号（接收机的捕获灵敏度）；当设备捕获到卫星信号以后，设备应连续工作，直到卫星信号功率降到－133 dB 以下时，设备失锁（这是接收机的信号锁定灵敏度）。

8）输入或输出接口接收机应具有一个或两个串行数据输入/输出接口。

9）工作电源要求包括电压种类、范围、功率损耗。

10）环境要求包括工作温度、湿度；存储温度；冲击、振动条件。

11）可靠性指标常以设备平均故障间隔时间（MTBF）最低可接收值表示。

12）维修性指标常以设备平均故障修复时间（MTTR）表示。

4.7　GPS 应用

4.7.1　GPS 的军事应用

在军事上 GPS 已成为关键的传感器。它一方面为战机、战舰和陆军在全世界任何地方执行军事任务提供比任何其他导航系统更精确的航行保障之外，还作为武器系统的组成部分，直接用于作战。

GPS 在军事上的战术作用大致可归纳如下。

1）用于各种精密打击武器的制导：目前各种弹道导弹、巡航导弹、炸弹和炮弹均已开始装备卫星导航惯导组合导航系统，使命中精度大为提高，极大地改变了作战方式。比如过去在制订作战计划时考虑的是，要派多少架飞机才能摧毁给定的目标，而现在考虑的是，一架飞机要去摧毁多少个目标。

2）成为 C^3I 的重要组成部分：导航为在整个战场上的各参战单位提供准确的实时位置，再通过数据通信网络让所有参战成员了解整个战场我方单位的实时分布及相对位置，极大地方便了指挥员的决策和友邻部队的作战配合。卫星导航所提供的统一的准确时间信息，是 C^3I 各组成部分协调工作的基础。有了导航提供的准确位置和时间信息，作战部队可以按指挥部的命令在准确的时间出现在准确的地点，从而使新型作战思想能够得以实施。GPS 还与惯导相组合为各种机动平台提供位置和姿态信息，只有以它们为基础，比如预警机这样的传感器平台才能知道目标的真正位置，从而产生 C^3I 所需要的实时战场敌我态势。

3）用于各种精确的定位：如海上陆上的布雷扫雷，空中扫雷，部队侦察，海上陆上救援，火炮及雷达阵地布列，快速测绘等。

4）用于各种军事通信系统和 C^3I 系统的时统。

5）用于武器试验场的高速武器：如导弹及反导弹的跟踪和精确轨道测量，时统建立与维护，雷达威力及精度校验等，极大地提高了效率，节约了经费。

GPS 有巨大的军事和民用价值，美国军事当局一开始便对此有较为明确的认识，但作为美国的作战部队则并非如此。1990 年底—1991 年初的“海湾战争”是个分水岭。如果说在所谓的“沙漠盾牌”行动开始之前并没有多少 GPS 用户设备装备到陆海空三军平台上的话，“海湾战争”结束时，美参战部队几乎所有类型的飞机和舰船上均装备了 GPS 接收机，步兵也大量拥有 GPS 用户设备。没有比海湾战争更好演示 GPS 作战效能的场景了。

无边无际的没有特征的沙漠地形、极端有限的道路网、过时的地图以及糟糕的气象条件对在地面作战的士兵们造成了困难。同样，这些因素使多国部队的飞机驾驶员在空中作战也十分困难。多国部队的海员们也不得不应付拥挤的石油平台、水雷区和密集的船舶交通的水域且能见度有限的情况。

除了这些情况外，多国部队中还有几个阿拉伯国家使用与敌方相同的空中、陆地和海上运载体，有些多国部队甚至穿着与敌方类似的军服。在这种情况下非常需要精确、全天候和任何时候都有可用的定位与导航信息。否则，便可能导致灾难性的后果。

GPS 覆盖全球，能提供准确、连续和实时的三维位置、速度和时间信息的优点便转变成了明显的军事优势。于是所有军兵种的大量军事单位开始要求装备 GPS 用户设备。

美国陆军和其他军种紧急订购了 9 500 台商用的小型、轻重量的 C/A 码 GPS 接收机(SLGR)。在 1991 年 3 月海湾战争结束时，多国部队一共部署了 4 490 台 SLGR，到 1992 年底美军一共装备了 15 000 台 GPS 接收机。

为了更好地使用 GPS，美国还增加发射第 9 号和第 10 号 GPS 卫星，使海湾地区 GPS 的二维定位覆盖达到每天 24 h，三维覆盖达到 206 h。为适应大量使用民用 GPS 接收机的情况，美国国防部被迫下令完全取消了加在 C/A 码上的 SA。

多国部队的陆、海、空军装备的多数 GPS 接收机，在海湾战争的“沙漠盾牌”和“沙漠风暴”中，发挥了十分关键的作用。

由于在沙漠中运送士兵和装备十分困难，车辆随时有迷路和陷入沙中的可能。因此急需要有精确的地图，但是当时沙特所能提供的地图起码是 25 年以前的。利用传统的方法绘制新的地图又需要大量的时间。为此美国陆军采用了 GPS 和卫星图像相结合的方法完成了所需要的地图。卫星图像和航空摄影一样，都有一个缺点，即失真，不能达到地图所要求的精度。因此，美军首先是在卫星图像上标注可识别的地标点，如十字路口、建筑物或地理标识。然后由人带着 GPS 接收机到各个地标点确定出它们的精确位置，并把这些位置数据送入计算机。计算机据此将其存储装置中的卫星图像重新构形，使其与 GPS 坐标位置相吻合。这样，与传统的方法相比，不仅快速和廉价地产生了一套地图，美军还可以分辨出何处可以开行装甲车，何处可以构筑防御阵地。

当美国军队开始在沙特阿拉伯作初期部署时，另一个关键问题是要估计涌入科威特的伊拉克军队的部署和意图，以及制订各种防御方案以挫败伊军可能越过沙特边界的入侵。为此美军遣送了陆军特种部队的几个分队进入伊拉克，以监视伊军坦克和军队的调动。在它们进入隐蔽地工作以及最后从隐蔽地撤离时 GPS 都发挥了作用。在特种作战运输机上使用 GPS，使其能够在夜间精确地沿伊拉克的交通运输线路投放这些分队。而这些分队在工作时又能利用手握式 GPS 接收机精确地标记出主要和后备观测站的坐标。然而其中有一个分队在隐蔽工作时无意中被伊军发现了，这时 GPS 又起到了非常关键的作用。这个分队招来已方空袭飞机把向他们位置前进的伊拉克部队打了回去。

正是由于使用了 GPS 才使飞机知道了分队的准确位置，才使得隐蔽分队得到了虽然仓促然而却有效的空中掩护，这个分队才没有被迫从伊拉克撤回，而是重新部署到后备观测站并继续工作。

另外，当伊拉克加强对科威特城的占领时，到处部署了雷区和防御火力阵地，沿城市的海岸也是如此。与此同时,科威特抵抗运动尽了最大努力破坏伊拉克的设施并为多国部队送情报。美国海军SEAL分队利用GPS成功地穿透了伊军设在岸区的各种障碍并监视了伊拉克军队的行动,他们借助于GPS运走或投放抵抗人员和向他们提供补给品。所有这些都清楚地演示出GPS已成为现代战争的必要组成部分。

在空中作战的初期阶段,关键是要有效地消灭伊拉克的防空设施,对伊拉克早期报警阵地的精确定位和成功打击使一批批美国和盟国的飞机能在整个伊拉克的范围内打击伊军的防空力量。打开伊拉克天空之门的第一次打击由美国陆军的AH-64直升机执行,而AH-64又由装备有GPS的空军特种作战MH-53直升机引导到它们的目标地。

具体计划是要同时攻击两部早期报警雷达,这两部雷达分别设在伊拉克境内225 km和37 km处。关键要求是,直升机穿透进去时不被发现,而攻击必须是精确准时的。美军用两架MH-53引导4架AH-64到每个雷达阵地。装备有GPS的MH-53首先在预警阵地雷达覆盖区的下面穿透进去,进行侦察以认定对雷达阵地发动攻击位置的坐标。然后利用这些信息和GPS,MH-53精确和无源地将AH-64引导到初始攻击点。领头的MH-53抛下一包包化学火堆以为随后的AH-64标记出准确的初始点位置。从这一点,AH-64校准其多普勒导航仪,并靠自己成功地导航到最后攻击位置。由于能用预先得到的目标坐标对其目标截获与导弹发射计算机进行编程,然后在飞越化学火堆时又有精确现行位置的GPS校正值,AH-64便能在规定的攻击时间立即截获到预警雷达。正如预料的那样,一齐发动攻击获得了100%的成功,没有损失。

在空战中GPS还起了其他许多作用。各式机载情报收集平台部署到了海湾地区,其中包括接收和解释敌方雷达信号的平台,其导航系统中组合进了GPS。由于这些情报收集器有精确的定位/导航数据,因此能精确地确定辐射源的地理位置,这种信息对于认定沿边界或伊拉克内地的预警阵地是关键的,这使得空中计划制订人员能更精确地画出对高威胁区域的进入和出离的路线,从而使多国部队的空军遭受的损失比较小。

在轰炸作战中,攻击部队和指挥/控制单位都大量使用了GPS。美国战略空中司令部部署了37架载有GPS的B-52G。它们每次从印度洋中的迭戈加西亚岛起飞长途奔袭。在沙漠风暴中这些飞机飞行了约460架次,总共6 500 h,对伊方造成了严重的破坏。它们用GPS帮助将炸弹投放到目标上。

美国战术空中司令部也用GPS取得了突出效果,在海湾战争中部署了72架装有GPS的F-16。精确的GPS定位/导航数据使这些飞机能够对伊拉克目标进行猛烈的轰炸。由于有GPS的精确导航,驾驶员能在晚间和恶劣的气象条件下十分成功地执行轰炸任务。十分准确的目标位置与精确的飞机导航数据结合起来,常常使驾驶员能信心十足地去执行高空轰炸。

在战术作战中,许多装备GPS的飞机成功地用作了前方空中控制器(FAC)。GPS的定位/导航数据使这些飞机能够精确地标记下目标位置,以提供给后续的多国部队的轰炸机进行攻击。这些FAC或者飞越目标以标记其坐标,或者用平视显示器(HUD)截获目标,并用目标标识光标将他们标记下来。攻击机的火控计算机则利用飞机的GPS位置数据,并将其与由HUD取得的角测量值结合起来,以测定指定目标的精确坐标。利用这种技术便能快速地完成目标截获与攻击,因而可减小攻击飞机遭受敌方地面火力攻击的危险。

地面战术空军控制组(TACP)的人员也强烈依赖GPS来完成他们的任务,TACP为美国和多国地面部队协调近空支援。对于他们来说,关键性因素是要知道他们相对于敌方的位置,在伊拉克没有地形特征的沙漠中，没有 GPS 要做到这点是极为困难的。

部署到科威特地区的大多数背负式接收机分发到了 TACP。由于 GPS 的机动性好，所以它是 TACP 进行工作必不可少的工具。如果没有 GPS 而用其他导航技术，由于不成功的集合或人为差错所造成的延误将会使执行任务的效率大大降低。而为空中打击部队提供友方部队位置的精确 GPS 的坐标大大帮助了打击部队识别出地面上的友方，这就提高了在短兵相接的作战环境中成功地进行近空支援的可能性。

在空战阶段，GPS 也起到了突出的作用。然而，在克夫齐(Kafji)战斗中，发生了无法挽回的悲剧，美国部队遭到了“友方火炮”的袭击。这些损失成为当时的头条新闻，因为与敌方火力直接造成的损失相比，这种损失是比较高的。然而，实际上如果没有 GPS，友方火力造成的伤亡会更大。

GPS 使多国部队的炮击和轰炸与过去任何作战相比看来是更准确了。这对在科威特城大量目标靠近人口密集的区域和工业区域的情况下尤其重要。它们在进行目标瞄准、火炮和舰炮校射、火炮观察和前方空中控制中大量使用了 GPS。一种方法是在距目标区几英里的距离上安置一些 PPN-19 信标，信标辐射信号，用以引导轰炸机到目标位置。

这种方法已经使用了许多年，但这里第一次用 GPS 非常精确地定出信标的位置，这就消除了瞄准过程中最主要的误差源。

GPS 接收机另一个重要的优点是能够以经度和纬度坐标读出位置并将它们转换成格网坐标，反过来也可以。所有这些只要按一下按钮即可。利用如此容易、准确和精密的方法从一种坐标系变到另一种坐标系，位置信息可以快速传送给各种各样的武器和图表用户。因为在转换参考坐标系时，错换一位数字可能意味着把击中目标变成打到几千米以外的地方。因此不用手动而用自动的方法获得这种数据有巨大好处。

事实上，多国部队的许多阿拉伯指挥官对 GPS 的能力简直感到吃惊。他们要求美国陆军第五特种部队顾问小组定期地用这种“神功罗盘”精确地标出阿拉伯部队的位置，这些使用 GPS 的特种部队的顾问在向科威特推进的过程中对于保持对阿拉伯部队的指挥和控制是至关紧要的。一列列身着与伊拉克部队类似军服的多国部队士兵和类似于伊拉克车辆的坦克和卡车一起在前进，同时投降的伊拉克人往后方走去，在这样的战场上分不清谁是谁，SLGR 成为这种混乱交通流进行分类的最好手段。此外 GPS 还使部队避免了误入雷区。

在炮战中，以 GPS 辅助的定位使射击任务两头得到改进。首先炮兵们以几米的精度知道它们炮连的位置。其次，通常在接近前沿或在敌方前沿的后面工作的弹着点观测手可以准确地知道自己的位置，并把其精确位置报告给炮兵们，以避免自己成了目标。这是 GPS 可以防止自相残杀的另一显著实例。此外，由于更准确地知道射击的起点和第一个弹着点，向目标试射的过程变得更加简单和准确了。这是因为有了 GPS，第一颗炮弹常常比以前更靠近目标。

在给养源源不断地输送方面，GPS 作出了另一重要贡献。在浩瀚无特征的沙漠中机动作战时，精确地定出补给站和医疗后送站(MEDEVAC)设施的位置是十分重要的。直升机驾驶员由于肯定地知道下一个加油站的位置可以把飞机的油量用到更少，这种由 GPS 所提供的附加信心使航空部队具有更大的战斗耐久力。对于地面部队来说，GPS 有助于保证在沙漠中很少发生汽油、食品、弹药和水的短缺。利用 GPS 找寻战地医疗设施，在 MEDEVAC 运载体上安装 SLGR，都有助于缩短处理战斗伤亡的时间延误。

此外，在边远区域作战的直升机需要有精确的对惯导和多普勒导航系统进行初始化及校正的方法，这里没有事先测绘过的基准点可用，此时，SLGR成为提供这种基准点的宝贵工具。他可以对各式各样的飞机进行“SLGR化”，即各飞机的飞行机组人员要么拿着一部SLGR，要么领航人员为驾驶员认定一些基准点让其飞越，这种用法使“SLGR化”成了今日美国陆军的行话。

海湾战争为GPS提供了一个广阔而多变的舞台，展示了GPS在现代战争中的重要作用。总结起来，在海湾战争中，GPS在三个方面作出了最大的贡献。

在空中作战中，它促成了更为准确的轰炸。不管是为轰炸机使用，还是集成在比如美国海军的远距离对陆攻击导弹（SLAM）中，GPS都提高了杀伤概率（*PK*）。这是通过减小轰炸机的圆概率误差（CEP）或改善导弹的使用性能（通过无源准确地向目标长距离引导）实现的。

在特种作战中，GPS提供了一个全新的能力范畴。特种部队要完成各式各样的任务，许多是隐蔽的，许多是在夜间完成的，不管是侦察、通信、搜索与救援，还是直接去攻击，精确的定位/导航和定时信息均是至关重要的。GPS使危险减小、任务成功率上升。

GPS第三种最重要的贡献是在指挥和控制方面。毫无疑问，海湾战争的场景对于指挥和控制来说是一场噩梦。那里各式各样的部队，有几个多国部队使用与敌方类似的运载体，一些甚至穿着类似的军服。战场上完全没有地标，战斗以快速地面推进为特征，投降的敌人大量集中，由于有烟雾能见度很低。在这种环境中协调、调度各种部队，以发动攻击便不得不冒巨大的风险，指挥员们不得不预料会出现浓重的“战争之雾”和惨重伤亡。

但是实际结果完全相反。美国和多国部队只用了100 h便成功地解放了科威特，俘虏了数万伊军，摧毁了上千辆伊拉克车辆，同时只遭受了最小伤亡。虽然有一系列导致多国部队胜利的因素，但是由精确的GPS定位/导航数据所产生的“战场信心”看来要列为头等因素。

GPS为部队提供当前准确位置是其最大用途，这样便能清楚地描绘出友方和敌方军队位置之间的轮廓线，为校准大炮火力和空中轰炸提供精确定位，为部队和行动的补给提供准确定位。对于在没有其他参考点的不熟悉的环境中有信心地作战能力来说，GPS的精度和可用性是一个关键因素，这种信心又有助于快速推进和准时地结束地面战争。

由GPS带来的精确指挥和控制能力使战场空前地灵活起来，因此，GPS使战场作战能力有十分明显的提高。CPS在海湾战争中发挥了巨大的作用，在此基础上，各国都在研究如何在空军、陆军、海军、战略导弹部队、三军联合作战及航天武器中使用GPS和发挥其潜力的问题，因此在未来战争中，其作用无疑还会进一步发展。

美国国防部对GPS在海湾战争中的评价为：应用空基导航和定位是一个无与伦比的成功，GPS为作战的胜利起了重要作用，导航和定位数据提供给了所有多国部队，在没有特征的沙漠中，GPS已证明是一种保险的导航方法，而这正是部队面临的比较困难的任务之一。

GPS用来支持了各种各样的任务，包括：

1）为远距离对陆攻击导弹提供中段制导，它使末段传感器对目标的截获更为有效；

2）使F-16和B-52飞机提高了导航精度；

3）使RC-135电子侦察机提高了对辐射源的定位精度；

4）改善了对敌人后方的深入渗透能力，以及对被击落的飞行机组人员或其他人员进行救援的能力；

5）使地面部队的导航更容易和更精确；

6）“爱国者”导弹系统的雷达布列时间缩短；

7)为地图绘制和雷区标绘提供了更准确的方法,允许按仪表飞行规则进行空中扫雷;

8)为战斧式导弹对陆攻击提供了精确的导航数据。

GPS还有一项十分有用的军事作用,即提供公共坐标系以协调各式各样军事行动。GPS系统使用WGS-84作标准坐标系,但GPS军用接收机可以选用45种坐标系工作。在军事对抗中,过去由于缺乏一种一致的地图坐标系,常常是把不同坐标系的平面图拼凑在一起,此时不知不觉地会造成几百米的误差。在有了GPS之后,这种严重的不对接情况便不大可能发生了。

GPS在军事武器试验场中的作用也很重要,试验场的任务是对各种武器的性能进行鉴定。历史上大多数军用试验场用陆基导航系统对武器进行定位与跟踪,但用GPS做这样的工作要省时省力很多。研究表明,如果美国所有军用试验场均改用GPS,20年之内可以节省8~12亿美元。

在大多数试验场中,要对大量的高速运载体及其装备进行连续跟踪以证实是否达到了预期的性能,虽然大多数情况下现有的陆基系统也能提供可接受的精度,但这种跟踪设备有一系列缺点。其中包括由地面发射机广播的导航信号常常被山体和高大建筑物遮挡。非标准的和互不兼容的陆基设备的大量增加也造成数据协调、试验结果的工程分析和硬件维护方面的困难。相比之下,利用GPS则能够使军用试验场的设备标准化和简单化,同时还能简化试验协议和程序。

在军事试验场应用中,常常要使用转发型GPS接收机,转发接收机并不完成导航解算,以求出其位置、速度和时间。它只提取由4颗或更多的GPS卫星的L_1和/或L_2信号,以另一种频率重新广播它们的未加工的原始L波段信号到地面接收机。当新频率的信号到达地面时,可以由计算机实时处理,以求出转发器的实时位置与速度;或者是记录在宽频带的磁带上,作精确事后处理以求出武器的准确轨迹。

4.7.2 GPS在民用领域中的应用

和军事领域一样,GPS在民用领域中的应用也十分广阔,应用方式种类繁多,所使用的技术发展十分迅速。据估计,现在民用GPS接收机是军用接收机数量的十几倍,随着GPS接收机的价格降低,未来这个数量差距还要加大。其中74%将为陆用,16%海用,2%空用,余下的8%为其他用途。

GPS在工业、农业、林业、渔业、土建、旅游、公安、医疗急救、搜索与救援、电信、地质勘探、资源调查、地理信息、地震预测、大地测绘、海上石油作业、气象预报等各行各业及科学研究中得到了应用,渗透到了国民经济各个方面,成为当今最重要的信息源之一。

从接收机数量上看,GPS的主要用户仍然是在交通运输方面,但其他方面数量上少并不等于说在这些领域中GPS作用不大。事实上,一方面虽然相对数量不大,但绝对数量并不小,而且所用的技术和对接收机的要求有时很高;另一方面应用技术还在发展,有人说,GPS的应用只受到想象力的限制。现在,各行各业都有人在研究如何利用GPS,完成过去所不能完成的作用,或者要十分费钱、费力、费时才能完成的作用。由于这方面的例子太多,几乎不胜枚举,这里只就交通运输方面的应用作一简要叙述。

在交通运输方面,GPS首先是用作导航,然后再结合其他如数据通信、计算机与数据库,以及其他传感器技术,形成交通管理系统,不过由于水上、陆上和空中交通情况不同,对导航和交通管理系统的要求不同,因而所用系统也有差异。

1. GPS在水上交通中的应用

水上交通分为内河、海港/海港入口、岸区以及远洋四个航行阶段。

远洋航行远离大陆，进入浅水区和与其他船只相撞的危险较小，因此导航主要是为船长提供避开海上危险（小岛和暗礁）和正确制定行驶计划的能力，只要导航精度在2～4 n mile（ln mile＝1.852 km）（2*drms*）、更新率2 h以内一次即可。许多导航系统，如利用计程仪的推算系统、惯导、奥米伽、罗兰-C、TRANSIT等均可以用。然而GPS使航行的经济性和安全性都大为改善，同时使海上救援和资源勘探的效率大为提高，因此1980年后，尤其是1990年后，GPS在远洋船队中首先得到了普及。

岸区指离海岸区50 n mile以内或者至大陆架边缘（水深200 m）的区域，取其中大者。在这个区域内单行道水路至少有1 n mile宽，双行道水路2 n mile里宽。这个水域或者紧邻大陆或者紧邻群岛，远洋航线在这里向目的地收束，还有在海港与海港之间的基本上与海岸线平行的航线，一般航程有限的船只不会超出这个水域作业。在这个航行阶段常会遇到大陆架上的科学或工业活动和交通指路设施。

导航必须使任何船只不在这个区域内迷路或误进危险区，其中包括让大船保持在通向主要港口的单行线内行驶，在穿过海上油田的航道中行驶，以及与浅水区保持安全距离，还要能为强制贯彻法律与国际协议的实施而精确界定禁渔区、关区和领海的边界。

为了保证所有船只的航行安全，要求导航精度为0.25 n mile（2*drms*），定位间隔2 min。对于娱乐船或其他小船可以放松一些，定位精度0.25～2 n mile，定位间隔5 min。

这样的要求罗兰-C能够很好地满足，但是为了获得良好的经济效益，要求较高的精度。

比如对于渔船，预测精度仍为0.25 n mile，重复精度则为15～180 m，定位间隔1 min。

娱乐性渔船为0.25 n mile，130～180 m和5 min。对于资源勘探，要求导航提供的预测和重复精度均为1～100 m，定位间隔1 s。对于搜索救援和法律的强制实施，要求预测精度为0.25 n mile，重复精度90～180 m，定位间隔1 min。对于这一类导航精度要求，罗兰-C是不能保证满足的，这是GPS在海上迅速大量推广的另一原因。

对于从海上开来的船只，海港入口阶段是从相对受限制较小的水域过渡到受限制较大的阶段。其前面一段水域适用岸区导航要求，后面一段则要应用海港导航要求。在海港航行阶段，船只一般在明确规定的航道上行驶。对于大船行驶的航道，在对着海的那一端典型情况下有180～600 m宽，而朝着陆地的一端则可能窄到120 m，较小的船只所用的航道有可能窄到30 m。

为了避免在浅水中搁浅，与半潜或部分在水下的礁石相撞，或者避免在拥挤的水域中与其他船只相撞，要频繁地驾驶船只机动。在这个水域内船只不能掉头，也严格限制船只停下来解决航行问题。所有这些都对导航提出了严格的要求。

在海港/海港入口航行阶段，为了保障航行安全，对导航的要求是，定位精度8～20 m（2*drms*），定位数据至少每6～10 s给出一次。对在这个区域内作资源勘探的船只，要求定位精度1～5 m（包括预测精度和重复精度均如此），数据更新率为1次/s。现有的导航系统，包括基本GPS都达不到这样的精度要求，因此，海港/海港入口区域的导航现在用固定或浮在海面上的视觉导航设施、雷达和声音告警信号来完成。海用DGPS系统能满足这个航行阶段的导航要求，它必须与电子海图显示信息系统（ECDIS）相集成。这样再也不用标图板标绘“已过去”的船位的办法，它就能向驾驶员、领航员和船长自动连续地显示出船位，在船只偏出了航路时发出指示，并告知应该操纵的航向。

美国、欧洲、中国和一些其他亚洲国家正在沿海建设的 DGPS 台链都是为海港/海港入口阶段使用的，能提供 10 m 以上的精度，完善性报警时间为 5 s。

为了避免海上交通事故，以及为了在能见度不好时和海港结冰期加快交通流，有一些海港设有 VTS(船舶交通管理系统)。过去 VTS 主要依赖目视，设在岸上的电视和雷达监视船只位置与运动情况，然后利用与船只的话音通信，以进行交通管理。新型海上交通管理将以 DGPS 的精确定位为基础，利用数据通信，把船位、速度、航向均广播出来，使海上交通管理中心和各船只均掌握港内船只的实时分布与动向。再加上对海上风向、气象、水位、海潮、浪涌、港内航道等信息，经计算机处理，可以使海港交通的安全和容量大为提高。

由于传统 VTS 使用的港口并不很多，因此新型 VTS 推广仅处于开始阶段。

美国在密西西比河沿岸布设了 DGPS 台，在欧洲的一些大海沿岸也有类似设想。DGPS 用于内河航运还处于探索中。

2. GPS 在陆路交通中的应用

在车辆导航的基础上，结合各种设在道路上的传感器，计算机及数据库技术，数据通信与显示技术，形成了智能交通系统(ITS)或称智能车辆公路系统(IVHS)。目前日本、西欧和美国等都在大力发展。ITS 一共可以提供 28 种服务，即出发前为旅客提供旅游信息、中途对驾驶员提供信息、对旅客的服务信息、路线引导、换乘衔接与留票、事故管理、旅行需求管理、交通管理、公共交通行车管理信息、出租车运营信息、公共交通治安管理、电子付费服务、货车与客车的电子放行、自动化道旁安全检验、货车与客车运营管理、车上安全监视、车队管理、危险材料和事故标示、紧急情况时的车辆管理、紧急情况的标示和个人保安、纵向避撞、横向避撞、交叉避撞、视觉避撞、驾驶安全告警、撞车前的应急措施和自动车辆操控。

可见 ITS 的实施将明显改变陆路交通的面貌。

3. GPS 在空中交通中的应用

空中航行分为航路/终端区和进近/着陆两个阶段，而航路/终端区阶段又分为越洋航路、本土航路、边远区、终端区和低高度飞行共五个阶段。

越洋飞行的特点是空中交通密度低，而且没有雷达监视覆盖，因此那里实施的交通管制是程序管制。为了最佳的利用气象条件，在有些地方，如北大西洋区，从 1981 年起规定了一些航路。航路宽度为 60 n mile。导航系统必须提供与之相称的导航能力，以确保航行安全以及航路横向宽度规定的实施。

越洋航路的空中导航现在用惯性基准系统/飞行管理计算机、惯性导航系统、奥米伽、罗兰-C、GPS，或将这些系统合并起来完成；也批准了用多普勒和天文导航；只要覆盖得到也可以用伏尔/侧距器和塔康。

本土航路包括高高度航路(从第 180 飞行层到第 600 飞行层，290 飞行层以下每层高度 305 m，以上为每层 610 m)和低高度航路(从离地 153 m 到第 180 飞行层)。前者航路宽度为 16 n mile(低飞行密度)或 8 n mile(中等飞行密度)，低高度航路有高的飞行密度，航路宽度规定为 8 n mile。本土航路一般有雷达监视空情。

在经济比较发达的区域或国家，伏尔/测距器系统是本土航路的主要导航系统，它们构成了国际国内空中安全可依赖的导航服务的基础。本土空中航路的结构设计成在有大的空中交通流量时城市之间有尽量直的航路。

终端区是飞机从航路飞行到进近阶段的过渡区，其中包括一个或几个机场，飞机高度在这里过渡，航路向这个区域收束，飞行密度高，有雷达对空情进行监视，航路宽度为4 n mile。

在终端区，一般也用伏尔/测距器导航，对它们的精度要求与对本土航路时一样，但实际获得的精度比较高，这是因为终端区范围较小，由于伏尔/测距器系统离地面台越近，定位精度越高所致。

边远区指交通密度很低的特殊地理或环境区域，那里不适于或不能装设伏尔/测距器台，其中包括近海、山区、大沙漠、极区等，那里情况与越洋阶段类似。

低高度主要是一些通用航空机(18层以下)和直升机，飞行导航服务不完整。

由上可见，不同航程和在不同线路上飞行的飞机，所要装备的机载导航设备也不同。

有些飞机要装备几套不同的设备才能完成整个航路导航。

进近/着陆阶段是紧临着飞机在跑道上接地之前的飞行阶段，它一般在距跑道10 n mile的范围完成。这里有两种飞行类型，即非精密进近与精密进近和着陆。

当飞机在终端区内飞行时，如果要着陆，其飞行高度便往下降，当飞机降到一定高度且大致对准跑道方向时，便开始了进近/着陆过程。对于精密进近和着陆来说，导航系统要提供三维引导，现在通常是提供一条从接地点出发，沿跑道中心延长线，与地表成3°或更小一些的一条下滑线。当飞机向跑道下滑时，如果在方向或高度上偏离了这条下滑线，则机载导航设备的仪表将指示出偏离的大小与偏离方向，同时导航系统还提供飞机离接地点的距离信息。人们常说到的盲降系统，便是指这种引导飞机作精密进近和着陆的导航系统。由于天气不好或夜间的原因，飞行员在下滑的初始阶段常常是看不到跑道的，只有下滑到一定高度之后才有可能看到跑道，当然也有始终看不到跑道的大雾天。因此精密进近和着陆系统便有Ⅰ类、Ⅱ类和Ⅲ类之分；Ⅲ类又分为ⅢA，ⅢB和ⅢC三类。Ⅰ类和Ⅱ类都不能一直引导飞机接地，最后一段需飞行员目视操作。因此设有决断高度点，即如果飞机下滑到这个高度上时飞行员还看不清跑道，便要把飞机拉起来，重新飞一次进近和着陆过程。当然Ⅱ类的决断高度比Ⅰ类要低。一个机场究竟装备哪一类精密进近和着陆设备，取决机场常年的气象条件，像欧洲，尤其是英国，机场每年有许多天都有大雾，对Ⅲ类着陆需求便比较多，而美国许多地方常年天气较好，便不一定要装许多Ⅱ、Ⅲ类系统。一个机场实施不同的类别着陆，除了要求机场装设的导航台有差别之外，还要有其他许多机构的条件保证，其中包括对飞行员的培训，每升一级都不是简单的事情。

非精密进近与精密进近和着陆的差别主要是不对飞机作垂直下滑引导，即只作对准跑道的方位和距离引导。它也设置一个点叫失误进近点(MAP)，如果飞机到这一点还看不到跑道，便要拉起来重飞。现在一些飞行量小或装备不好的机场还在使用这种飞行方式。任何导航系统，只要满足“终端区仪表程序标准”所规定的判据，便可用于作非精密进近。在美国用仪表着陆系统、航向信标台、伏尔、VOR/DME、伏塔克、塔康、GPS、罗兰-C或无线电信标的都有。这取决于导航系统的精度与非精密进近相应的最低安全高度、障碍物净空区域、最小能见度、最后进近段区域等要求。在非精密进近时，实际得到的导航精度取决于导航台与定位点间的相对位置关系和用什么样的导航系统。

在美国用伏尔作非精密进近时，有30%能做到在失误进近点横向导航精度为±100 m (2σ)，这是基于伏尔系统的使用精度为±4.5°，伏尔台与失误进近点之间距离小于0.7 n mile而获得的。

对于非精密进近系统，要求完善性报警时间在 10 s 以内。

飞机精密进近与着陆的要求由仪表着陆系统来满足（Ⅰ，Ⅱ和Ⅲ类），微波着陆系统也能完成相同的引导。此时对完善性的要求是Ⅰ类 6 s，Ⅱ/Ⅲ类 2 s。

航空对安全性的要求非常高，所以对 GPS 的应用研究虽然起步很早，也作出了很大的努力，现在还未达到大量推广的程度。这里有两个原因，一是技术原因，即 GPS 系统在精度和完善性方面不能满足航空导航的要求，可用性和连续性也差一些。另一个是政治原因。

从完善性角度看，GPS 系统有一些故障只有控制区段才能检测出来，这类故障要用 15 min 到几个小时才能检测出来，这样的报警时间当然太长了。为了解决这一问题，规定任何用于航空的 GPS 接收机都必须要有自主完善性监视（RAIM）功能。RAIM 是由接收机的软件实现的，它将视界内的星座作不同的组合而进行定位，根据定位结果的差异以发现有无卫星出了故障，为此视界内至少要有 5 颗卫星。如果要判断是哪颗卫星出了故障，则视界内至少要有 6 颗卫星，这就影响了 GPS 的可用性。因为有些地方有些时候只能看见 5 颗卫星，不过 RAIM 毕竟改善了系统的完善性，因此在越洋和边远区已批准 GPS 作为主要导航系统，比起过去在这些阶段所用的其他系统，GPS 精度高多了。

对于本土航行和终端区，即便有了 RAIM，GPS 的完善性仍然不够，广域 DGPS 的一个主要功能便是要在大范围内提高 GPS 的完善性。事实上，WAAS 有两种工作方式。如前所述，其中的一种要使美国整个大陆达到Ⅰ类着陆的服务要求；另一种只用于所谓美国安全受到威胁的时候，那时 WAAS 只为航路/终端区服务，因此只把完善性报警时间从 5.2 s 提高到 8 s，而不是为Ⅰ类精密进近时的 5.2 s，也不提高 GPS 的导航精度，因为对于航路、终端区和非精密进近来说，基本 GPS 的精度已经够了。当然，如 WAAS 按Ⅰ类工作，则航路和终端区的要求更能得到满足。

对精密进近与着陆而言，基本 GPS 的精度、完善性以及可用性和连续性都不够，必须用 WAAS 和 LAAS 来解决。

从政治上说，GPS 本质上是一种军用系统，操纵在美国人手中，对美国本身当然没有问题，但对国际民航界便是个问题，为了提高民用航空服务的可靠性，ICAO 正在不断将 GNSS 的概念推向前进，而不单独靠 GPS 解决导航问题，且最终靠民用卫星导航系统提供导航服务。

总之，GPS 的航空应用一方面可以带来很大的利益，同时也有许多问题还需要进一步解决。

在海陆空三种交通类型中，发展最完备的是空中交通管制。

空中交通管制系统是保障空中航行安全和高航行效率必不可少的基础设施。现行的空中交通管制系统，其体制是在 1949 — 1955 年间确定下来的，它是一套包含有地一空通信（VHF 话音、HF 话音）、导航（伏尔/测距器、仪表着陆系统、无方向信标、气压高度表、奥米伽、罗兰-C、惯性导航系统/惯性基准系统）、监视（一次航管雷达、二次雷达 A/C 模式或 s 模式）和地面通信网及数据处理与显示设备等构成的综合系统。这套系统经过多年的不断发展，为保障和发展航空运输发挥了重要的作用，不过仍然保留着最初确定下来的基本体制。

然而随着世界范围内航空运输的增长，空中交通密度提高，交通密集区范围扩大，世界上一些大地区的空中交通紧密联系在一起，使空中交通管制系统受到的压力增加，渐渐暴露出一些缺点。这些缺点是由如下三方面造成的：

1）现行的陆基通信、雷达和导航系统，要么覆盖范围为视距，为了覆盖大的交通密集区，需要毗邻设置大量地面站，投资和维护费用大，海上、沙漠和边远地区布站困难，因而无法覆盖；要么虽然有较大覆盖范围，但因电波传播的易变性造成精度和可靠性不高。

2)由于这些系统都以当地建设为基础，要在世界上一些大的范围内技术标准和操作运行规则上取得一致是困难的，ICAO 不得不制订一系列繁杂的标准进行控制。

3)由于空—地话音通信的局限性，影响着信息传递的速度与精度，而且妨碍着空中交通管制自动化的发展。这就会造成管制员负担过重、易出差错、信道拥挤、难于处理大的交通流量。

这些缺点是由技术体制造成的，为适应航空运输迅速增长的需要，迫切要求覆盖范围更大、能使空间利用率更高、更能处理不断变化的空情和提供更好服务的新型空中交通管理系统。

4. GPS 在时间同步方面的应用

GPS 系统设计的主要目的是实现全球精确导航，然而却同时提供了在全球分发精密时间信息的能力。利用来自 GPS 的信号可以使远距离的原子钟之间同步到纳秒级精度。

精密时间同步在技术高度发展的现代有十分重要的作用。例如计算机网络，如果有精密时间同步，其效率要高得多。同步不好时则要预留大的时间裕量，以使计算机之间信号流不致重叠。对于通信网来说也是如此，尤其是远距离通信(包含通过卫星的通信)。

此外，天文学、测绘学、罗兰-C、奥米伽等都需要精密时间同步。用 GPS 可以实现比过去所有手段精度高得多的时间同步。

有四种利用 GPS 实现时间同步的方法。

1)绝对时间同步法。为此专门设计了 GPS 授时型接收机，这种 GPS 接收机先完成自己的时钟与 GPS 的“同步”。然后根据卫星星历算出用户距一颗卫星的距离，因而算出信号从卫星到用户的传播时间。再将用户时钟的秒信号往前调整以补偿这个传播延迟，从而实现与 GPS 时的精确同步。在没有 SA 时，这种同步精度达 100 ns，在有 SA 之后可达 300 ns。

2)飞越同步法。当一颗卫星相继飞越两个场地时，在这两个场地上仔细进行时钟同步，并算出两地原子钟与这颗卫星的同步误差，从而实现这两个原子钟之间的时间同步。这种技术有些类似于原子钟的搬钟同步方式。但卫星飞过长距离的时间比飞机快得多，因而同步误差小得多，可以得到大约 50 ns 的精度。

3)共视同步法。当两地可以同时看见同一卫星时可以实现卫星共视同步。将两地的原于钟与这一颗卫星的时钟同步，并分别求出它们的偏移量，此时可以达到 10 ns 以内的同步误差。

4)多卫星共视同步法。如果从两个场地上能同时看到共同的 4 颗或更多的卫星，用大量的计算机处理，据说可以达到 1 ns 的同步精度。

5. GPS 在测量中的应用

1988 年，美国的测绘工作者利用 GPS 搬动了一共 250 000 个地标，这充分说明 GPS 在测绘学中应用的巨大优越性。与传统的测绘方法相比，GPS 是一种不依赖于时间的全天候系统，它不要求标定点之间彼此能相互看到，只要都能看到卫星即成。利用 GPS 信号的载波，可以达到厘米级的精度，至多用 1 h 便能完成工作。

和动态载波相位跟踪不一样的是，在测绘中载波相位多值性是用较长时间的信号观测，或从一个位置准确已知点出发，连续跟踪信号相位来完成的。

此外 GPS 卫星还用以测量地球形状、地球重力场分布以及用于外层空间飞行器定位。

4.8 GLONASS 卫星导航与定位系统

4.8.1 GLONASS 系统简介

GLONASS 是 Global Navigation Satellite System 的首字母缩写，是由苏联(现俄罗斯)国防部独立研制和控制的第二代军用卫星导航系统，该系统是全世界第二个全球导航卫星系统。1995 年 12 月 14 日，俄罗斯成功地发射了一箭三星，标志着 GLONASS 星座的在轨卫星已经布满，系统建设完毕，经过数据加载、调整和检验，1996 年 1 月 18 日，24 颗工作卫星正常发射信号，健康有效地工作。至此 GLONASS 正式建成并投入运行。

与美国的 GPS 相似，GLONASS 也开设民用窗口。它可为全球海陆空以及近地空间的各种军、民用户全天候、连续地提供高精度的三维位置、三维速度和时间信息。由于俄罗斯向国际民航和海事组织承诺将向全球用户提供民用导航服务，并于 1990 年 5 月和 1991 年 4 月两次公布 GLONASS 信号的接口控制文件，为 GLONASS 的广泛应用提供了方便。GLONASS 的公开化，打破了长期以来美国 GPS 一统天下的局面，为形成一个多系统兼容共用的局面奠定了基础，这是所有非卫星导航系统拥有国和许多国际民间组织所期望的好事。GLONASS 系统由卫星星座、地面支持系统和用户设备三部分组成。

1. 卫星和星座

GLONASS 星座由 21 颗工作星和 3 颗备份星组成，24 颗星均匀地分布在 3 个近圆形的轨道平面上，同一平面内的卫星之间相隔 45°，轨道高度 1.91 万千米，运行周期 11 小时 15 分，轨道倾角 64.8°。每个轨道面上均匀分布 8 颗卫星。三个轨道面上交点经度之差为 120°，按地球自转方向将其编号为 1，2，3；同一轨道面上的卫星编号按卫星运动方向的反方向递增，第 1 个轨道面上的卫星为 1～8，第 2 个轨道面上为 9～16，第 3 个轨道面上为 17～24；同一轨道面上相邻卫星纬度幅角相差 45°，相邻轨道面上相邻卫星纬度幅角相差 15°。

2. 信号组成

GLONASS 导航信息是下述三种二进制信号的模二相加和：

1)数据序列，发送速率为 50 b/s；

2)方波振荡，发送速率为 100 b/s；

3)伪随机测距码，有军用码和民用 m 序列两种码，发送速率分别为 5 111 和 0.511 Mb/s。

GLONASS 卫星将上述二进制序列调制到 L 波段的载波上向用户发射，发射频率有 L_1，L_2 两种，L_1 上载有上述全部信息，L_2 上没有 m 序列码。而军用码只有持许可证的用户才能使用，因此，一般用户使用的是 L_1 上的信号。

3. GLONASS 的导航电文

GLONASS 导航电文的主体即上述 L_1 频率调制的数据序列，一篇完整的导航电文需 2.5 min 才发送完毕。就其内容而言，可分为可操作数字信息及非操作数据信息两类，其中可操作信息包括：卫星时标数字；卫星时间标度相对 GLONASS 系统时间标度的偏差；发送导航信息的载频与其标称值之相对差；精密星历信息。

非操作数字信息包括：系统全部卫星的状态数据（状态预报星历）；各卫星时间标度相对GLONASS 系统时间标度之差（相位预报星历）；系统全部卫星轨道参数（轨道预报星历）；GLONASS 系统时间标度的改正值。

上述信息中，可操作数字信息的更新率为每 30 min 一次；其精密星历的有效时段为星历时刻前后 15 min。

非操作数字信息的更新率为 24 h 一次，其预报星历的预报精度与数据龄有关。

GLONASS 导航电文中所给出的时间值是在 GLONASS 时间系统中量度的，该值在经过各种修正后与 UTC(SU)之差小于 1 μs；所给的空间值在 PE^{-90} 中度量。

4. 电文结构

一篇完整的导航电文长 2.5 min，可分为相等的 5 帧，每帧长 30 s；每帧又可分为 15 个子帧，各子帧长 2 s；每帧的 1～4 子帧给出该星的星历，第 5 子帧给出该星星号及系统时间修正值，6～15 子帧每 2 个子帧给出 1 颗卫星的历书数据，每帧可给出 5 颗卫星的历书数据；每一子帧又分为信息与校验位（1.7 s）及时标码（0.3 s）。整个电文的结构见图 4-20。

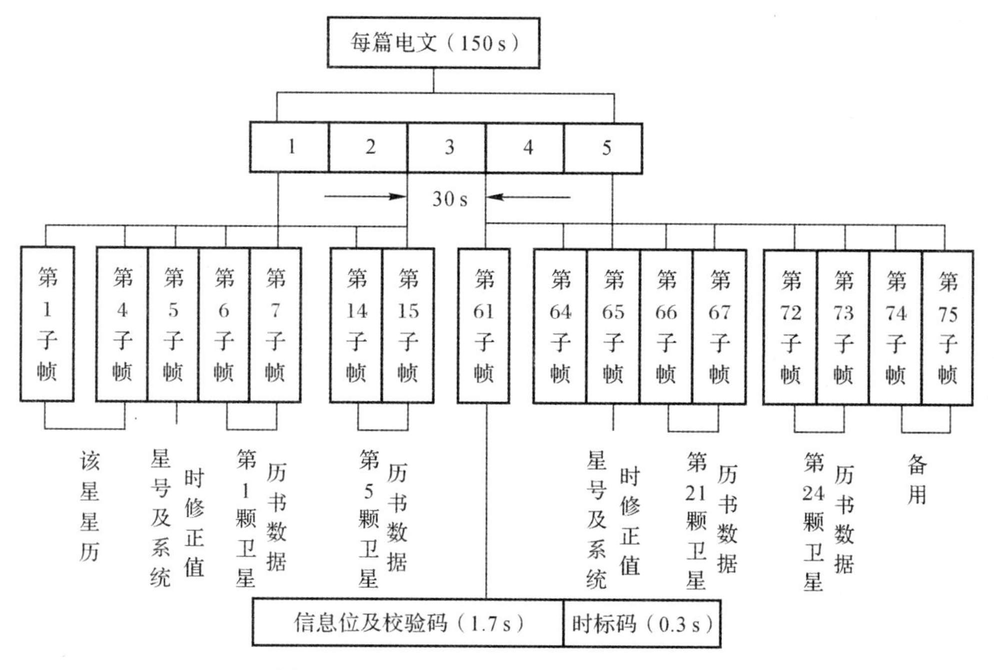

图 4-20　GLONASS 导航电文结构示意图

4.8.2　GLONASS 系统的地面控制系统

GLONASS 星座由地面控制站组（GCS）运作，此站组包括一个系统控制中心（在莫斯科区的 Golitsyno），一个指令跟踪站（CTS）网络分布于整个俄罗斯境内。CTS 跟踪着 GLONASS 可视卫星，它遥测所有卫星，进行测距数据的采集和处理，并向各卫星发送控制指令导航信息。

在 GCS 内有一些量子光学跟踪站利用激光测距数据作周期修正，为此所有 GLONASS 卫星上都装有激光反射镜。

GLONASS系统的精确功能，对所有处理之间的同步是非常重要的。GCS中有一个中央同步器，它具有一台高精度氢原子钟以满足此要求，由它形成GLONASS系统时间标准。中央同步器使GLONASS系统时间和俄罗斯国家时间UTC样本(SU)同步。

4.8.3 GLONASS系统的用户设备

GLONASS接收机接收至少四颗GLONASS卫星发射的导航信号，并测量其伪距和伪距变化率，同时从卫星信号中提取并处理导航电文，接收机中处理器对上述数据进行处理并计算出接收机天线所在的三维位置、三维速度和精密时间信息。

GLONASS用户设备在俄罗斯发展缓慢，其原因一方面是由于俄罗斯才建立起市场经济体制，仍然主要依靠国营力量研制、生产GLONASS接收机。其次，由于GLONASS系统投入运行较晚，且系统运行不可靠；第三，GLONASS采用频分体制，用户设备较复杂，加之苏联对其技术保密，直到1990年才陆续公布GLONASS技术参数，致使用户设备只在极少数几个工厂研制生产。结果造成品种少、功耗大、体积大且笨重、可靠性差、市场占有率低的被动局面。

GLONASS用户设备要进入普遍装备应用阶段，必须加速发展用户设备产业，拓宽应用领域。

4.8.4 GLONASS系统的差分和增强应用

1. 差分应用

GLONASS计划用三种办法提高精度，即广域差分系统(WADS)、区域差分系统(RADS)和本地差分系统(LADS)。WADS计划用俄罗斯空间控制系统的地面设施3～5个WADS站，可以在各个站的半径1 500～2 000 km以内提供5～10 m位置精度。RADS可在离台500 km以内提供3～10 m位置精度，将用于航空、地面、海上和铁路运输系统以及测量应用。

LADS用于科学、国防和精密定位。如果载波相位测量加在LADS伪距修正上，可以在离台40 km以内获得0.1～1 m位置精度。俄罗斯于2000年组建成统一的国家差分系统(UDS)，为整个独联体提供精密导航定位服务。

2. 增强应用

俄罗斯空中交通服务现代化计划中的卫星导航系统GNSS将作为主要的导航和着陆设施，准备从多方面进一步发展空间资源(GLONASS-GPS)去符合民航要求，包括航路、终端和进近着陆的要求。将发展GPS/GLONASS组合接收机，发展本地差分系统或本地增强系统(LAAS)，同时满足国家和国际要求。

4.9 其他卫星导航定位系统

除了上面介绍的GPS和GLONASS卫星导航系统，还有欧洲的(Galileo)和Geostar等卫星导航系统。Geostar是由美国的公司建立和操控的双向测距和卫星导航定位系统，Locstar是欧洲一些公司建立的相应系统，建立这些系统的目标分别是要覆盖北美洲的中纬度部分，以及欧洲、中东、北非的中纬度部分。

Geostar系统使用一种码分多址CDMA扩频调制技术来确定大量的移动终端的位置以及提供双向信息和情报传递。整个系统包括一个控制和中央处理中心(Geostar中心),两个或多个地球同步中继卫星,遍布各地的标准收发信机网和用户收发信机。

Geostar以问答方式工作。Geostar中心通过测量用户对询问信号的响应时间来确定移动用户的位置。该响应信号通过两个卫星的中继确定到移动用户的两个行程,与高度信息相结合,确定用户的位置。所有用户的收发信机都有一个专用的识别码,并能够发射和接收短的数字信息流。这样,Geostar中心能够把算出的位置信息中继给专用寻址的用户和使用一般地面设备的总部。定位过程包括询问、回答、位置确定,并将位置信息发送给用户,整个过程可在近一秒钟内完成。

Geostar/Locstar系统由一个地面中心站和两颗地球静止卫星组成。中心站向用户发出询问信号。其中一颗卫星向用户转发这一询问,用户收到询问信号后发出回答信号,这个回答信号通过两颗卫星分别转发回中心站。由于中心站与静止卫星间的位置和距离是固定的,因此中心站从发出询问信号到接收到回答信号之间的时间间隔只取决于用户的位置,即用户与两颗卫星之间的距离。但是,两个以卫星为中心的距离只能在平面上确定出用户位置,为了确定用户的三维位置,要么用三颗卫星,要么用其他手段确定出用户高度。中心站便是以此为依据计算出用户的位置,然后把计算出的用户位置通过一颗卫星转发至用户,这样用户便知道了自己的位置,最后用户通过卫星向中心站发出回执,一轮用户定位便告完成,见图4-21。

Geostar的中心设在美国首都华盛顿,Locstar设在Touluose,地球静止卫星自然是在赤道上空36 000 km的高空上。为了防止干扰,用3个频段,用户向卫星发射的上行频段为1 610～1 626.5 MHz,卫星向用户发射的下行链频段为2 483.5～2 500 MHz,中心站与卫星间的通信链路频段为5 150～5 216 MHz。

Geostar用伪随机码测距,码的位速率为8 Mb/s,码长度为2 171位戈尔德码。中心站发出的信息,其位速率为62.5 kb/s,接收的信息位速率为15.625 kb/s。

系统的水平定位精度据称可以到7 m,它实际上取决于用户高度信息的精度,如果用户高度信息精度低,误差可以大到几百米。另外,由于卫星几何分布的关系,赤道区域精度较低,而极区则因覆盖不到而不能使用。

由于完成一次定位信号需要经过卫星走四个来回,每个来回大约需要0.24 s,即便不算转发和定位计算及信号格式编排时间,一共也至少需要0.97 s。如果只算从用户回答询问到收到由中心站发来位置信息之间这两个信号来回,则完成一次定位时间至少为0.49 s。

为了取得定位信息,这种系统的用户必须发射信号,即是一个有源系统,它的容量是有限的。它宣布中心站能处理5 700 256 b/s的输入信息,系统总容量为14 Mb/s。这些信息包括无线电导航定位请求及其他辅助信息,这就相当于每小时能有200万个用户(每秒平均556个用户)。

以上特性说明,这是一种为民用低动态用户设计的系统,它是在20世纪80年代中期对GPS系统能否研制成功还持有某种不定因素,加之美国国防部又要实行SA政策的情况下,以较低廉的成本(只有两颗卫星)满足高精度的急需而设计的,它带有盈利的性质,用户有限,因为不可能有无限多个用户愿付使用费。

Gesotar有作为通信、导航和识别综合系统的潜力,也可以作为军用。虽不能实现用户无源、高动态以及容量无限的要求,但却可以改善抗干扰和反利用性,这可以借鉴GPS的P/Y

码、A－S措施以及自适应调零天线技术，当然还可以进一步采用跳扩频技术，然而必须在战略战术价值、技术复杂性、用户及系统设备成本等方面取得平衡。

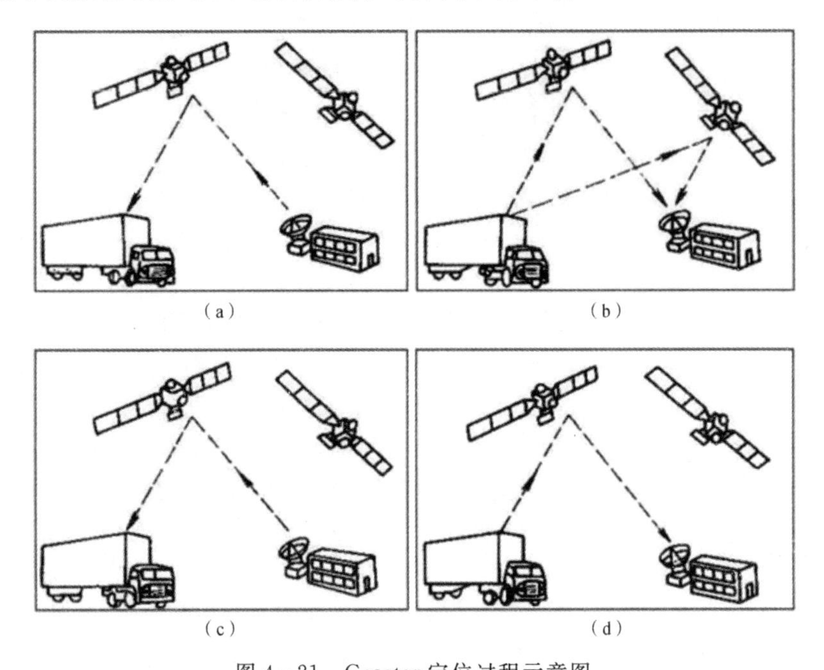

图 4－21　Geostar定位过程示意图

(a)中心站向用户发出询问；(b)用户回答中心站的询问；(c)将位置和消息传到用户；(d)用户发出回执

思考题

1. 什么是卫星导航系统？
2. GPS的含义是什么？
3. 简述卫星导航系统的组成结构。
4. 简要描述GPS的定位原理。
5. GPS在民用领域有哪些应用？

第5章 组合导航系统

5.1 概　　述

随着航空技术的不断发展，飞机的速度和用途更为广泛，对导航提出了更高的要求，为了解决单一导航系统性能与飞行导航期望高的矛盾，常用组合导航系统。所谓组合导航系统，是指把两种或两种以上不同的导航设备以适当的方式组合在一起，利用其性能上的互补特性，以获得比单独使用任一系统时更高的导航性能。最早出现的组合系统是惯导与多普勒导航雷达的组合，它用惯导的高精度姿态信息稳定多普勒雷达的天线以提高其测速精度，而用多普勒雷达长期精度较高的速度信息对惯导进行阻尼，以提高整个组合系统的导航精度。同时，由于有多普勒速度信息提供的初始条件，在必要时还可对惯导实施空中对准。即在惯导开始通电1～2 min、平台快速整平后，飞机可以立即起飞，到空中再进行对准，以满足快速反应要求。在20世纪70年代，出现了惯导与奥米伽的组合，它解决了潜艇和核潜艇的水下导航问题。工作波长在甚低频频段(10 kHz)的奥米伽是现有无线电导航系统中电波能“入水”10余米的系统，通过奥米伽定期为惯导进行位置校准，使得潜艇能在水下实现隐蔽定位。天文导航和惯性导航都是不辐射任何信号和不受外界干扰的自主式系统，两者的组合有很高的军事使用价值。随后出现了GPS与罗兰-C的组合，由于GPS和罗兰-C都存在着可用性和完善性问题，因此两者的单独使用都没有被认定为终端和航路导航的主用导航系统。两者的组合不仅提高了导航精度，而且，通过GPS的时间传递还可同步不同台链罗兰发射机的发射，从而使用户能够用不同台链发射的信号进行定位，大幅提高了可用性。此外，将GPS伪距与罗兰-C的时差相组合，还能大幅提高高精度定位的完善性及自主故障检测和隔离能力。当GPS出现短暂性能降低时，这种改善尤为明显。

多普勒导航雷达与GPS的组合系统曾在海湾战争中经受实战的考验，证明它是一种适应性强、造价低、精度高的自主式导航系统。它不过分依赖于GPS，即使在C/A码的情况下，位置精度也高达10余米。这对当前惯导尚未普遍使用的国家有一定的现实意义。

目前，倍受世界瞩目的是惯导与GPS的组合，这不仅因为两者都是全球、全天候、全时间的导航设备，而且它们都能提供十分完全的导航数据。两者优势互补并能消除各自的缺点，使GPS/惯导的应用越来越广泛。

随着应用领域的拓展和使用要求的变化，当今和将来的不少应用场合，两种系统的组合仍显得力不从心，尤其是对GPS的非卫星拥有国，过分地依赖于它是极不明智的。因此，在20

世纪 80 年代出现了多于两种导航设备相组合的多传感器组合导航系统。

5.2 组合导航技术

在高科技现代化战争中，任何单一的导航系统通常难于满足各类军用运载体的个性导航要求。组合导航技术是一种崭新的导航技术，它综合两个或两个以上导航传感器的信息，使它们优势互补，以期提高整个系统的导航性能，来满足各类用户的多种需求。

组合导航系统可分为重调式和滤波处理式两大类。若从设备类型分，组合导航系统又可分为无线电导航系统间的组合和惯性导航系统与无线电导航系统（或天文导航）之间组合两大类。另外，我们常把多于两种导航设备的组合叫做多传感器组合导航系统。

早期的组合导航系统采用重调法，它直接用一种导航系统的输出去校正另一种导航系统的输出，所以实现起来较容易。重调法对抑制惯导随时间增大的定位误差十分有效。

因此，早期的惯导与无线电导航系统组合的系统大多采用重调法。重调法的缺点是组合效果差，组合后的精度只能接近于被组合的精度较高的导航系统，而不可能比它更高。总之，组合的潜力远没有发挥出来。

自 20 世纪 60 年代初出现了卡尔曼滤波技术，才使组合导航系统向更深层次发展成为可能。卡尔曼滤波是一种线性最小方差滤波方法，它根据信号（或称作状态）和测量值的统计特性，从测量中得出误差最小，也即“最优”的信号估计，所以，经过滤波处理后导航解的精度可以比组合前任一导航系统单独使用时的精度高。另外，卡尔曼滤波采用递推计算方法，它不要求存储过去的测量值，只需根据当时的测量值和前一时刻的估计，按照一组递推公式，利用数字计算机就可实时地计算出所需信号的估值。

采用卡尔曼滤波能实现更深层次的组合导航系统。由于可进行传感器级的组合，滤波器处理的是原始测量值，更有利于克服被组合设备各自的缺点和发挥各自的长处，从而达到最佳的组合效果。经卡尔曼滤波处理后的组合系统的精度要优于任一系统单独使用时的精度。

当用卡尔曼滤波器实现组合导航系统时，首先必须建立状态方程、测量方程和噪声模型。以惯导与 GPS 的组合系统为例，它的状态通常包括三维位置误差、三维速度误差、航向姿态角误差、陀螺漂移、加速度计零偏、GPS 接收机钟差和钟差率等。一般地，在满足要求的估计精度情况下，尽可能减少状态数，以减少滤波的运算量。状态方程为惯导系统误差方程，测量方程为惯导导航解经变换后与 GPS 原始的伪距和伪距变化率之差。噪声包括状态噪声和测量噪声。状态噪声是陀螺漂移和加速度计零偏等，测量噪声是 GPS 钟差和钟差变化率。

采用卡尔曼滤波实现组合导航可能出现两个问题，一是计算量过大，二是“发散”现象造成定位误差增大。当出现这两个问题时，需要修改系统模型和改进算法来加以解决。

5.3 组合导航系统

5.3.1 GPS/惯导组合导航系统

1. 惯导和 GPS 间存在着良好的性能互补特性

惯导（INS）是一种既不依赖于外部信息、也不向外部辐射能量的自主式导航系统，隐蔽性好，不受外界电磁干扰的影响。惯导所提供的导航数据十分完全，它除能提供载体的位置和速度外，还能给出航向和姿态角；而且，它又具有数据更新率高、短期精度和稳定性好的优点。综上优点使惯导在军事与民用导航领域发挥着越来越大的作用。然而，惯导并非十全十美，当其单独使用时存在着定位误差随时间积累和每次使用之前初始对准时间较长等缺点，这对执行任务时间较长而又要求有快速反应能力的导航应用来说，无疑是致命的弱点。

GPS是一种星基无线电导航和定位系统，能为世界上陆、海、空、天的用户，全天候、全时间、连续地提供精确的三维位置、三维速度以及时间信息。GPS系统向全世界用户开放的C/A码提供的水平定位精度高达100 m($2drms$)，垂直定位精度为156 m($2drms$)；而P码提供的精度分别为178 m($2drms$)和277 m($2drms$)。但是，GPS却存在着动态响应能力较差，易受电子干扰影响，信号易被遮挡以及完善性较差的缺点。

将GPS的长期高精度性能特性和惯导的短期高精度性能特性有机地结合起来，使组合后的导航性能比任一系统单独使用时有很大提高。当要求的输出速率高于GPS用户设备所能给出的速率时，可使用惯导数据在GPS相继两次更新之间进行内插；在因机动或干扰等信号中断期间，惯导的解则能根据GPS最新有效解进行外推。经GPS校准的惯导在GPS信号中断期间的误差增长速率显然要比没有校准、自由状态下惯导的误差增长速率低。GPS数据对惯导的辅助，可使惯导在运动中进行初始对准(在飞机上叫做空中对准)，提高了快速反应能力。当机动、干扰或遮挡使GPS信号丢失时，惯导对GPS辅助能够帮助接收机快捷地重新捕获GPS信号；同时惯导对GPS的速率辅助，还可使GPS接收机跟踪环路的带宽取得很窄，这很好地解决了动态与干扰这一对矛盾。

当接收机的带宽取得很宽时，其动态响应能力固然很好，但抗干扰的性能却很差；若带宽取得很窄，抗干扰性能提高了，而动态响应能力却变差了。因此，用惯导的速度数据对GPS进行辅助是解决这一对矛盾的好方法。

可见，惯导与GPS的组合确实起到了优势互补的作用。然而，组合效果的优劣却与组合结构和算法有关。

2. 组合结构和算法

组合导航可以根据不同的任务要求采用不同的组合结构和算法。

(1)组合结构。

GPS/惯导组合的三种功能结构见图5-1，在图5-1(a)和图5-1(b)结构中，GPS接收机和惯导都是独立的导航系统，GPS给出位置、速度、时间(p,v,t)解，惯导给出位置、速度、姿态(p,v,θ)解；图5-1(c)的结构则不同，GPS和惯导不是独立的导航系统，而仅仅当作传感器用，它们分别给出伪距及伪距率(p,ρ)和加速度及角速度(a,ω)。这三种结构分别叫做非耦合方式、松耦合方式和紧耦合方式。

1)非耦合方式如图5-1(a)所示，在这种结构中，GPS用户设备和惯导各自产生互相独立的导航解，两系统独立工作，功能互不耦合，数据单向流动，没有反馈，组合导航解是由外部组合处理器产生的。外部处理器可以像一个选择开关那样简单，也可以用多工作模式卡尔曼滤波器来实现。非耦合方式的特点是基于GPS与惯导导航功能的独立性。但不要在概念上混淆这样一个事实：尽管可把全部的硬设备装在一个实体的(嵌入式)组合单元内，但它在功能上却仍然是非耦合的结构。GPS与惯导的非耦合组合方式有下述的优点：①在惯导和GPS均可用时，这是最易实现、最快捷和最经济的组合方式；②由于有系统的冗余度，对故障有一定的承受能力;③采用简单选择算法实现的处理器,能在航路导航中提供不低于惯导给出的精度。

2)松耦合方式见图5-1(b)。与非耦合方式不同,在这种方式中,组合处理器与GPS及惯导设备之间存在着反馈。按照重要性排序,这三种反馈依次为:①系统导航解至GPS用户设备的反馈;②对GPS跟踪环路的惯性辅助;③至惯导的误差状态反馈。

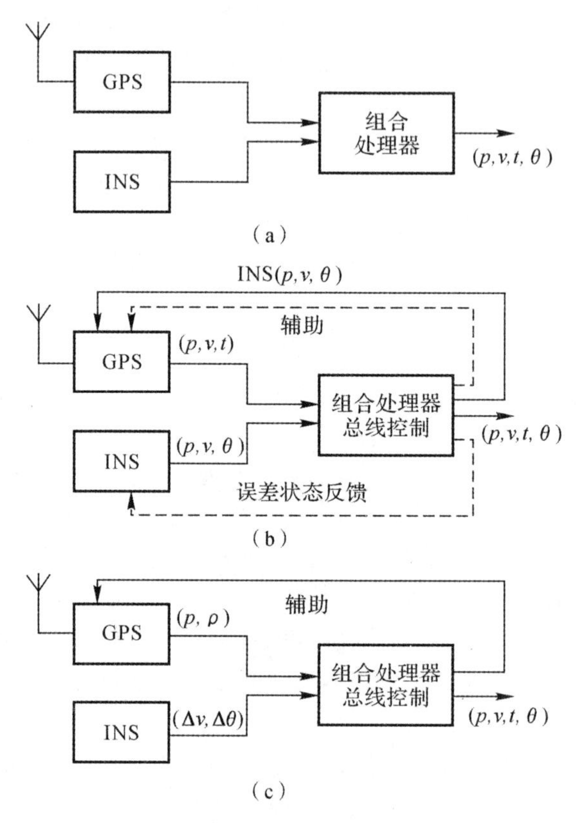

图5-1　GPS/INS组合结构图

第①种反馈:给出更精确的基准导航解。这是一种把系统导航解送入GPS接收机的反馈。有了这个反馈,使在GPS接收机内的导航滤波器能够用GPS测量值来校正系统导航解。但在组合条件下,GPS测量可以通过利用正确的系统导航解(GPS滤波)实现。

在一个短时间内,导航解是很精确的,因为这时组合系统包含了惯导所敏感的加速度信息,而这个信息的精度是很高的。在较低的动态和较低的处理噪声的不确定性情况下,滤波器可以使用一个较大的时间常数(滤波器存储器)工作,从而增加每个有噪声的GPS测量的有效范围,进一步提高了导航精度。

第②种反馈:对GPS跟踪环路的速率辅助。由于这种惯性辅助能够减小用户设备的码环和载波环所跟踪的载体动态,在很大程度上提高了GPS导航解的可用性。因而,允许码环及载波环的带宽取得较窄,以保证有足够动态特性下的抗干扰能力。

第③种反馈:向惯导的误差状态反馈。大多数惯性导航系统都具有接受外部输入的手段,用以重调其位置和速度解以及对稳定平台进行对准的调整。在捷联式惯性系统中,这种调整可用数学校正方式进行,而在平台式惯导中则用施加的力矩(简称为施矩)来实现。

3)紧耦合方式见图5-1(c)。与松耦合不同,GPS接收机和惯导不是以独立的导航系统实现，而仅仅作为一个传感器，它们分别提供伪距(p)伪距变化率(p)、加速度和角速度。两种传感器的输出是在一个以高阶组合滤波器实现的导航处理器内进行组合的。

在紧耦合组合方式中，只有从导航处理器向 GPS 跟踪环路进行速率辅助这一种反馈。在松耦合结构中出现的其余的反馈此处并不需要，其原因是涉及导航处理的所有计算都已在处理器内部完成。

在紧耦合方式时，GPS 和惯导共同拥有一个机箱，结构紧凑。

(2)组合算法。

有两种基本的组合算法：选择算法和滤波算法。

1)选择算法。在采用选择算法的情况下，只要 GPS 用户设备指示的解在其可接受的精度范围内，就选取 GPS 指示的 PVT 作为系统的导航解。当要求的输出速率高于 GPS 用户设备所能提供的速率时，可在相继 GPS 两次数据更新之间以惯导的数据进行内插。在 GPS 信号中断期间，惯导解自 GPS 最近一次有效解起进行外推。

2)滤波算法。这里所述的滤波是指根据统计特性，从带有干扰的测量中得到被估计量的统计滤波，而不是通常以频率调谐方式取出所需信号的信号滤波。我们采用的是利用上一时刻的估计以及实时得到的测量进行实时估计的卡尔曼滤波算法。由于该算法能以线性递推的方式来估计组合导航的状态，便于计算机实现。

状态通常不能直接测得，但能从有关的可测的量值中推算出来。这些测量值可以在一串离散时间点连续得到，也可以时序取得，而滤波器则是对测量的统计特性进行综合。

最常用的修正算法是线性滤波器，在这种滤波器中，修正的状态是当前的测量值和先前状态值的线性加权和。

位置和速度是滤波器中常选的状态，通常称之为全值滤波状态。对于全值位置和速度状态而言，传播方程也就是飞机的运动方程。为了使全值滤波器传播方程能较好地反映实际情况，还应加上加速度状态。例如，GPS 指示的位置和速度是观测量，它们要通过全值状态的组合滤波器进行处理。在极端情况下，组合滤波器可能仅给出 GPS 接收机的位置数据，并将它当作组合后的位置。这种简化的情形就是上面提到的选择方式。

在这种方式下，状态传播方程和任何其他可用的观测量都不予考虑。对简化的情形，GPS 用户设备位置的权值等于 1，传播状态的权值等于 0。通常把测量的权值叫做滤波器增益。

另一种选择的状态是惯导指示的位置和速度误差(称为误差状态)。对于状态为惯导误差的滤波器，传播方程的精确表达式及线性近似式都是已知的。如同全值状态那样，为了使传播方程能更好地模拟实际情况，在滤波器中，还可加上惯导的一些误差状态(比如方位顺斜误差、加速度偏置和陀螺漂移等)。当然，须反映实际情况的准确程度与要求的估计精度有关。

在以惯导误差状态实现的 GPS/INS 组合滤波器中，观测量实际上就是 GPS 位置与惯导组合位置之差以及 GPS 速度与惯导速度之差。如同全值状态的情形那样，当计算状态更新时，须确定测量的增益和传播状态的权值。①非时变增益滤波算法。卡尔曼滤波器中滤波增益采用常值矩阵，即按预先确定的增益将传播的估计与新的测量数据相融合。非时变增益的含义是将这些增益事先存入计算机存储器中，而滤波器是从不长的增益表中选取增益，而不必重新计算。不同的传感器状态和不同的工作状态，可选用不同的增益值，这反映了传播解和测量中的不确定性因素。一般说来，非时变增益滤波器的增益可取任意值，但增益值至少要正确地反映测量与状态之间的关系。非时变增益滤波器的优点是大量减少计算量和实现滤波所需的存储容量。②时变增益滤波算法。在时变卡尔曼滤波器中,只要测量有效,就要计算新的增益值。卡尔曼滤波器实际上是以递推的方式实现最小方差估计的算法过程。其最小方差的含义是,它能使被估计状态的动态不确定性(过程噪声)、测量不确定性(测量噪声)和各状态的可观性(灵敏度)取得正确的平衡。在当前实现的卡尔曼滤波器中,用 M 个测量更新 N 个状态要涉及大量的矩阵运算、差分方程的传播以及存储矩阵的存储器。就目前的技术水平而言,在一个价格性能比合适的处理器中以每秒数次的更新速率可处理大约 20 个状态。因为有多达 100 个误差源会影响 GPS/惯导组合,所以既要把这些误差因素全都考虑进去,又要得到实时的组合结果,目前尚不可能。每个组合系统的设计师必须进行周密的设计研究,以确定最少数目的状态和最低允许的更新率,从而通过可利用的处理器以可接受的设计裕度达到所允许的导航精度。

5.3.2 GPS/多普勒导航雷达组合系统

1. 多普勒导航雷达

多普勒导航雷达也叫做多普勒导航系统。DNS 是一种自主式无线电导航设备,它由工作频率在 1 345 GHz 的收发信机、2～4 个天线(大多采用 4 个)和导航计算机组成,但它的工作需要航向姿态基准(AHRS)、陀螺磁罗盘或惯性平台提供航向信息。装有 DNS 的飞机向地面发射电磁波,根据多普勒效应可从回波中测得多普勒频移,从而得到相对地球的速度,我们称它为地速 vd;由 DNS 还可测出由于风造成的偏流角 δ。如果机上航向仪表提供的航向角为 φ,就可得到航迹角 φ_v

$$\varphi_v = \varphi + \delta$$

由此可得多普勒雷达所测地速的北向水平分量 υ_{Nd} 和东向水平分量 υ_{Ed}

$$\begin{cases} \upsilon_{Nd} = \upsilon_d \cos(\varphi + \delta) \\ \upsilon_{Ed} = \upsilon_d \sin(\varphi + \delta) \end{cases}$$

于是得到用经纬度(λ, L)表示的多普勒导航的定位公式

$$\lambda = \lambda_0 + R\int t_0 \nu_d \sin(\varphi + \delta)\mathrm{d}t$$

$$L = L_0 + R\int t_0 \nu_d \cos(\varphi + \delta)\mathrm{d}t$$

式中,R 表示地球的半径。

多普勒导航系统的主要优点是:

1)能进行完全自主的导航,不需要任何陆基或星基设备的支持;

2)反应快速,飞行前不需要调整和预热,使用方便、简单;

3)由于雷达波束很窄,且以很陡的角度指向地面,发射功率小且不易被探测和干扰,因而隐蔽性和抗干扰性好;

4)测得的平均速度的精度很高,且几乎可全天候工作(雨天除外)。

但 DNS 存在如下缺点:

1)需要外部的航向信息源;

2)需要内部或外部的垂直基准信息,以便把速度信息变换到地球参考坐标系上;

3)由于 DNS 是一种推测航法的系统(即由速度和航向推出位置),定位误差随时间积累,

也就是定位精度随时间的增加而变差；

4）在平坦的沙漠、平静的水面以及海面上空工作时，其性能和精度恶化。

2. GPS 与多普勒导航雷达的组合

从上面对多普勒导航雷达的讨论中可知，尽管它有许多优点，但也有其工作的局限性。同样，GPS 虽然是一种全球、全天候、全时间，能为用户提供高精度（P,v,t）（位置、速度和时间）信息的星基无线电导航系统，但它受美国军方控制，数据更新率较低，且在大机动飞行和受干扰时无法实现定位。

GPS 和多普勒导航雷达的组合使用，可使两种导航系统互补，保留两者的优点，克服各自的缺点，提高整个组合系统的定位精度和工作的可靠性。同时，既能充分利用 GPS 导航资源，又不完全依赖于它。

在实现 GPS/多普勒组合导航系统时，通常有三种组合方案可供选择。

组合方案一，位置修正：利用 GPS 给出的位置信息，实时地对 DNS 进行校准，并以此作为 DNS 积分的起始点。实际上，这是一种设备交联校正方案。这种方案虽然简单，且能够消除 DNS 的定位积累误差，但整个组合系统的精度充其量只能达到 GPS 的定位精度，而且，不能改善 DNS 的航向精度。

组合方案二，用位置、速度信息组合：这是采用卡尔曼滤波器的组合方案。它用 GPS 和 DNS 输出的位置和速度信息（或者两者的差值）作为测量值，经卡尔曼滤波，最佳地估计 DNS 的导航参数（或导航参数误差），然后对 DNS 进行开环或闭环校正。

组合方案三，用伪距、伪距变化率信息组合：此为采用卡尔曼滤波器的另一组合方案，与方案二不同的是，测量值不是位置和速度，而是伪距和伪距变化率。经卡尔曼滤波，最佳地估计 DNS 和 GPS 的误差值，然后对 DNS 和 GPS 进行开环或闭环校正。

5.3.3　GPS/罗兰-C 组合系统

罗兰-C 不具备用作终端和航路导航的主用导航设备的能力，因为有可能发生一个或几个罗兰信号不可用的情形。同样，GPS 也不能用做主用导航设备，其原因是，单独使用时 GPS 的可用性和完善性达不到要求。如果把这两种系统的信息综合在一个组合接收机内，则在覆盖范围（仅指罗兰-C）内，可用性和完善性上都将得到改善。

1. 用 GPS 校正罗兰-C 的传播误差

罗兰-C 接收机所测量的是由一组同步的陆基发射机发射的地波无线电信号的到达时间。罗兰-C 的重复精度很高，在数十米的数量级，它能为相对于地标航行的用户提供极好的导航服务。然而，罗兰-C 的绝对精度或测地精度却受地波传播速度不确定性误差的影响，目前只能达到大约 460 m。幸好，人们能够很方便地用 GPS 来校正上述的不确定性误差，从而可显著地提高罗兰-C 的绝对精度，甚至与 GPS 的精度相当。

2. 用 GPS 实现罗兰-C 的链间同步

罗兰-C 是以台链的形式工作的。每个台链由一个主台和 2～5 个副台构成，副台的发射必须同步于主台的发射。当前，不同台链的罗兰-C 发射信号之间没有严格的同步关系。由此可见，罗兰-C 接收机只限于测量同一台链信号之间的时差。这一限制在接收机接收同一台链中各发射台发射的信号时没有麻烦会发生。但是，如果接收机处于覆盖区的边缘，或者发射机发生故障，那么，就可能处于极其被动的局面。此时希望打破接收同一台链信号的限制，允许接收“链间”信号的时差。GPS的单向时间传递能力便能完成要求的链间同步(或叫做交叉同步)功能。具体地说，只要各罗兰-C主台的发射时刻的精度保持在±2.5 μs以内(以世界协调时(UTC)为基准)和对各副台的发射时刻作较为严格的控制，以便系统区域监测站能够测得恒定的主副台间的时差，就能实现罗兰-C的链间同步。GPS的定时精度的最大值为0.175 μs，远高于2.5 μs要求值，故实现起来没有多大问题。

3. GPS与罗兰-C的组合方式

GPS/罗兰-C组合系统可采取两种组合方式：一是GPS伪距与罗兰-C伪距的组合；二是GPS伪距与罗兰-C时差的组合。

第一种组合方式可达到较高的组合精度。为了达到最高的可用精度，必须使所有罗兰-C发射机的发射时间严格地保持同步：主台的发射时间应同步在0.1 μs以内，而副台的发射时间由主台同步控制，其同步精度在±0.05 μs以内。GPS与罗兰-C组合的主要好处在于可用性上。罗兰-C的可用性较差自不待言，GPS星座的可用性也仅为98%，虽然用作辅助导航系统(要求可用性大于95%)绰绰有余，但对于必备导航性能(RNP)中航路和终端导航以及监视所要求的99.999%却相去甚远。更何况，接收机自主完善性监测的可用性明显低于98%。事实上，采用卡尔曼滤波技术，GPS伪距与罗兰-C时差相组合的用户接收机，大幅提高了高精度定位的可用性以及自主故障检测和隔离能力。当某地某时GPS的覆盖能力较差时，这种提高显得尤为明显；又当通过某些措施有效地控制了归因于罗兰-C传播不确定性误差时，可用性的改善将最大。

5.3.4 惯性/多普勒导航雷达组合系统

1. 惯导与多普勒雷达相组合的特点

多普勒导航雷达(DNS)的工作离不开惯性系统的支持，因为惯导能够提供DNS定位时所需的垂直基准和航向信息。如果没有此垂直基准和航向信息，DNS就无法实现导航定位。所以，惯导与多普勒理所当然成为最早的组合导航系统。

惯导与DNS都是自主式导航系统，工作时都不需要任何外部陆基或星基设备的支持。组合后虽然不能说可完全隐蔽地工作(因要向地面辐射信号，以获得多普勒测量)，但由于多普勒雷达的波束很窄，且以很陡的角度向地面辐射，所以很难对其实施欺骗和干扰。因此，惯导/多普勒组合系统特别适用于军事应用场合。此外，该组合系统不仅有助于常规的惯导初始对准，还能实施空中对准，以提高快速反应能力。然而，由于惯导和DNS都是推算导航系统，在组合后给出的位置信息中，积累误差不能完全被消除。

2. 惯导/多普勒的组合方式

鉴于上述的理由，我们采取以导航参数误差量作为系统状态的“间接法”卡尔曼滤波方案来实现惯导/多普勒组合导航系统。显然，该组合系统由惯导、多普勒导航雷达和导航计算机组成。卡尔曼滤波就在导航计算机内实现，通常，可采用下述两种设计结构：一种是最优线性滤波结构，另一种是次优线性滤波结构。应当指出，以第一种结构进行实时滤波计算时，对计算机的速度和容量的要求很高，这对实现卡尔曼滤波带来了不少困难。为了减轻计算机的工作负担，可对卡尔曼滤波结构简化，以减少存储容量和计算量。经过简化的滤波器其滤波性能比原来最优滤波器要差些，故称之为次优滤波器。简化的方法一般可分成两类：一类是对系统模型进行简化，也就是减少状态变量的维数；另一类是采用分段增益卡尔曼滤波法来简化滤波计算。实践证明，在计算机的速度和容量受制约的情况下，次优卡尔曼滤波器在组合导航系统中具有更大的实际应用价值。

3. 惯性/多普勒组合系统的实现

(1)建立系统的数学模型。

1)状态方程状态变量一旦确定，卡尔曼滤波的状态方程也就能够列写出来。所选的状态包括东向和北向速度、东向和北向平台误差角、方位误差角、纬度误差、经度误差、陀螺漂移、加速度计零偏、多普勒测地速时的速度偏移误差、刻度系数误差以及偏流角误差。上述各状态的数学模型表达式此处从略。最后得到的增广的系统状态方程式，其系统噪声为白噪声。

2)观测方程测量值为惯导系统计算出的速度量与多普勒雷达测得的速度量之差，也就是惯导系统速度误差与多普勒速度误差之差。这样选择测量值的优点是所建立的测量方程是线性的。

(2)卡尔曼滤波器的设计。

将建模后得到状态方程和测量方程离散化后，得到卡尔曼滤波方程。

5.3.5　多传感器组合导航系统

由于 GPS 是受美国军方控制的系统，出于导航对抗的需要，它不仅采取所谓的选择可用性措施(SA)，故意地降低 C/A 码的导航精度，而且将 P 码变 Y 码发射，使不知密钥的用户不能使用 P/Y 码，此时也存在着“切断”GPS 导航资源的可能性。因此，世界各国对使用 GPS 系统存有戒心，都在寻求多种技术途径来减少使用 GPS 的风险。

多传感器组合导航系统的出现，将会摆脱过分依赖于 GPS 的弊端。传感器数目多于两个的组合系统叫做多传感器组合导航系统，GPS/INS/罗兰－C，GPS/GLONASS/INS，GPS/JTIDS/INS 等都是实用的例子。在不少应用场合传感器数目可能大于等于 4 个，例如 GPS/INS/DNS/罗兰－C 和 GPS/INS/JTIDS/TAN/SAR 等。这里 SAR 是合成孔径雷达，DNS 是域名系统，TAN 是地形辅助导航，JTIDS 是联合战术信息分发系统。

与一般的双传感器组合系统相比，多传感器组合导航系统的状态变量和观测量的总数要多得多，以致传统的集中化卡尔曼滤波器因存在两大难题而不再适用。第一是计算负担过重，假想所有传感器测量数据总数为 m、状态变量为 n、则滤波器一个周期的计算量将与 $n^3+m\cdot n^2$ 成正比，多传感器的使用必然会带来滤波器状态和测量的双重增加，故使计算量大大增加，这对有一个或若干个传感器需进行高速处理时，问题就显得尤为严重。第二是容错能力差，因为任一传感器上未被检测出的错误会被传播到全部导航状态和传感器偏差估计中去。为减少在一个滤波器中过大的计算量，有人曾提出两级级联的滤波结构，但在某些应用场合会出现精度变差或稳定性问题。

20 世纪 80 年代出现的分块估计、两步级联的分散式卡尔曼滤波结构，是卡尔曼滤波技术的一大进展，它恰好能满足多传感器组合导航系统的要求。外部传感器 GPS、DNS、罗兰－C 及 JTIDS 与公共系统(即惯导)分别在四个局部滤波器输出局部最优的估计结果。主滤波器依次处理和综合所有的局部输出，给出全局最优的状态估计。组合系统中，作为公共系统的惯导为每个局部滤波器及主滤波器提供共享信息；每个外部传感器与惯导组合的局部滤波器事实上与传统意义上的卡尔曼滤波器没有多大的区别。联合滤波器结构有多种工作模式，而每种工作模式各有其独特的性能特点，所以，可以根据用户对估计精度、实时处理能力、故障检测与隔离以及容错水平的实际要求，确定其适宜的工作模式。

由于分块估计、两步级联联合滤波结构的实现是以平行滤波技术和信息共享原理为基础的，这种联合滤波器具有潜在的实时性好、容错性强和精度高的优点。此外，因为它有多种工作模式，故适变性强，可适用于各种应用场合。实际上，可把联合滤波结构分成两大类：一类是最优滤波器，其主滤波器进行估计后需向局部滤波器反馈；另一类是次优滤波器，它没有从主滤波器向局部滤波器的反馈。前者能以较高的更新速率获得很高的导航精度；而后者的容错性能特别优异，也就是说，当某一局部传感器发生故障时，系统就立即剔除它所给出的数据而不影响其余传感器间的组合，一旦该传感器恢复正常，它又能参与到组合中去。

5.4 组合导航系统的应用

GPS/惯导组合导航系统主要应用于航空，一般用于飞机的航路导航和预警机及战斗机的任务导航，也可用于航海和陆地车辆导航。差分 GPS 与惯导的组合还可用于飞机的进场着陆。差分 GPS 用于进场着陆的主要问题是可用性和完善性不满足要求，两者的有机组合是解决这个问题的好方法，而且，一般的军民用飞机都装有惯导，实现这种组合并不会带来较大的经济负担。

美国 Honeywell(霍尼韦尔)公司生产的 H－764G 嵌入式 GPS/惯导组合导航系统将装备空军 F－15A/B/C/D、海军 F/A－18 以及 C－130J 等各类飞机；美空军采用定位精度为 0.2 n mile/h的 H－423 惯导与 GPS 相组合的系统，用以改装 F－117 隐形战斗机，Litton(利通)公司生产的 LN－93G 嵌入式 GPS/惯导组合系统可用于直升机、运输机和战斗机；小型化 LN－100G 组合系统则是为美国海军提供的一体化设备。美国 E－2C 采用 GPS/CAINS 组合导航系统(其中 CAINS 表示航母舰载机惯导)。

GPS/多普勒组合系统可应用于轰炸机、运输机、直升机、侦察机以及航测和物探的专用机，此外，还可应用于巡航导弹。

惯性/多普勒组合导航也可以认为是全自主式的，所不同的是要向地面辐射无线电波，以检测多普勒频移。它也很有军事应用价值，比如在 20 世纪 70 年代，美国的 E－2C 预警机上就采用惯性/多普勒组合系统。多普勒导航雷达的主要用户是直升机以及动态机动较小的运输机、轰炸机和侦察机等。至于动态机动较大的战斗机是不宜使用的，因为根据多普勒测速原理，大的动态机动会使它丧失测速功能。总之，凡适用于配装多普勒导航雷达的飞机都能够使用惯性/多普勒组合系统。

未来高科技的战争中必然会采用多传感器组合的导航系统，其主要理由有二：①出自于自主性、快速反应和集成协同作战的迫切要求；②经常会采用凭借地形掩蔽，实施出其不意、低空突防的军事行动。因此，想象中未来多传感器组合导航系统很可能由 GPS、惯导、地形辅助导航/合成孔径雷达(TAN/SAR)和 JTIDS 构成。于是，几乎所有军用飞机都将装备这种类型的多传感器组合系统。目前，促进多传感器组合系统开发研究的直接原因是，GPS 在美国国防部的控制之下，这使世界各国的各类用户，尤其是军事用户，在使用 GPS 或 GPS/惯导组合系统时心怀疑虑。多传感器组合导航系统的使用，将摆脱对 GPS 的依赖。

思 考 题

1. 什么是组合导航?
2. 组合导航有什么优点?
3. 目前组合导航有哪几种?
4. 什么是 GPS/惯导组合导航系统? 这种组合的特点是什么?

第6章　北斗卫星导航系统

中国的北斗卫星导航系统是中国科研人员研制开发的区域性有源三维卫星定位与通信系统，是继美国的全球定位系统(GPS)、俄罗斯的GLONASS之后，第三个成熟的卫星导航系统。北斗卫星导航系统致力于向全球用户提供高质量的定位、导航和授时服务，其建设与发展遵循开放性、自主性、兼容性、渐进性四项原则。

6.1　概　　述

北斗卫星导航系统是中国正在实施的自主研发、独立运行的全球卫星导航系统。该系统由空间端、地面端和用户端三部分组成。空间端包括5颗静止轨道卫星和30颗非静止轨道卫星；地面端包括主控站、注入站和监测站等若干个地面站；用户端由北斗用户终端以及与美国GPS、俄罗斯GLONASS、欧洲GALILEO等其他卫星导航系统兼容的终端组成。

中国此前已成功发射4颗北斗导航试验卫星和8颗北斗导航卫星，将在系统组网和试验基础上，逐步扩展为全球卫星导航系统。第八颗北斗导航卫星于2011年4月10日4时47分发射成功，标志着北斗区域卫星导航系统基本建成。

北斗卫星导航系统的建设目标是建成独立自主、开放兼容、技术先进、稳定可靠、覆盖全球的导航系统。北斗卫星导航系统可促进卫星导航产业链形成，形成完善的国家卫星导航应用产业支撑、推广和保障体系，推动卫星导航在国民经济社会各行各业的广泛应用。

目前全世界有4套卫星导航系统：中国北斗、美国GPS、俄罗斯的GLONASS、欧洲GALILEO。其中美国GPS、俄罗斯的GLONASS已建成并投入使用。中国北斗、欧洲“伽利略”仍处于建设阶段。北斗卫星导航系统致力于向全球用户提供高质量的定位、导航和授时服务，包括开放服务和授权服务两种形式。开放服务是在服务区免费提供定位、测速和授时服务，定位精度为10 m，授时精度为50 ns，测速精度为0.2 m/s。授权服务是向授权用户提供更安全的定位、测速、授时和通信服务以及系统完好性信息。

2000年以来，中国已成功发射了8颗“北斗导航试验卫星”，建成了北斗导航试验系统(第一代系统)。该系统具备在中国及其周边地区范围内的定位、授时、报文和GPS广域差分功能，并已在测绘、电信、水利、交通运输、渔业、勘探、森林防火和国家安全等诸多领域逐步发挥其重要作用。

6.2　系统组成

北斗双星导航系统主要由空间部分、地面中心控制系统和用户终端三部分组成。

空间部分由轨道高度为 36 000 km 的两颗工作卫星和一颗备用卫星组成(一个轨道平面),其坐标分别为(80°E,0°,36 000 km)、(110.5°E,0°,36 000 km)、(140°E,0°,36 000 km)。卫星不发射导航电文,也不配备高精度原子钟,只是用于在地面中心站与用户之间进行双向信号中继。卫星电波能覆盖地球表面 42%的面积,其覆盖的经度范围为 100°,纬度−81°~81°。

地面中心控制系统是北斗双星导航系统的中枢,包括一个配有电子高程图的地面中心站、地面网管中心、测轨站、测高站和数十个分布在全国各地的地面参考标校站。主要用于对卫星定位、测轨,调整卫星运行轨道、姿态,控制卫星的工作,测量和收集校正导航定位参量,以形成用户定位修正数据并对用户进行精确定位。

用户终端为带有定向天线的收发器,用于接收中心站通过卫星转发来的信号和向中心站发射通信请求,不含定位解算处理功能。根据应用环境和功能的不同,北斗用户分为普通型、通用型、授时型、指挥型和多模型用户机五种,其中,指挥型用户机又分为一级、二级、三级三个等级。

时间系统采用 UTC(世界协调时),精度为 1 μs。坐标系统采用 1954 年北京坐标系和 1985 年中国国家高程系统。

北斗卫星导航系统(BDS),即北斗二代,将由分布在三个轨道面上的 27 颗中等高度轨道卫星(MEO)、3 颗分布在三个轨道面上的倾斜轨道卫星(IGSO)和分布在一个赤道面上的 5 颗地球同步卫星(GEO)构成。在非静止轨道上,轨道的倾角为 56°。

6.3　北斗信号

北斗卫星导航系统是由中国自主研制组建,独立运行,并与世界上其他主要的卫星导航系统兼容的一个卫星导航系统,北斗系统能在全球范围内向各类用户提供全天候的、全天时的导航、定位、授时服务,并具有短报文通信功能,其建设原则是“自主、开放、兼容、渐进”。

BDS 的信号同样也是有载波、测距码及导航电文组成,下面将分别介绍。

1. 载波频率

目前,北斗卫星采用了三种不同频率来发射卫星信号,分别为 L_{B1},L_{B2},L_{B3}。其中调制 $B1$ 信号的 L_{B1} 载波的频率 $f_{B1}=1\ 561.098$ MHz;调制 $B2$ 信号的 L_{B2} 载波的频率 $f_{B2}=1\ 207.14$ MHz;调制 $B3$ 信号的 L_{B3} 载波的频率 $f_{B3}=1\ 268.520$ MHz,其中 L_{B1} 和 L_{B2} 位于航空无线电导航服务 ARNS 的频段内。未来北斗卫星导航系统还可能增加第四个载波 $L_{B1\text{-}2}$,其频率为 $f_{B1\text{-}2}=1\ 589.740$ MHz 。

卫星发射信号采用正交相移键控调制,且其为右旋圆极化。天线轴比见表 6-1。

表 6-1　卫星天线轴比

卫星类型	天线轴比
GEO	天线轴比小于 2.9 dB,范围:±10°
MEO	天线轴比小于 2.9 dB,范围:±15°
IGSO	天线轴比小于 2.9 dB,范围:±10°

当卫星仰角大于 5°,在地球表面附近的接收机右旋圆极化天线为 0 dB 增益时,卫星发射的导航信号到达接收机输出端的Ⅰ支路最小保证电平为-163 dBW。

2. 伪随机码和信号调制

三种不同频率的载波均包含两个支路。其中,Ⅰ支路(或称同相分量)的载波信号不变;而Q 支路(或称正交向量)的相位变化为 90°,并与Ⅰ支路正交。因此,测距码与导航电文将被调制在这六种载波分量上以供不同用户使用。北斗卫星的信号及服务方式详见表 6-2。

表 6-2　北斗卫星的信号及服务方式

载波	载波频率/MHz	支 路	码速率/Mbps	码 长	服务方式
L_{B1}	1 561.098	Ⅰ	2.046	2 046	公开
		Q	2.046	2 046	授权
L_{B2}	1 207.140	Ⅰ	10.23	10 230	公开
		Q	10.23	10 230	授权
L_{B3}	1 268.520	Ⅰ	2.046	2 046	公开
		Q	10.23	10 230	授权

$B1\text{Ⅰ}$ 和 $B2\text{Ⅰ}$ 信号测距码又简称为 $C_{B1\text{Ⅰ}}$ 码和 $C_{B2\text{Ⅰ}}$ 码,其码速率为 2.046 Mbps,码长为 2 046。$C_{B1\text{Ⅰ}}$ 码和 $C_{B2\text{Ⅰ}}$ 码均由两个线性序列 G1 和 G2 模二和生成平衡 Gold 码后截断 1 码片生成。G1 和 G2 序列分别由两个 11 级线性移相寄存器生成,其生成多项式为:

$$G1(X)=1+X+X^7+X^8+X^9+X^{10}+X^{11}$$

$$G2(X)=1+X+X^2+X^3+X^4+X^5+X^8+X^9+X^{11}$$

式中,G1 和 G2 的初始相位为 01010101010。

$C_{B1\text{Ⅰ}}$ 码和 $C_{B2\text{Ⅰ}}$ 码发生器如图 6-1 所示。

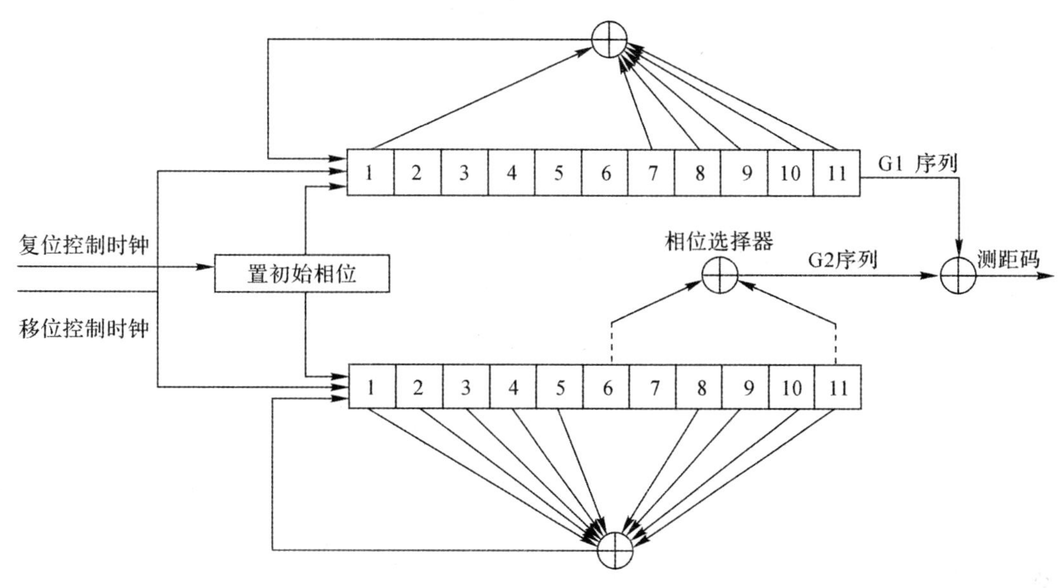

图 6-1　C_{B1I} 码和 C_{B2I} 码发生器示意图

通过对产生 G2 序列的移位寄存器不同抽头的模二和可以实现 G2 序列相位的不同偏移，与 G1 序列模二和后可生成不同卫星的测距码。G2 序列相位分配见表 6-3。

表 6-3　G2 序列相位分配表

编号	卫星类型	测距码编号	抽头方式
1	GEO 卫星	1	1⊕3
2	GEO 卫星	2	1⊕4
3	GEO 卫星	3	1⊕5
4	GEO 卫星	4	1⊕6
5	GEO 卫星	5	1⊕8
6	GEO/IGSO 卫星	6	1⊕9
7	GEO/IGSO 卫星	7	1⊕10
8	GEO/IGSO 卫星	8	1⊕11
9	GEO/IGSO 卫星	9	2⊕7
10	GEO/IGSO 卫星	10	3⊕4
11	GEO/IGSO 卫星	11	3⊕5
12	GEO/IGSO 卫星	12	3⊕6
13	GEO/IGSO 卫星	13	3⊕8
14	GEO/IGSO 卫星	14	3⊕9

续　表

编号	卫星类型	测距码编号	抽头方式
15	GEO/IGSO 卫星	15	3⊕10
16	GEO/IGSO 卫星	16	3⊕11
17	GEO/IGSO 卫星	17	4⊕5
18	GEO/IGSO 卫星	18	4⊕6
19	GEO/IGSO 卫星	19	4⊕8
20	GEO/IGSO 卫星	20	4⊕9
21	GEO/IGSO 卫星	21	4⊕10
22	GEO/IGSO 卫星	22	4⊕11
23	GEO/IGSO 卫星	23	5⊕6
24	GEO/IGSO 卫星	24	5⊕8
25	GEO/IGSO 卫星	25	5⊕9
26	GEO/IGSO 卫星	26	5⊕10
27	GEO/IGSO 卫星	27	5⊕11
28	GEO/IGSO 卫星	28	6⊕8
29	GEO/IGSO 卫星	29	6⊕9
30	GEO/IGSO 卫星	30	6⊕10
31	GEO/IGSO 卫星	31	6⊕11
32	GEO/IGSO 卫星	32	8⊕9
33	GEO/IGSO 卫星	33	8⊕10
34	GEO/IGSO 卫星	34	8⊕11
35	GEO/IGSO 卫星	35	9⊕10
36	GEO/IGSO 卫星	36	9⊕11
37	GEO/IGSO 卫星	37	10⊕11

选择合适的抽头方式(即合适的 G2 平移序列)后,可使生成的测距码之间的互相关系数尽可能小,或者说不同测距码间尽可能正交。

相比 GPS 采用的二进制相移键控（BPSK）方法，BDS 采用了更为先进的正交相移键控（QPSK）方式将测距码调制到载波上。该方法先将要调制的二进制序列每两位分成一组，这组数据共有四种不同状态：00，01，11，10，此时载波相位也将出现四种互相正交的移相值与之对应，例如 45°，135°，225°，315°。采用这种调制方法时，相互垂直的四个载波相移值中，每个相移值均能表示两个二进制代码，其效率比 BPSK 高一倍。从扩频的角度讲，在同样的带宽内可传输两倍的数据量。此外，QPSK 调制信号具有较好的抗干扰能力，在电路上实现也较为简单，因此已成为卫星数字通信中一种常用的信号调制方法。

3. 导航电文

根据速率和结构的不同，导航电文可分为 D1 导航电文和 D2 导航电文。D1 导航电文的速率为 50 b/s，并调制成速率为 1 kb/s 的二次编码，内容包含基本导航信息（卫星基本导航信息、全部卫星历书信息、与其他系统时间同步信息）；D2 导航电文的速率为 500 bps，内容包含基本导航信息和增强服务信息（北斗系统的差分及完好性信息和格网点电离层信息）。MEO/IGSO 卫星的 B1Ⅰ和 B2Ⅰ信号播发 D2 导航电文。

BDS 导航电文中基本导航信息和增强服务信息的类别及播发特点见表 6－4。

表 6－4　D1，D2 导航电文信息类别及播发特点

<table>
<tr><th colspan="2">电文信息类别</th><th>比特数</th><th colspan="2">播发特点</th></tr>
<tr><td colspan="2">帧同步码（Pre）</td><td>11</td><td rowspan="3">每子帧重复一次</td><td rowspan="14">基本导航信息，所有卫星都播发</td></tr>
<tr><td colspan="2">子帧计数（FraID）</td><td>3</td></tr>
<tr><td colspan="2">周内秒计数（SOW）</td><td>20</td></tr>
<tr><td rowspan="10">本卫星基本导航信息</td><td>整周计数（WN）</td><td>13</td><td rowspan="10">D1：在子帧 1，2，3 中播发，30 s 重复周期。
D2：在子帧 1 页面 1～10 的前五个字中播发，30 s 重复周期。
更新周期：1 h</td></tr>
<tr><td>用户距离精度指数（URAI）</td><td>4</td></tr>
<tr><td>卫星自主健康标识（SatH1）</td><td>1</td></tr>
<tr><td>星上设备时延差（T_{GD1}，T_{GD2}）</td><td>10</td></tr>
<tr><td>时钟数据龄期（AODC）</td><td>5</td></tr>
<tr><td>钟差参数（t_{oc}，a_0，a_1，a_2）</td><td>74</td></tr>
<tr><td>星历数据龄期（AODE）</td><td>5</td></tr>
<tr><td>星历参数（t_{oe}，$\sqrt{A}$，e，ω，Δn，M_0，Ω_0，$\dot{\Omega}$，i_0，IDOT，C_{uc}，C_{us}，C_{rc}，C_{rs}，C_{ic}，C_{is}）</td><td>371</td></tr>
<tr><td>电离层模型参数（α_n，β_n，$n=0$～3）</td><td>64</td></tr>
<tr><td colspan="2">页面编号（Pnum）</td><td>7</td><td>D1：在第 4 和第 5 子帧中播发。
D2：在第 5 子帧中播发</td></tr>
</table>

续 表

<table>
<tr><th colspan="2">电文信息类别</th><th>比特数</th><th colspan="2">播发特点</th></tr>
<tr><td rowspan="3">历书信息</td><td>历书参数(t_{oc}, $\sqrt{A}$, e, ω, M_0, Ω_0, $\dot{\Omega}$, δ_i, a_0, a_1)</td><td>176</td><td>D1:在子帧 4 页面 1～24、子帧 5 页面1～6中播发,12 min 重复周期。
D2:在子帧 5 页面 37～60、95～100 中播发,6 min 重复周期。
更新周期:小于 7 d</td><td rowspan="7">基本导航信息，所有卫星都播发</td></tr>
<tr><td>历书周计数(WN_a)</td><td>8</td><td rowspan="2">D1:在子帧 5 页面 7～8 中播发,12 min 重复周期。
D2:在子帧 5 页面 35～36 中播发,6 min重复周期。
更新周期:小于 7 d</td></tr>
<tr><td>卫星健康信息(Hea_i, $i=1$～30)</td><td>9×30</td></tr>
<tr><td rowspan="4">与其他系统时间同步信息</td><td>与 UTC 时间同步参数(A_{0UTC}, A_{1UTC}, Δt_{LS}, Δt_{LSF}, WN_{LSF}, DN)</td><td>88</td><td rowspan="4">D1:在子帧 5 页面 9～10 中播发,12 min重复周期。
D2:在子帧 5 页面 101～102 中播发,6 min重复周期
更新周期:小于 7 d</td></tr>
<tr><td>与 GPS 时间同步参数(A_{0GPS}, A_{1GPS})</td><td>30</td></tr>
<tr><td>与 Galileo 时间同步参数(A_{0Gal}, A_{1Gal})</td><td>30</td></tr>
<tr><td>与 GLONASS 时间同步参数(A_{0GLO}, A_{1GLO})</td><td>30</td></tr>
<tr><td colspan="2">基本导航信息页面编号(Pnum1)</td><td>4</td><td>D2:在子帧 1 全部 10 个页面中播发</td><td rowspan="4">完好性、差分信息、格网点电离层信息只由 GEO 卫星播发</td></tr>
<tr><td colspan="2">完好性及差分信息页面编号(Pnum2)</td><td>4</td><td>D2:在子帧 2 全部 6 个页面中播发</td></tr>
<tr><td colspan="2">完好性及差分自主健康信息(S)</td><td>2</td><td>D2:在子帧 2 全部 6 个页面中播发。
更新周期:3 s</td></tr>
<tr><td colspan="2">北斗完好性及差分信息卫星标识($BDID_i$, $i=1$～30)</td><td>1×30</td><td>D2:在子帧 2 全部 6 个页面中播发。
更新周期:3 s</td></tr>
<tr><td rowspan="3">北斗卫星完好性及差分信息</td><td>用户差分距离误差指数($UDREI_i$, $i=1$～18)</td><td>4×18</td><td>D2:在子帧 2 中播发。
更新周期:3 s</td><td rowspan="5">完好性、差分信息、格网点电离层信息只由 GEO 卫星播发</td></tr>
<tr><td>区域用户距离精度指数($RuRAI_i$, $i=1$～18)</td><td>4×18</td><td rowspan="2">D2:在子帧 2、3 中播发。
更新周期:18 s</td></tr>
<tr><td>等效钟差改正数(Δt_i, $i=1$～18)</td><td>13×18</td></tr>
<tr><td rowspan="2">格网点电离层信息</td><td>电离层格网点垂直延迟($d\tau$)</td><td>9×320</td><td rowspan="2">D2:在子帧 5 页面 1～13,61～73 中播发。
更新周期:6 min</td></tr>
<tr><td>电离层格网点垂直延迟误差指数(GIVEI)</td><td>4×320</td></tr>
</table>

(1)D1 导航电文。

D1 导航电文由超帧、主帧、子帧组成。每个超帧含 36 000 个比特,历时 12 min。每个超帧由 24 个主帧(页面)组成,每个主帧含 1 500 比特,历时 30 s。每个主帧由 5 个子帧组成,每个子帧为 300 比特,历时 6 s。每个子帧由 10 个字组成,每个字为 30 比特,由导航电文数据及校验码两部分组成,历时 0.6 s。这种结构与 GPS 系统中调制在 C/A 码和 P(Y)码上的导航电文的结构类似。只不过 GPS 导航电文中一个超帧含 25 个页面,而 BDS 中只含 24 个页面。D1 导航电文的总体结构如图 6 - 2 所示。

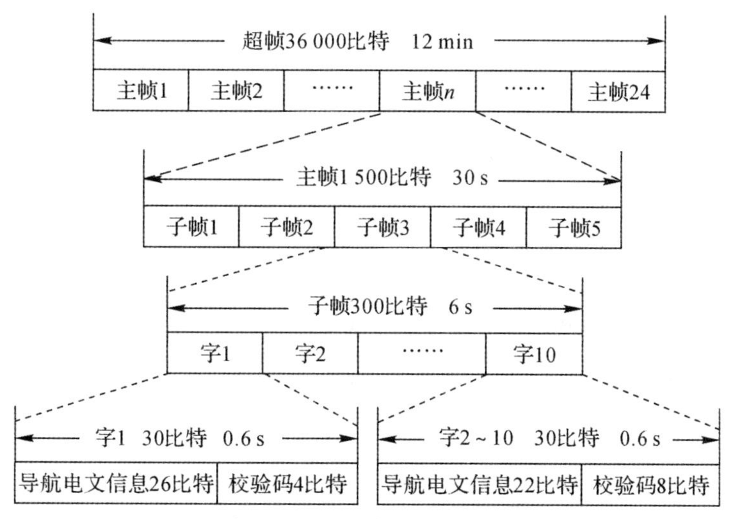

图 6 - 2　D1 导航电文帧结构

D1 导航电文包含基本导航信息,包括:卫星基本导航信息、全部卫星历书、与其他系统的时间同步信息(UTC、其他卫星导航系统)。其中,卫星基本导航信息又主要包括:周秒计数、整周计数、用户距离精度指数、卫星自主健康标识、电离层延迟模型改正参数、卫星星历参数及数据龄期、卫星钟差参数及数据龄期、星上设备时延差。整个 D1 导航电文传送完毕需要 12 min。

D1 导航电文主帧结构及内容信息如图 6 - 3 所示。子帧 1～子帧 3 播发基本导航信息;子帧 4 和子帧 5 的信息内容由 24 个页面分时发送,其中子帧 4 的页面 1～24 和子帧 5 的页面 1～10播发全部卫星历书信息及与其他系统的时间同步信息;子帧 5 的页面 11～24 为预留页面。关于 D1 导航电文包含内容的详细解释可参见附录《北斗卫星导航系统空间信号接口控制文件 2.1 版》。

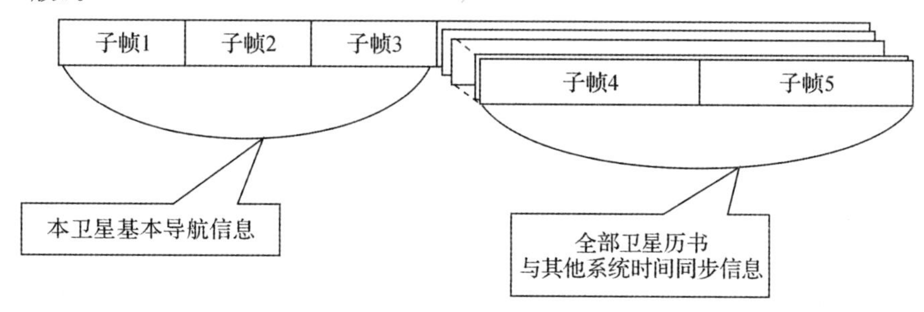

图 6 - 3　D1 导航电文主帧结构与信息内容

(2)D2 导航电文。

D2 导航电文由超帧、主帧和子帧组成。每个超帧为 180 000 比特,历时 6 min,每个超帧由 120 个主帧组成;每个主帧为 1 500 比特,历时 3 s,每个主帧由 5 个子帧组成,每个子帧为 300 比特,历时 0.6 s。每个子帧由 10 个字组成,每个字为 30 比特,同样由导航电文数据及校验码两部分组成,历时 0.06 s。其详细帧结构如图 6-4 所示。

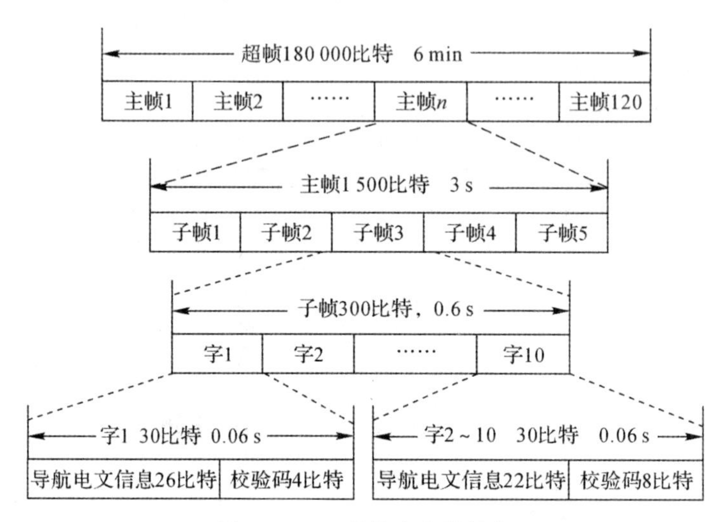

图 6-4　D2 导航电文帧结构

D2 导航电文包括:卫星基本导航信息、全部卫星历书、与其他系统时间同步信息、北斗系统完好性及差分信息、各网点电离层信息。其中,卫星基本导航信息又主要包括:帧同步码、子帧计数、周秒计数、整周计数、用户距离精度指数、电离层延迟改正模型参数、星上设备时延差、时钟数据龄期、钟差参数、星历数据龄期以及星历参数。

主帧结构及信息内容如图 6-5 所示。子帧 1 播发基本导航信息,由 10 个页面分时发送,子帧 2～4 信息由 6 个页面分时发送,子帧 5 中信息由 120 个页面分时发送。关于 D2 导航电文包含内容的详细解释亦可参见《北斗卫星导航系统空间信息接口控制文件 2.0 版》。

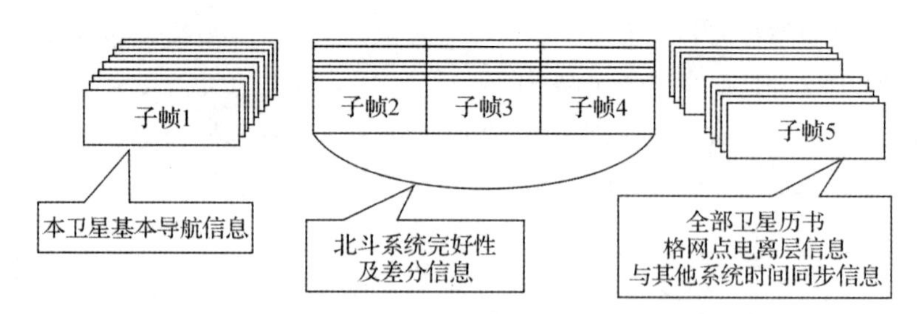

图 6-5　D2 导航电文信息内容

6.4　工作原理

北斗双星导航系统的工作过程是:首先由中心控制系统向卫星 I 和卫星 II 同时发送询问信号,经卫星转发器向服务区内的用户广播。用户响应其中一颗卫星的询问信号,并同时向两颗卫星发送响应信号,经卫星转发回中心控制系统。中心控制系统接收并解调用户发来的信号,然后根据用户的申请服务内容进行相应的数据处理。对定位申请,中心控制系统测出两个时间延迟:①即从中心控制系统发出询问信号,经某一颗卫星转发到达用户,用户发出定位响应信号,经同一颗卫星转发回中心控制系统的延迟;②从中心控制发出询问信号,经上述同一卫星到达用户,用户发出响应信号,经另一颗卫星转发回中心控制系统的延迟。北斗卫星导航系统示意图见图6-6。

图6-6　北斗卫星导航系统示意图

中心控制系统和两颗卫星的位置均是已知的,因此由上面两个延迟量可以计算出用户到第一颗卫星的距离,以及用户到两颗卫星的距离之和,从而可知用户处于一个以第一颗卫星为球心的球面,和以两颗卫星为焦点的椭球面之间的交线上。另外中心控制系统从存储在计算机内的数字化地形图查寻到用户高程值,又可知用户处于某一与地球基准椭球面平行的椭球面上。从而中心控制系统可最终计算出用户所在点的三维坐标,这个坐标经加密由出站信号发送给用户。

短报文通信:一次可传送多达120个汉字的讯息。

精密授时:精度达10 ns。

定位精度:水平精度100 m(1σ),设立标校站之后为20 m(类似差分状态)。

工作频率:2 400～2 500 MHz。

系统容量:每小时540 000户。

6.5　建设原则及特点

1. 建设原则

北斗卫星导航系统的建设与发展,以应用推广和产业发展为根本目标,不仅要建成系统,更要用好系统,强调质量、安全、应用、效益,遵循以下建设原则。

(1)开放性。北斗卫星导航系统的建设、发展和应用将对全世界开放,为全球用户提供高质量的免费服务，积极与世界各国开展广泛而深入的交流与合作，促进各卫星导航系统间的兼容与互操作，推动卫星导航技术与产业的发展。

(2)自主性。中国将自主建设和运行北斗卫星导航系统，北斗卫星导航系统可独立为全球用户提供服务。

(3)兼容性。在全球卫星导航系统国际委员会(ICG)和国际电联(ITU)框架下，使北斗卫星导航系统与世界各卫星导航系统实现兼容与互操作，使所有用户都能享受到卫星导航发展的成果。

(4)渐进性。中国将积极稳妥地推进北斗卫星导航系统的建设与发展，不断完善服务质量，并实现各阶段的无缝衔接。

2. 系统特点

北斗卫星导航系统与美国的GPS、俄罗斯的GLONASS相比，增加了通讯功能，在全天候快速定位时，其定位精度与GPS相当。

(1)同时具备定位与通信功能，无需其他通信系统支持；

(2)覆盖中国及周边国家和地区，24 h全天候服务，无通信盲区；

(3)特别适合集团用户大范围监控与管理，以及无依托地区数据采集用户数据传输应用；

(4)独特的中心节点式定位处理和指挥型用户机设计，可同时解决“我在哪?”和“你在哪?”的问题；

(5)自主系统，高强度加密设计，安全、可靠、稳定，适合关键部门应用。

3. 局限性

(1)北斗一号系统属于有源定位系统，系统容量有限，定位终端比较复杂。

(2)北斗一号系统属于区域定位系统，目前只能为中国以及周边地区提供定位服务。

6.6 未来发展

较之目前仍在运行的“北斗一号”，“北斗二号”在诸多方面具有优势，包括可以有效避免遭受电磁干扰和攻击，实现无源定位，在精确度方面大幅提高，“北斗一号”精确度在10 m之内，而“北斗二号”可以精确到“厘米”之内。

随着北斗二号的发射成功，中国自主研制的北斗卫星导航系统从2009年起进入了组网高峰期，预计在2020年左右形成覆盖全球的卫星导航定位系统。

正在建设的北斗卫星导航系统空间段将由5颗静止轨道卫星和30颗非静止轨道卫星组成，提供开放服务和授权服务。开放服务是在服务区免费提供定位、测速和授时服务，定位精度为10 m，授时精度为50 ns，测速精度为0.2 m/s。授权服务是向授权用户提供更安全的定位、测速、授时和通信服务以及系统完好性信息。

中国将本着开放、独立、兼容、渐进的原则，发展自主的全球卫星导航系统，其“三步走”发展路线为：第一步，2000年～2003年，我国建成由3颗卫星组成的北斗卫星导航试验系统，成为世界上第三个拥有自主卫星导航系统的国家；第二步，建设北斗卫星导航系统，于2012年之前形成具有我国及周边地区的覆盖能力；第三步，2020年左右，北斗卫星导航系统将形成全球覆盖。

北斗卫星导航系统将是一个由30余颗卫星、地面段和各类用户终端构成的大型航天系统，技术复杂、规模庞大，其建设应用将实现我国航天从单星研制向组批生产、从保单星成功向组网成功、从以卫星为核心向以系统为核心、从面向行业用户向大众用户的历史性转型，开启我国航天事业的新征程，并将对维护我国国家安全，推动经济社会科技文化全面发展提供重要保障。

但北斗卫星导航系统还面临着以下挑战：

(1)部署进度的比拼。四大全球系统部署的时间进度是个重大考验，捷足先登是成功的第一步。GPS在这方面遥遥领先，GLONASS正在恢复建设中，Galileo遭遇资金困境，北斗系统若要抢占市场，在系统部署方面面临挑战。

(2)卫星性能的竞争。导航卫星设计和研制水平决定着系统的性能，目前北斗卫星设计已经达到国外导航卫星水平，在未来发展中要不断自主创新，争取在国际导航卫星研制领域处于领先地位。

(3)系统发展的博弈。面向未来，卫星导航系统需要持续的发展建设，以满足用户更高的使用要求；需要国家持续的经费投入、人才培养、产业推广，以确保我国北斗卫星导航系统在未来发展与国际竞争中占据优势地位。

思考题

1. 北斗导航系统有哪几部分组成?
2. 简述北斗导航系统的工作原理。
3. 北斗导航系统与GPS相比有哪些优势?
4. 北斗导航系统的覆盖范围?
5. 北斗导航系统有哪些应用?

第7章　无人机导航技术应用

无人机导航系统是无人机完成给定任务的关键要素之一。本章主要分析了现有的导航技术和无人机导航系统应用现状，研究了不同类型无人机执行任务的环境、特点和相对应的导航方式，提出了未来无人机导航系统的发展趋势。

无人机是一种用计算机和无线链路取代飞机驾驶员的飞机，由无人机载体、通信链路、导航系统、增稳与控制系统、发动机及用于发射、回收装置等部分组成。根据无人机性能和尺寸可分为高空长航时无人机（HALE）、中空长航时无人机（MALE）、中程或战术无人机（TUAV）、近程无人机（Close Range UAV），小型无人机（MUAV）、微型无人机（MAV）和超微型无人机（NAV）；根据用途，无人机又分为军用和民用两大类。

无人机系统（UAS）作为一个完整的系统，是无人机安全飞行，完成飞行任务的保障。其组成见图7-1。

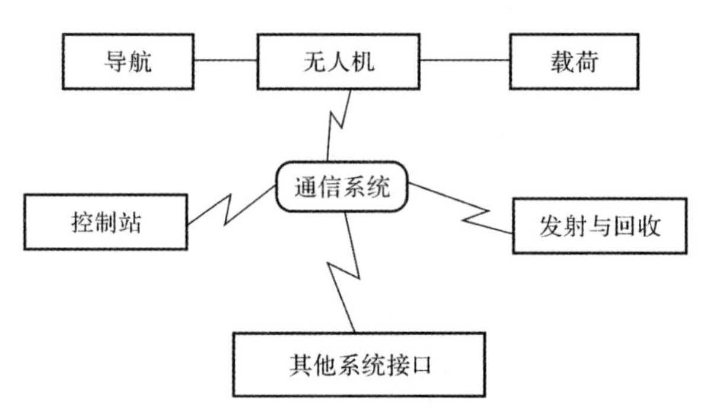

图7-1　无人机系统的功能结构

1）控制站（CS）。它提供系统操作人员的工作环境、人机接口。

2）无人机。携带任务载荷，具有多种类型。

3）通信系统。连接控制站与飞机，它完成从控制站到飞机的控制输入的传输，从无人机控制站回传任务载荷及其他数据信息（通常利用无线电方式传输）。

4）导航系统。对无人机进行导航和定位及时间同步。

5）保障设备。包括维修和运输等设备。

7.1　无人机导航系统

无人机的导航系统是无人机的“眼睛”，多技术结合是未来发展的方向。导航系统负责向无人机提供参考坐标系的位置、速度、飞行姿态等矢量信息，引导无人机按照指定航线飞行，相当于有人机系统中的领航员。精准的无人机导航系统是无人机完成飞行任务的必要条件。对于操控员,需要实时地掌握任何时刻无人机的位置。对于无人机来说,当自主飞行时,也需要无人机在飞行过程中的任何时刻知道自己的位置。

无人机载导航系统主要分非自主(GPS 等)和自主(惯性制导)两种,但分别有易受干扰和误差积累增大的缺点,而未来无人机的发展要求障碍回避、物资或武器投放、自动进场着陆等功能,需要高精度、高可靠性、高抗干扰性能,因此多种导航技术结合的“惯性 + 多传感器 + GPS + 光电导航系统”将是未来发展的方向。

7.1.1　无人机发展及其导航方式

无人驾驶飞机是一种有动力、可控制、能携带多种任务设备,执行多种任务,并能重复使用的无人驾驶航空器,国际上简称无人机(UAV)。

纵观无人机的发展历史,大致经历了四个阶段:

第一阶段,即 20 世纪 50～60 年代,主要用作防空兵器性能鉴定和部队训练的靶标(Target Drone)。

第二阶段,即 20 世纪 70 年代以后,除用作靶机外,大量用作执行战场军事侦察任务的无人侦察机(Remote Piloted Vehicle,简称 RPV)。

第三阶段,即 20 世纪 80 年代以后,其用途大为扩充,广泛用于战场监侦、电子对抗、目标对抗、目标指示、战果评估、通信中继,以及大地测绘、资源探测、空气采样、环保监视、交通管理等各种用途。期间无人机的飞行控制与飞行管理也有很大改进,实现了超视距控制和自主飞行。故国际上不再称 RPV,而改称 UAV。

第四阶段,20 世纪 90 年代,即海湾战争之后,在军事需求推动和技术进步的支持下,无人机技术取得飞跃式发展,自动化和智能化程度得到提高。

微型无人机 MUAV (Micro UAV)是 20 世纪 90 年代中期出现的一个新生事物,由于微型无人机在战场侦察、生化探测等诸多方面有着巨大的应用潜力,发展特别快。现在微型无人机还处于研究阶段,其飞行方式,有像飞机一样采用固定翼的,有像昆虫一样采用扑翼的,也有像直升机一样采用旋翼的。

国外参与研制微型无人机工作的主要是美国的洛克希德公司。最近,美国国防高级研究计划局提出的微型无人机计划已进入飞行试验阶段。洛克希德旗下的桑德公司研制了四种不同尺寸的微型无人机模型(翼展为 60.95,48.26,30.48 和 15.24 cm),用于进行飞行试验。其中“黑寡妇”微型无人机已顺利通过飞行试验,该机翼展为 15.24 cm,飞行速度为 48 km/h,飞行时间为 22 min,机上装有一台照相机。试飞中飞机的整个操纵过程能够全部显示在地面监视器上,机上装有一个 5 g 重的 GPS 装置。另外,美国还进行了直升翼和扑翼型微型无人机的研究。

国内很早就开始了无人机的研究,西北工业大学早在 1958 年就成功研制出了中国第一架无人驾驶飞机;2000 年,南京航空航天大学成功研制了无人驾驶直升机;2002 年 6 月,南京航空航天大学和上海雏鹰科技有限公司共同研制的 LE110 无人驾驶直升机在上海成功首飞。

对于无人机的导航系统而言,有诸多的导航技术,如无线电导航、天文导航、卫星导航、惯性导航等都已广泛应用,但目前应用主要是以惯性导航和 GPS 为主。随着技术的发展,微型化、低成本的 MEMS 惯性器件和惯导系统将更适合于各类微型无人机,具有良好的前景,但目前其精度性能还有待进一步提高，美国的几种无人机采用的导航方式见表7-1。

表7-1　美国无人机采用的导航系统

无人机名称	导航方式
联合技术无人机“先锋”	GPS
联合战术无人机“猎人”	GPS
无人机“捕食者”	GPS/INS
无人机“全球鹰”	GPS/INS
无人机“暗星”	GPS/INS

7.1.2　无人机导航的方法和分类

无人机导航方法通常分为自主和非自主两大类。所谓自主导航，其严格的定义是：无人机完全依靠自身所载的设备，自主地完成导航任务，和外界不发生任何光、电联系；否则称为非自主导航。

目前广泛使用的导航方法主要有以下五种。

1)航标方法。这是一种借助于信标或参照物把无人机从一个地点引导到另一个地点的方法，过去人们习惯称之为目视方法。在飞机着陆时，这种方法仍在使用，经验性很强。

2)航位推算法。通过推算一系列测量的速度增量来确定位置。目前，航位推算法仍在广泛使用于航海、航空和车辆自动定位系统中。航位推算导航技术克服了前一种方法的缺点，不受天气、地理条件的限制，保密性强，是一种自主式导航。但随着时间的推移，其位置累积误差会越来越大。

3)天文导航。通过对天体精确定时观测来定位的一种方法，目前仍广泛用在航海和航天，特别是星际航行中。它的缺点是误差累积及受时间和气象条件的限制，定位时间长，操作计算比较复杂。

4)惯性导航。惯性导航系统(Inertial Navigation System，简称INS)通过积分安装在稳定平台(物理或数学的)上的加速度计的加速度输出来确定载体的位置和速度。它的应用领域非常广泛，可用于空间、航空、陆地、海上和水下，但INS的漂移误差会随时间累积。因此，目前INS多与其他导航系统组合使用。

5)无线电导航。通过测量无线电波从发射台天线到接收机天线的传输时间来定位的一种方法(也有测量无线电信号的相位或相角的)。按照发射机或转发器所在的位置，无线电导航可分为陆基导航系统和星基导航系统，如罗兰-C(Loran-C)、奥米伽(Omega)、塔康(Tacan)、伏尔(Vor)、测距仪(DEM)等为陆基导航系统，而子午仪(Transit)、全球定位系统(GPS)、全球卫星导航系统(GLONASS)等为星基导航系统，目前这些导航系统大约有100多种。

7.1.3　卫星导航系统

卫星导航系统由空中部分(卫星)、地面部分(全球监测站和控制站)和用户接收设备构成。

以 GPS 为例，导航卫星不断地发射导航电文，用户根据接收到卫星信号传播到用户经历的时间和在卫星星历时间记录的卫星的位置计算出伪距(PR)。当用户接收到 4 个以上的卫星信号时，就可以计算出用户所在三维坐标 x,y,z 和户接受机使用的时钟与卫星星载时钟差值 Δt。

卫星导航系统允许电子接收器确定它的所在位置(经度、纬度、高度和时间)，其优点是全球性、全天候、导航精度无时间累积误差，实时性较出色。卫星导航系统使无人机飞行范围得到很大的延伸，尤其是对于中空长航时无人机(MALE)和高空长航时无人机(HALE)无人机系统的使用。

7.1.4　惯性导航系统

惯性导航系统是一种不依赖外部信息，也不向外辐射能量的自主式导航系统，在给定的运动初始条件下，利用惯性敏感元件测量飞机相对惯性空间的线运动和角运动参数，用计算机推算出飞机的速度、位置、姿态等参数，从而引导飞机飞行。因此，惯性导航系统具有隐蔽性好，全天候工作能力等独特优点。但是惯性导航系统的精度取决于单个传感器的精度，实际空间位置的漂移是不可避免的，并随时间累积。各类惯性导航系统，根据环境和性能要求的不同，可以广泛地应用在无人机上。以捷联惯导为例，其原理见图 7－2。

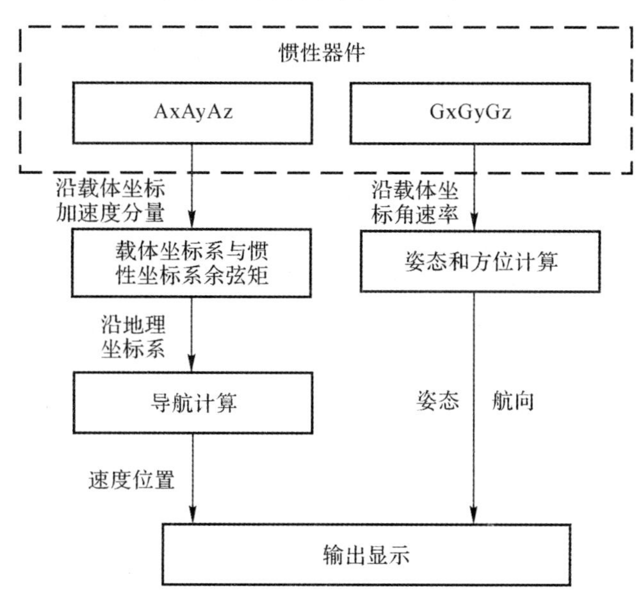

图 7－2　捷联惯导原理图

捷联惯导位置计算公式为

$$f^n = Tf^b$$

$$\dot{V}_{en} = f - (2\omega_{ie} + \omega_{en}) * V_{en} + g$$

$$\varphi = \frac{\dot{V}^n_{eny}}{R_M}$$

$$\dot{\lambda} = \frac{\dot{V}^n_{enx}}{R_N}\sec\varphi$$

$$\dot{h} = V^n_{enz}$$

式中，f^n 为惯性坐标系比力；f^b 为载体坐标系比力；R_M 为子午圈曲率半径；R_N 为卯酉圈曲率半径。

7.1.5 无线电跟踪系统

无线电跟踪测量系统一般由飞行器上设备和地面设备组成，其基本工作原理是把有关信号调制在由发射机产生的无线电载波上，通过天线辐射到空间，被飞行器上的应答机接收、转发，或被目标直接反射，返回地面；也可由飞行器上的信标机直接发送无线电信号到地面。对于短程无人机（飞行距离为 80～100 km）而言，无线电跟踪是一种成熟的技术，尤其是应用与山区战场侦察和地面攻击，或者是短程的海防，例如沿海岸的侦察。

窄波束上下行数据链信号携带有时间信息，地面控制站和飞行器上的计算机利用此时间信息计算它们之间的距离。地面控制站的水平接收天线使其能够在方位上锁定并跟踪飞行器，并向飞行器发送指令信息。

7.1.6 多普勒导航

多普勒导航是利用多普勒效应实现无线电导航，机载系统由机械仪表、多普勒雷达和机载计算机等组成。多普勒雷达测得的飞机速度信号与航向姿态系统测得的无人机姿态信息送入计算机，计算出飞机的地速矢量并对地速进行运算，得出飞机当时的实际位置。利用这个位置信息进行航线等计算，实现对飞机的导航。飞机因侧风而偏航时，多普勒雷达还用于测量偏流角的数据并对飞机的航向进行修正。根据气流偏流角的大小来反映地速、风速和空速之间的对应关系。磁罗盘或陀螺仪可以测出飞机的航向角，即飞机纵轴方向与正北方向之间的夹角。

根据多普勒雷达提供的地速和偏流角数据，以及磁罗盘或陀螺仪表提供的航向数据，导航计算机就可以不断地计算出飞机飞过的路线。

多普勒导航系统有无需地面设备，不受地区和气候条件限制等优点。但是当飞机姿态超过一定限度时，多普勒雷达不能接收回波，并且存在时间累积误差。

7.1.7 图形匹配导航系统

预先将无人机经过的地域，通过大地测量、航空摄影或已有的地形图等方法将地形数据（主要是地形位置和高度数据）制成数字化地图，存储在机载计算机中，当飞机飞越上述区域时，其上的探测设备再次对该区域进行测量并与预先存储的原图进行比较，确定实际位置和位置偏差，从而实现对无人机的导航。单纯的图形匹配导航不能提供地理坐标位置，必须和其他导航方式进行组合，更多的是图形/惯性组合。图形匹配导航可分为地形匹配导航和景象匹配导航两种。

7.1.8 地磁导航

地磁场是矢量场，在地球近地空间内任意一点的地磁矢量与其他地点的地磁矢量是不同的，且与该地点的经纬度是一一对应的。因此，理论上只要知道该点的地磁场矢量就可实现全球定位。

根据地磁数据处理模式的不同，地磁导航分为地磁匹配与地磁滤波。目前应用较为广泛的是地磁匹配，它是把预先规划好的航迹中某些点的地磁矢量绘制成参考图存储在机载计算机中，当载体飞越这些预先规划地区时，由地磁测量仪器实时测量出飞越这些点的地磁矢量，构成实时图。

在机载计算机中，对实时图与参考图进行相关匹配，计算出飞机的实时坐标位置，供导航计算机解算导航信息。

地磁导航具有无源、隐蔽性强、无辐射不受干扰、全天候、全地域、全天时、能耗低等特点，但是需要存储大量的地磁数据，且导航精度易受其他机载设备的干扰。地磁导航在国内外都还是一个新兴技术，目前尚未成功应用于无人机。

7.1.9　天文导航

天文导航是根据天体来测定飞行器位置和航向的导航技术。根据天体的坐标位置和它的运动规律以及地平信息，构成飞机高度角，根据几何运算来获取飞机的位置。在国内尚未将天文导航普遍应用于无人机，但是随着人们对卫星导航缺陷的认识不断加深，天文导航将逐渐成为高空长航时无人机的首选导航系统。

7.2　不同类型无人机的导航系统

7.2.1　高空长航时无人机导航系统

飞行高度大于15 000 m，续航时间大于24 h。这种无人机主要完成远程（横跨地球）侦查监视任务，并逐渐具备攻击能力。

高空长航时无人机的导航系统应该满足定位精确、高可靠性和自主性、长航时性能等要求。作为高空长航时无人机的典型案例，稳定、高精度的导航系统是“全球鹰”无人机（见图7-3）成功的重要保证。由于“全球鹰”无人机要在近20 000 m的高空执行侦查任务，其运行环境决定了对导航系统的特殊性能要求。

“全球鹰”	
翼展	39.9 m
机长	14.5 m
最大起飞质量	14 628 kg
最大续航时间	35 h
最大飞行高度	19 800 m

图7-3　RQ-4A“全球鹰”无人机

全球鹰无人机导航系统硬件上采用双冗余设计，机载导航软件则包括嵌入式软件的信息融合算法、故障检测隔离算法等。全球鹰无人机导航系统整体示意图见图 7-4。

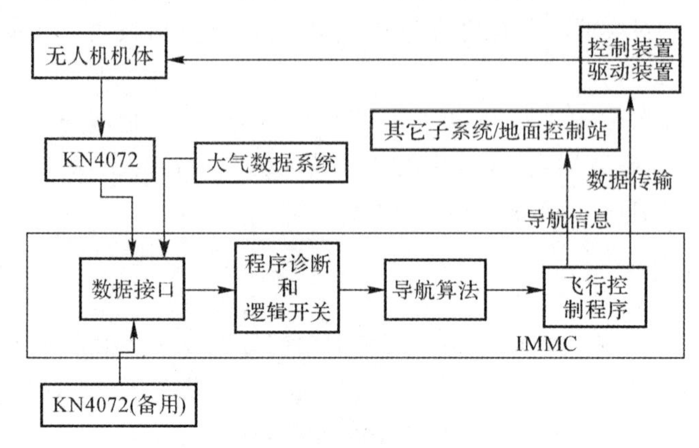

图 7-4　全球鹰无人机导航系统整体示意图

为了满足高空长航时无人机对导航系统提出的精度和可靠性等性能指标要求，需要设计一个 INS/GPS/BDS/ADS 组合导航系统。

捷联惯性导航系统是一种完全自主的导航系统，具有隐蔽性好、不受气象条件和电子环境限制、短时间导航精度高、导航信息完备、数据刷新率高、实时性好等优点，在航空、航天、航海和许多民用领域得到了广泛应用，已成为目前各类运载体首选的一种导航设备。其主要缺点是导航误差随时间积累、高精度惯性传感器价格昂贵等。组合导航是目前解决系统导航误差随时间积累、降低成本的一种行之有效的主要手段。

捷联惯性导航系统和全球定位系统具有很好的优缺点互补特性，但是，GPS 受美国国防部控制，可能在非常时期被关闭或限制使用，同时 GPS 的导航精度和可靠性与运载体的动力学特性及信号的通视性有关，抗干扰性能差，这给 INS/GPS 组合导航系统的可靠使用带来了巨大的安全隐患。因此，GPS 只能作为组合导航系统的辅助设备之一，用于提高系统的导航精度，另外还需要其他导航设备以保证系统的可靠性。

“北斗”卫星导航系统(BDS)是我国自行研制的区域性卫星导航系统，具有完全的自主知识产权，作为一种全天候高精度的卫星导航系统，其导航精度与 GPS 相当。跟 GPS 一样，捷联惯性导航系统和“北斗”卫星导航系统同样具有很好的优缺点互补特性，因此，将捷联惯性导航系统和“北斗”卫星导航系统进行组合不仅能够提高系统的导航精度，而且还能为系统可靠运行提供保障。

大气数据系统(ADS)利用安装在载体外侧的压力传感器、总温传感器和攻角传感器测量运载体周围流场的动压、静压、总温和攻角，并将这些信息送到计算机中进行解算，得到运载体的气压高度和速度等导航信息，这些信息是对“北斗”卫星导航系统很好的补充。大气数据系统属于自主导航系统，可靠性高，不受高度、地形等因素的影响，是一种较为理想的辅助导航设备。

因此，为了满足高空长航时无人机对导航系统提出的精度和可靠性等性能指标要求，需要设计一个 INS/GPS/BDS/ADS 组合导航系统。目前，在组合导航系统中常用的信息融合算法有集中滤波、分散滤波和联邦滤波等。在综合考虑了高空长航时无人机导航系统的任务要求之后，选用了自适应联邦滤波算法作为 INS/GPS/BDS/ADS 组合导航系统的信息融合算法，

图 7－1 给出了相应的高空长航时无人机组合导航系统结构，各局部滤波器先独立地进行时间更新和测量更新，然后进行故障检测，若第 i 个局部滤波器发生故障，则对第 i 个子系统进行隔离并重构系统，若无故障，则送入主滤波器进行信息融合处理，得到全局估计，其系统结构见图 7－5。

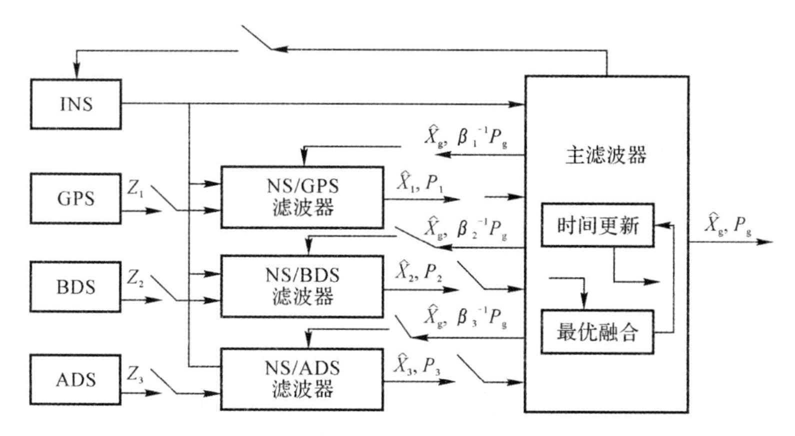

图 7－5　高空长航时无人机导航系统

7.2.2　中程或战术无人机导航系统

当前无人作战飞机主要任务是压制敌人的防空系统、打击地面关键机动目标和兵力支援。中程或战术无人机按执行的任务分为三类：无人战斗机、无人侦察机和无人攻击机。

对于无人侦察机，主要任务长时间侦察，用于对抗强度较弱的环境。根据无人侦察机执行任务的特点，导航系统一般采用卫星导航/惯性导航方式。对于无人战斗机和无人攻击机，在与敌方作战环境下工作，受到的电磁干扰较大。为了防止被探测到，常在较低的飞行高度执行任务。可以采用惯性导航/地形匹配的导航方式。“不死鸟”无人机是由英国马可尼公司研制的一种中程无人侦察机，相关性能指标见图 7－6，该机曾在科索沃战争中发挥了重要作用。

“不死鸟”	
翼展	5.5 m
巡航速度	158 km/h
最大起飞质量	177 kg
最大续航时间	4 h
任务作用半径	50 km

图 7－6　“不死鸟”无人机

其导航系统基本原理中速度与位置综合见图 7-7，利用 GPS 与 INS 的位置和速度差值，对 INS 进行修正。这种组合系统相对简单，两个系统相对独立，使得导航信息留有冗余。

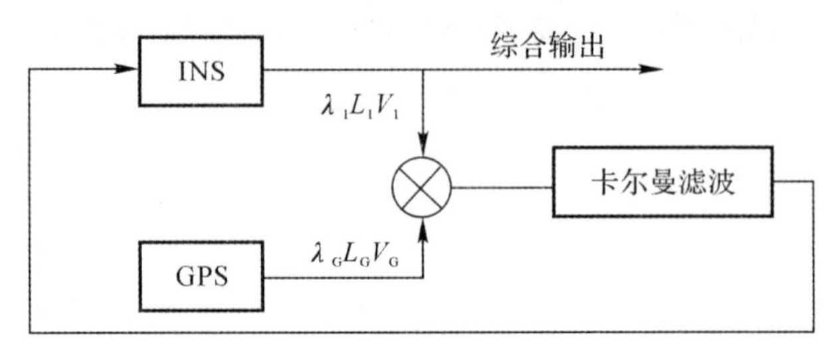

图 7-7　速度与位置综合

7.2.3　微小型无人机导航系统

微小型无人机在军事上主要应用于侦察、精确打击，工作的环境较复杂，隐蔽性能要求高，但是由于负载能力不足，使其不能携带过多的传感器。考虑到微小型无人机的自身性能和环境，需要采用高健壮性的导航方式。因而微小型无人机导航系统可采用卫星导航/视觉组合导航方式。

微型无人机在军事和民用方面都具有广泛的应用价值，长期以来都是国内外很多机构和组织的热点研究项目。导航与定位系统在微型无人机自主飞行中占有重要的地位。下面针对微型无人机特点及其对导航定位需求介绍全球定位系统 GPS 在其导航定位中的应用。

微型无人机 MUAV 的导航定位系统由二大部分组成：一是空中飞行器部分，二是地面监控站部分，见图 7-8。

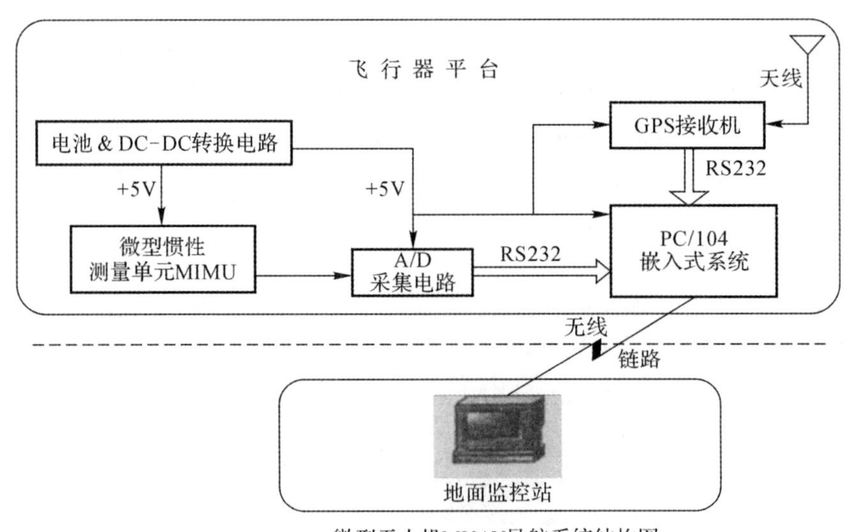

微型无人机MUAV导航系统结构图

图 7-8　微型无人机 MUAV 的导航定位系统组成

空中飞行器部分包括：

1）微型无人机 MUAV。以 Raptor60 微型模型直升机为例，空中飞行器其主要参数为：机身长 1 370 mm、宽 190 mm、高 465 mm，主旋翼直径 1 540 mm，尾旋翼直径 260 mm，飞机自射质量为4 668 g,它可以携带的最大质量为4 kg左右。

2)GPS接收机。美国Garmin公司生产的型号为GPS25LP的GPS接收机OEM板。GPS25LP是一个廉价的12通道C/A码导航型单频GPS接收。它有两个RS232串行数据通信接口,可进行单机定位和差分定位,其中单机定位平面精度为15 m,差分定位为5 m。

3)微型惯性测量单元MIMU。MIMU测量模块由三只CG-16D型微机械陀螺仪,三只ADXL202E型微硅加速度计以及不锈钢正交六面体基座等组成。其中CG-16D的测量范围为$\pm 90°/s$,分辨率为$1.0°/s$。ADXL202E的测量范围为± 2 g,分辨率为5×10^{-3} g。

4)电源模块。系统空载平台采用一套4 Ah 14.8 V的锂电池组供电,通过加载DC-DC转换模块和LM2679-12.0开关型电压调节模块来提供5 V和12 V两种稳定的电压输出。

5)机载主控制器。使用PC/104系统板卡,其主要性能:采用内置浮点运算协处理器的高性能、低功耗Intel Tilamook266MHzCPU;板带两串口一并口,10/100 Mbps自适应以太网口;32-pin电子盘插座,支持大容量可读写FLASH DiskOnChip芯片;44 pin的增强型IDE接口,支持大容量的DiskOnModule存储模块。该PC104板卡体积小、结构紧凑、工作温度宽,特别适合应用于嵌入式控制系统中。

空中飞行器部分的主要任务是将GPS接收机、微型惯性测量单元MIMU获取的信息传送到机载主控制器(PC/104),通过一定的导航定位算法得到MUAV的飞行姿态和导航定位信息,并通过无线通信设备传输到地面监控站。

地面监控站:采用一台普通的PC机作为地面控制站,PC机上连接的外围设备有无线网卡和图像接收装置等。地面监控站的主要任务是接收并保存空中平台传输下来的MUAV的飞行姿态、位置、速度等信息,监视和复现MUAV的飞行状态、飞行航线等。

此外,地面监控站还负责向MUAV发送指令临时改变自主导航飞行的航线或终止自主导航飞行。

7.3　无人机导航系统发展方向

7.3.1　研制生产新型的惯性导航系统,提高导航精度

随着激光惯导、光纤惯性导航和微固态惯性仪表等惯性导航系统的研制和应用,现代微机电系统的发展,微机械惯性导航系统的研制。惯性导航系统的功耗和体积变得越来越小,更加适于战术应用。加上加工工艺水平的提升和关键理论、技术的突破,会研发出更多高精度惯性导航装置。

7.3.2　新型导航技术的不断发展,为无人机导航提供更多选择

随着脉冲星导航、重力场导航、冷原子导航技术和量子导航等导航技术的不断完善和应用化发展,未来无人机导航将有更多的导航技术选择。

7.3.3　增加导航组合因子,提高导航健壮性

未来无人机对导航的稳定性和可靠性等性能提出了更高要求,增加组合导航因子,不再依赖于某一项或者某几项导航技术,当其中的一项或者几项因子不能正常工作时,不会影响无人

机的正常导航性能需求。

7.3.4 面对不确定环境，具备智能性、自适应性的导航能力

近年来，无人机系统正向多任务系统发展，其种类涵盖了由微小型到高空长航时无人机，全空域覆盖。可以预见，未来的使用需求和作战环境将会变得复杂且不确定，通常不会根据预先设定的航行计划飞行，而需要临时调整或重新制定飞行计划，遇到突发事件时，需要导航系统根据无人机的任务特点及作战环境运用多传感器技术、自适应技术、神经网络技术和现代控制理论，及时采用与之相适应的导航方式。未来无人机导航系统的发展将面对不确定环境，应具备智能性、自适应性的导航能力。

思考题

1. 无人机导航系统在无人机完成任务中处于什么样的地位？
2. 哪些系统可以支撑无人机导航系统？
3. 什么是图形匹配导航系统？
4. 简述无人机导航系统的发展方向。

附录：北斗卫星导航系统空间信号接口控制文件

公开服务信号(2.1 版)

中国卫星导航系统管理办公室
2016 年 11 月

1. 声明

北斗卫星导航系统空间信号接口控制文件(以下简称 ICD)由中国卫星导航系统管理办公室发布,中国卫星导航系统管理办公室对本文件保留最终解释权。

2. 文件范畴

本 ICD 定义了北斗卫星导航系统空间星座和用户终端之间公开服务信号 B1I 和 B2I 的相关内容。其中,B2I 信号将随着全球系统建设逐步被性能更优的信号取代。

3. 北斗系统概述

3.1 空间星座

北斗卫星导航系统简称北斗系统,英文缩写为 BDS,其空间星座由 5 颗地球静止轨道(GEO)卫星、27 颗中圆地球轨道(MEO)卫星和 3 颗倾斜地球同步轨道(IGSO)卫星组成。GEO 卫星轨道高度 35 786 km,分别定点于东经 58.75°,80°,110.5°,140°和 160°;MEO 卫星轨道高度 21 528 km,轨道倾角 55°;IGSO 卫星轨道高度 35 786 km,轨道倾角 55°。

3.2 坐标系统

北斗系统采用 2000 中国大地坐标系(CGCS2000)。CGCS2000 大地坐标系的定义如下:

1)原点位于地球质心;

2)z 轴指向国际地球自转服务组织(IERS)定义的参考极(IRP)方向;

3)x 轴为 IERS 定义的参考子午面(IRM)与通过原点且同 z 轴正交的赤道面的交线;

4)y 轴与 z,x 轴构成右手直角坐标系。

CGCS2000 原点也用作 CGCS2000 椭球的几何中心,z 轴用作该旋转椭球的旋转轴。CGCS2000 参考椭球定义的基本常数为

长半轴: $a = 6\ 378\ 137.0$ m

地球(包含大气层)引力常数：　　$\mu=3.986\ 004\ 418\times10^{14}\ \mathrm{m^3/s^2}$

扁率：　　$f=1/298.257\ 222\ 101$

地球自转角速度：　　$\dot{\Omega}_e=7.2921150\times10^{-5}\ \mathrm{rad/s}$

3.3 时间系统

北斗系统的时间基准为北斗时(BDT)。BDT 采用国际单位制(SI)s 为基本单位连续累计，不闰秒，起始历元为 2006 年 1 月 1 日协调世界时(UTC)00:00:00，采用周和周内秒计数。BDT 通过 UTC(NTSC)与国际 UTC 建立联系，BDT 与 UTC 的偏差保持在 100 ns 以内(模 1 s)。BDT 与 UTC 之间的闰秒信息在导航电文中播报。

4 信号规范

4.1 信号结构

B1,B2 信号由 I,Q 两个支路的“测距码＋导航电文”正交调制在载波上构成。

B1,B2 信号表达式分别如下：

$$S_{B1}^j=A_{B1\mathrm{I}}C_{B1\mathrm{I}}^j(t)D_{B1\mathrm{I}}^j(t)\cos(2\pi f_1 t+\varphi_{B1\mathrm{I}}^j)+A_{B1Q}C_{B1Q}^j(t)D_{B1Q}^j(t)\sin(2\pi f_1 t+\varphi_{B1Q}^j)$$

$$S_{B2}^j=A_{B2\mathrm{I}}C_{B2\mathrm{I}}^j(t)D_{B2\mathrm{I}}^j(t)\cos(2\pi f_1 t+\varphi_{B2\mathrm{I}}^j)+A_{B2Q}C_{B2Q}^j(t)D_{B2Q}^j(t)\sin(2\pi f_1 t+\varphi_{B2Q}^j)$$

式中：

上角标 j：表示卫星编号；

$A_{B1\mathrm{I}}$：表示 B1 Ⅰ 信号振幅；

$A_{B2\mathrm{I}}$：表示 B2 Ⅰ 信号振幅；

A_{B1Q}：表示 B1Q 信号振幅；

A_{B2Q}：表示 B2Q 信号振幅；

$C_{B1\mathrm{I}}$：表示 B1 Ⅰ 信号测距码；

$C_{B2\mathrm{I}}$：表示 B2 Ⅰ 信号测距码；

C_{B1Q}：表示 B1Q 信号测距码；

C_{B2Q}：表示 B2Q 信号测距码；

$D_{B1\mathrm{I}}$：表示调制在 B1 Ⅰ 测距码上的数据码；

$D_{B2\mathrm{I}}$：表示调制在 B2 Ⅰ 测距码上的数据码；

D_{B1Q}：表示调制在 B1Q 测距码上的数据码；

D_{B2Q}：表示调制在 B2Q 测距码上的数据码；

f_1：表示 B1 信号载波频率；

f_2：表示 B2 信号载波频率；

$\varphi_{B1\mathrm{I}}$：表示 B1 Ⅰ 信号载波初相；

$\varphi_{B2\mathrm{I}}$：表示 B2 Ⅰ 信号载波初相；

φ_{B1Q}：表示 B1Q 信号载波初相；

φ_{B2Q}：表示 B2Q 信号载波初相。

4.2 信号特性

4.2.1 载波频率

B1 Ⅰ 信号和 B2 Ⅰ 信号的载波频率在卫星上由共同的基准时钟源产生。其中，B1 Ⅰ 信号的标称载波频率为 1 561.098 MHz，B2 Ⅰ 信号的标称载波频率为 1 207.140 MHz。

4.2.2 调制方式

卫星发射信号采用正交相移键控(QPSK)调制。

4.2.3 极化方式

卫星发射信号为右旋圆极化(RHCP)。天线轴比见附表 4-1。

附表 4-1 卫星天线轴比

卫星类型	天线轴比
GEO	天线轴比小于 2.9 dB,范围:±10°。
MEO	天线轴比小于 2.9 dB,范围:±15°。
IGSO	天线轴比小于 2.9 dB,范围:±10°。

4.2.4 载波相位噪声

未调制载波的相位噪声功率谱密度指标(单边带)如下:

−60 dBc/Hz　　@f_0±10 Hz

−75 dBc/Hz　　@f_0±100 Hz

−80 dBc/Hz　　@f_0±1 kHz

−85 dBc/Hz　　@f_0±10 kHz

−95 dBc/Hz　　@f_0±100 kHz

其中,f_0 指 B1Ⅰ信号或 B2Ⅰ信号的载波频率。

4.2.5 用户接收信号电平

当卫星仰角大于 5°,在地球表面附近的接收机右旋圆极化天线为 0 dB 增益时,卫星发射的导航信号到达接收机天线输出端的 I 支路最小保证电平为−163 dBW。

4.2.6 信号复用方式

信号复用方式为码分多址(CDMA)。

4.2.7 卫星信号工作带宽及带外抑制

1)工作带宽(1 dB):4.092 MHz(以 B1Ⅰ信号载波频率为中心);
20.46 MHz(以 B2Ⅰ信号载波频率为中心)。

工作带宽(3 dB):16 MHz(以 B1Ⅰ信号载波频率为中心);
36 MHz(以 B2Ⅰ信号载波频率为中心)。

2)带外抑制:≥15 dB,f_0±30 MHz。f_0 指 B1Ⅰ信号或 B2Ⅰ信号的载波频率。

4.2.8 杂散

卫星信号工作带宽(1 dB)内,带内杂波与未调制载波相比至少抑制 50 dB。

4.2.9 信号相关性

1)B1,B2 信号 I,Q 支路的 4 路测距码相位差(包含发射通道时延差)随机抖动小于 1 ns(1σ)。

2)B1Ⅰ,B2Ⅰ信号载波与其载波上所调制的测距码间起始相位差随机抖动小于 3°(1σ)(相对于载波)。

3)I,Q 支路载波相位调制正交性小于 5°(1σ)。

4.2.10 星上设备时延差

星上设备时延指从卫星的时间基准到发射天线相位中心的时延。基准设备时延含在导航电文的钟差参数 a_0 中，不确定度小于 0.5 ns(1σ)。B1Ⅰ，B2Ⅰ信号的设备时延与基准设备时延的差值分别由导航电文中的 T_{GD1} 和 T_{GD2} 表示，其不确定度小于 1 ns(1σ)。

4.3 测距码特性

B1Ⅰ和 B2Ⅰ信号测距码（以下简称 C_{B1I} 码和 C_{B2I} 码）的码速率为 2.046 Mcps，码长为 2 046。

C_{B1I} 码和 C_{B2I} 码均由两个线性序列 G1 和 G2 模二加产生平衡 Gold 码后截短 1 码片生成。G1 和 G2 序列分别由两个 11 级线性移位寄存器生成，其生成多项式为

$G1(X)=1+X+X^7+X^8+X^9+X^{10}+X^{11}$

$G2(X)=1+X+X^2+X^3+X^4+X^5+X^8+X^9+X^{11}$

G1 和 G2 的初始相位为：

G1 序列初始相位：01010101010

G2 序列初始相位：01010101010

C_{B1I} 码和 C_{B2I} 码发生器见附图 4-1。

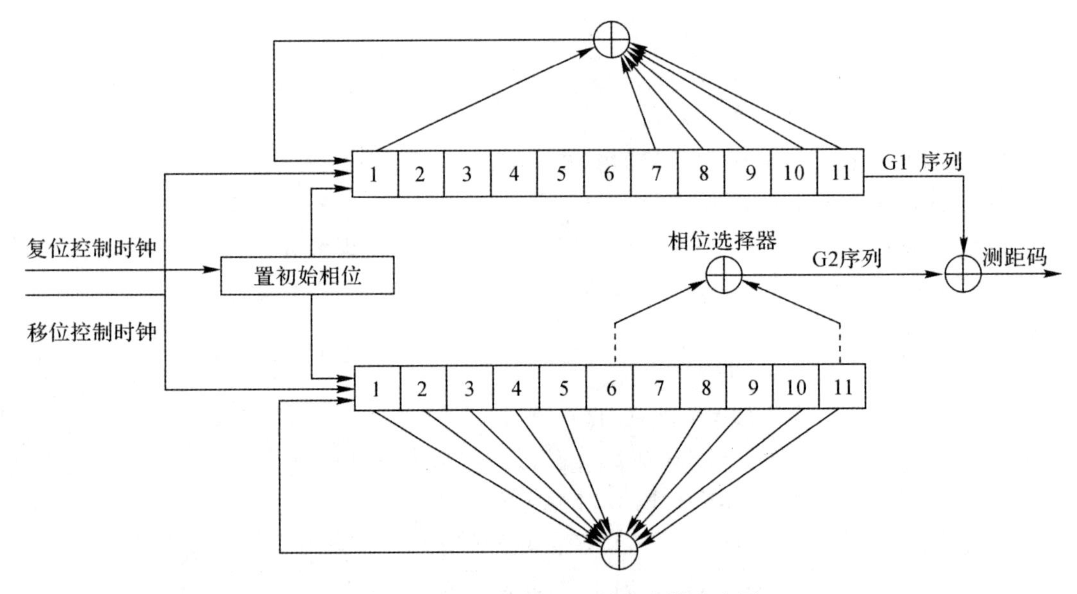

附图 4-1 C_{B1I} 码和 C_{B2I} 码发生器示意图

通过对产生 G2 序列的移位寄存器不同抽头的模二加可以实现 G2 序列相位的不同偏移，与 G1 序列模二加后可生成不同卫星的测距码。G2 序列相位分配见附表 4-2。

附表 4-2 G2 序列相位分配

编 号	卫星类型	测距码编号	G2 序列相位分配
1	GEO 卫星	1	1⊕3
2	GEO 卫星	2	1⊕4
3	GEO 卫星	3	1⊕5

续 表

编 号	卫星类型	测距码编号	G2 序列相位分配
4	GEO 卫星	4	1⊕6
5	GEO 卫星	5	1⊕8
6	MEO/IGSO 卫星	6	1⊕9
7	MEO/IGSO 卫星	7	1⊕10
8	MEO/IGSO 卫星	8	1⊕11
9	MEO/IGSO 卫星	9	2⊕7
10	MEO/IGSO 卫星	10	3⊕4
11	MEO/IGSO 卫星	11	3⊕5
12	MEO/IGSO 卫星	12	3⊕6
13	MEO/IGSO 卫星	13	3⊕8
14	MEO/IGSO 卫星	14	3⊕9
15	MEO/IGSO 卫星	15	3⊕10
16	MEO/IGSO 卫星	16	3⊕11
17	MEO/IGSO 卫星	17	4⊕5
18	MEO/IGSO 卫星	18	4⊕6
19	MEO/IGSO 卫星	19	4⊕8
20	MEO/IGSO 卫星	20	4⊕9
21	MEO/IGSO 卫星	21	4⊕10
22	MEO/IGSO 卫星	22	4⊕11
23	MEO/IGSO 卫星	23	5⊕6
24	MEO/IGSO 卫星	24	5⊕8
25	MEO/IGSO 卫星	25	5⊕9
26	MEO/IGSO 卫星	26	5⊕10
27	MEO/IGSO 卫星	27	5⊕11
28	MEO/IGSO 卫星	28	6⊕8
29	MEO/IGSO 卫星	29	6⊕9
30	MEO/IGSO 卫星	30	6⊕10
31	MEO/IGSO 卫星	31	6⊕11
32	MEO/IGSO 卫星	32	8⊕9
33	MEO/IGSO 卫星	33	8⊕10
34	MEO/IGSO 卫星	34	8⊕11
35	MEO/IGSO 卫星	35	9⊕10
36	MEO/IGSO 卫星	36	9⊕11
37	MEO/IGSO 卫星	37	10⊕11

5 导航电文

5.1 导航电文概述

5.1.1 导航电文划分

根据速率和结构不同，导航电文分为D1导航电文和D2导航电文。D1导航电文速率为50 bps，并调制有速率为1 kbps的二次编码，内容包含基本导航信息（本卫星基本导航信息、全部卫星历书信息、与其他系统时间同步信息）；D2导航电文速率为500 bps，内容包含基本导航信息和增强服务信息（北斗系统的差分及完好性信息和格网点电离层信息）。MEO/IGSO卫星的B1Ⅰ和B2Ⅰ信号播发D1导航电文，GEO卫星的B1Ⅰ和B2Ⅰ信号播发D2导航电文。

5.1.2 导航电文信息类别及播发特点

导航电文中基本导航信息和增强服务信息的类别及播发特点见附表5-1，其中电文的具体格式编排、详细内容及算法说明见后续章节内容。

附表5-1 D1,D2导航电文信息类别及播发特点

电文信息类别		比特数	播发特点	
帧同步码(Pre)		11	每子帧重复一次。	基本导航信息，所有卫星都有播发
子帧计数(FraID)		3		
周内秒计数(SOW)		20		
本卫星基本导航信息	整周计数(WN)	13	D1：在子帧1,2,3中播发，30 s重复周期。 D2：在子帧1页面1～10的前5个字中播发，30 s重复周期。 更新周期：1 h。	
	用户距离精度指数(URAI)	4		
	卫星自主健康标识(SatH1)	1		
	星上设备时延差(T_{GD1}，T_{GD2})	20		
	时钟数据龄期(AODC)	5		
	钟差参数(t_{oc}，a_0，a_1，a_2)	74		
	星历数据龄期(AODE)	5		
	历书参数(t_{oe}，$\sqrt{A}$，e，ω，Δn，M_0，Ω_0，$\dot{\Omega}$，i_0，IDOT，C_{uc}，C_{us}，C_{rc}，C_{rs}，C_{ic}，C_{is})	371		
	电离层模型参数(α_n，β_n，$n=0\sim3$)	64		
页面编号		7	D1：在第4和第5子帧中播发。 D2：在第5子帧中播发。	
历书信息	历书参数(t_{oa}，$\sqrt{A}$，e，ω，M_0，Ω_0，$\dot{\Omega}$，δ_i，a_0，a_1)	176	D1：在子帧4页面1～24、子帧5页面1～6中播发，12 min重复周期。 D2：在子帧5页面37～60，95～100中播发，6 min重复周期。 更新周期：小于7 d。	
	历书周计数(WNa)	8	D1：在子帧5页面7～8中播发，12 min重复周期。 D2：在子帧5页面35～36中播发，6 min重复周期。 更新周期：小于7 d。	
	卫星健康信息(Hea_i，$i=1\sim30$)	9×30		

续 表

<table>
<tr><th colspan="2">电文信息类别</th><th>比特数</th><th colspan="2">播发特点</th></tr>
<tr><td rowspan="4">与其它系统时间同步信息</td><td>与 UTC 时间同步参数
(A_{0UTC},A_{1UTC},t_{LS},t_{LSF},WN_{LSF},DN)</td><td>88</td><td rowspan="4">D1:在子帧 5 页面 9~10 中播发,12 min 重复周期
D2:在子帧 5 页面 101~102 中播发,6 min 重复周期。
更新周期:小于 7 d。</td><td rowspan="4">基本导航信息,所有卫星都有播发</td></tr>
<tr><td>与 GPS 时间同步参数
(A_{0GPS},A_{1GPS})</td><td>30</td></tr>
<tr><td>与 Galileo 时间同步参数
(A_{0Gal},A_{1Gal})</td><td>30</td></tr>
<tr><td>与 GLONASS 时间同步参数
(A_{0GLO},A_{1GLO})</td><td>30</td></tr>
<tr><td colspan="2">基本导航信息页面编号(Pnum1)</td><td>4</td><td>D2:在子帧 1 全部 10 个页面中播发</td><td rowspan="9">完好性、差分信息、格网点电离层信息只由 GEO 卫星播发</td></tr>
<tr><td colspan="2">完好性及差分信息页面编号(Pnum2)</td><td>4</td><td>D2:在子帧 2 全部 6 个页面中播发</td></tr>
<tr><td colspan="2">完好性及差分自主健康信息(SatH2)</td><td>2</td><td>D2:在子帧 2 全部 6 个页面中播发。更新周期:3 s</td></tr>
<tr><td colspan="2">北斗完好性及差分信息卫星标识(BDID$_i$,i=1~30)</td><td>1×30</td><td>D2:在子帧 2 全部 6 个页面中播发。更新周期:3 s</td></tr>
<tr><td rowspan="3">北斗卫星完好性及差分信息</td><td>用户差分距离误差指数(UDREI$_i$,i=1~18)</td><td>4×18</td><td>D2:在子帧 2 中播发。
更新周期:3 s</td></tr>
<tr><td>区域用户距离精度指数(RURAI$_i$,i=1~18)</td><td>4×18</td><td rowspan="2">D2:在子帧 2,3 中播发。
更新周期:18 s</td></tr>
<tr><td>等效钟差改正数(t_i,i=1~18)</td><td>13×18</td></tr>
<tr><td rowspan="2">格网点电离层信息</td><td>电离层格网点垂直延迟(dτ)</td><td>9×320</td><td rowspan="2">D2:在子帧 5 页面 1~13,61~73 中播发。
更新周期:6 min</td></tr>
<tr><td>电离层格网点垂直延迟误差指数(GIVEI)</td><td>4×320</td></tr>
</table>

5.1.3 导航电文数据码纠错编码方式

导航电文采取 BCH(15,11,1)码加交织方式进行纠错。BCH 码长为 15 bit,信息位为 11 bit,纠错能力为 1 bit,其生成多项式为 $g(X)=X^4+X+1$。

导航电文数据码按每 11 bit 顺序分组,对需要交织的数据码先进行串/并变换,然后进行 BCH(15,11,1)纠错编码,每两组 BCH 码,按 1 bit 顺序进行并/串变换,组成 30 bit 码长的交织码,其生成方式见附图 5-1。

BCH(15,11,1)编码框图见附图 5-2。其中,4 级移位寄存器的初始状态为全 0,门 1 开,门 2 关,输入 11 bit 信息组 X,然后开始移位,信息组一路经或门输出,另一路进入 $g(X)$除法电路，经 11 次移位后 11 bit 信息组全部送入电路，此时移位寄存器内保留的即为校验位，最后门 1 关，门 2 开，再经过 4 次移位，将移位寄存器的校验位全部输出，与原先的 11 bit 信息组成一个长为 15 bit BCH 码。门 1 开，门 2 关，送入下一个信息组重复上述过程。

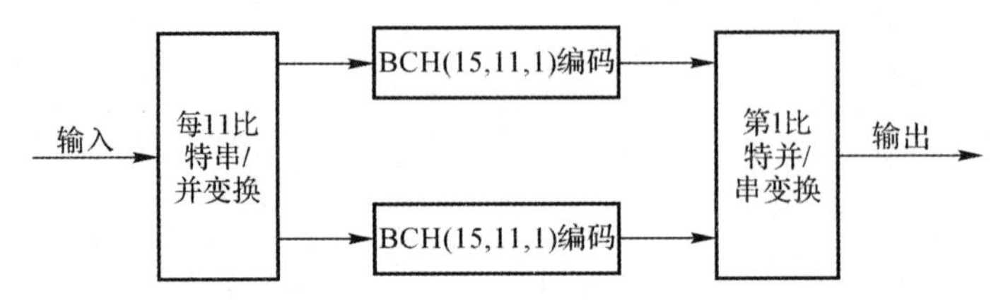

附图 5-1　导航电文纠错编码示意图

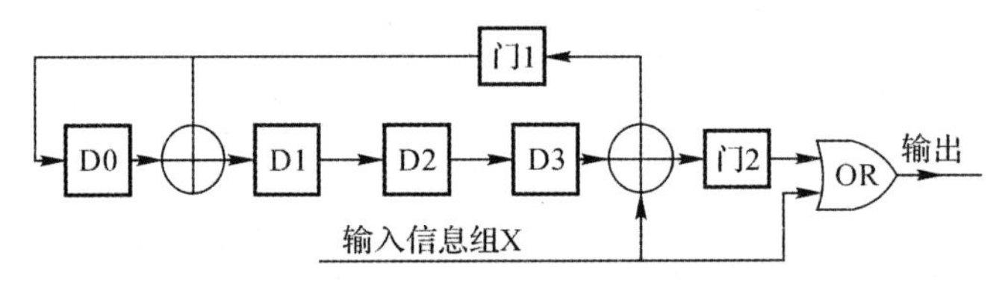

附图 5-2　BCH(15,11,1)编码框图

接收机接收到数据码信息后按每 1 bit 顺序进行串/并变换，进行 BCH(15,11,1)纠错译码，对交织部分按 11 bit 顺序进行并/串变换，组成 22 bit 信息码，其生成方式见附图 5-3。

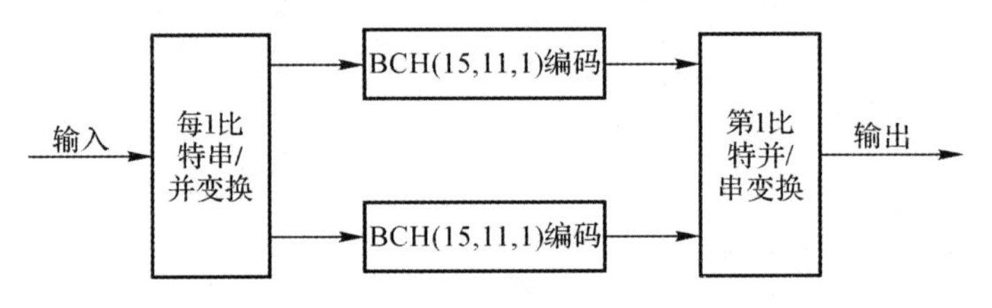

附图 5-3　导航电文纠错译码示意图

BCH(15,11,1)译码框图见附图 5-4，其中，初始时移位寄存器清零，BCH 码组逐位输入到除法电路和 15 级纠错缓存器中，当 BCH 码的 15 位全部输入后，纠错信号 ROM 表利用除法电路的 4 级移位寄存器的状态 D3，D2，D1，D0 查表，得到 15 位纠错信号与 15 级纠错缓存器里的值模二加，最后输出纠错后的信息码组。纠错信号的 ROM 表见附表 5-2。

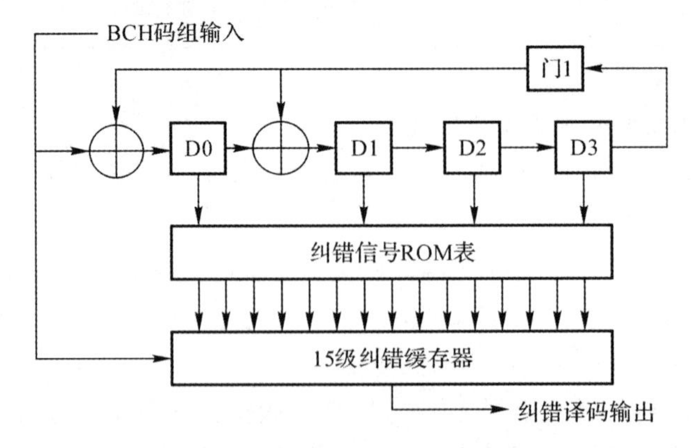

附图 5-4　BCH(15,11,1)译码框图

附表 5-2 纠错信号的 ROM 表

D3D2D1D0	15 位纠错信号
0000	000000000000000
0001	000000000000001
0010	000000000000010
0011	000000000010000
0100	000000000000100
0101	000000100000000
0110	000000000100000
0111	000010000000000
1000	000000000001000
1001	100000000000000
1010	000001000000000
1011	000000010000000
1100	000000001000000
1101	010000000000000
1110	000100000000000
1111	001000000000000

每两组 BCH(15,11,1)码按比特交错方式组成 30 bit 码长的交织码,30 bit 码长的交织码编码结构为:

X_1^1	X_2^1	X_1^2	X_2^2	…	X_1^{11}	X_2^{11}	P_1^1	P_2^1	P_2^1	P_2^2	P_1^3	P_2^3	P_1^4	P_2^4

其中:X_i^j 为信息位,i 表示第 i 组 BCH 码,其值为 1 或 2;j 表示第 i 组 BCH 码中的第 j 个信息位,其值为 1~11;P_i^m 为校验位,i 表示第 i 组 BCH 码,其值为 1 或 2;m 表示第 i 组 BCH 码中的第 m 个校验位,其值为 1~4。

5.2 D1 导航电文

5.2.1 D1 导航电文上调制的二次编码

D1 导航电文上调制的二次编码是指在速率为 50 bps 的 D1 导航电文上调制一个 Neumann-Hoffman 码(以下简称 NH 码)。该 NH 码周期为 1 个导航信息位的宽度,NH 码 1 bit 宽度则与扩频码周期相同。见附图 5-5,D1 导航电文中一个信息位宽度为 20 ms,扩频码周期为 1 ms,因此采用 20 bit 的 NH 码(0,0,0,0,0,1,0,0,1,1,0,1,0,1,0,0,1,1,1,0),码速率为 1 kbps,码宽为 1 ms,以模二加形式与扩频码和导航信息码同步调制。

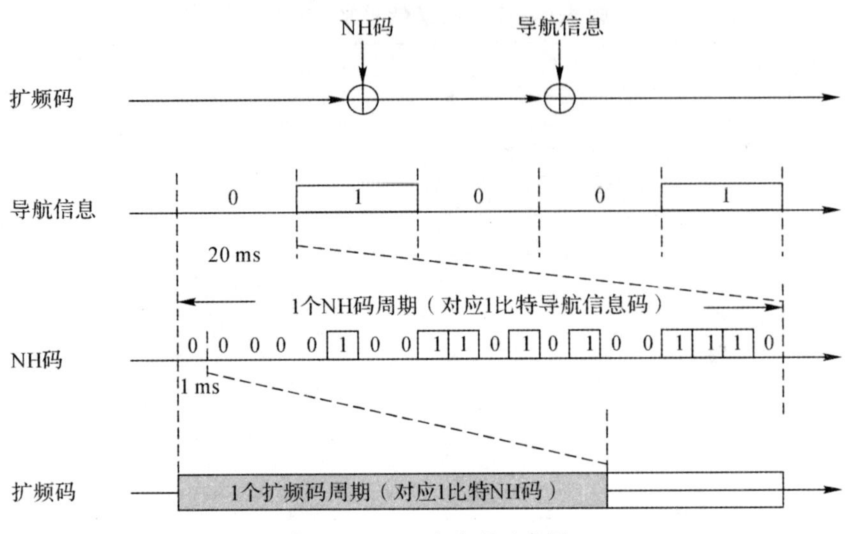

附图 5-5　二次编码示意图

5.2.2　D1 导航电文帧结构

D1 导航电文由超帧、主帧和子帧组成。每个超帧为 36 000 bit，历时 12 min，每个超帧由 24 个主帧组成（24 个页面）；每个主帧为 1 500 bit，历时 30 s，每个主帧由 5 个子帧组成；每个子帧为 300 bit，历时 6 s，每个子帧由 10 个字组成；每个字为 30 bit，历时 0.6 s。

每个字由导航电文数据及校验码两部分组成。每个子帧第 1 个字的前 15 bit 信息不进行纠错编码，后 11 bit 信息采用 BCH(15,11,1)方式进行纠错，信息位共有 26 bit；其他 9 个字均采用 BCH(15,11,1)加交织方式进行纠错编码，信息位共有 22 bit（可参考 5.1.3）。

D1 导航电文帧结构见附图 5-6。

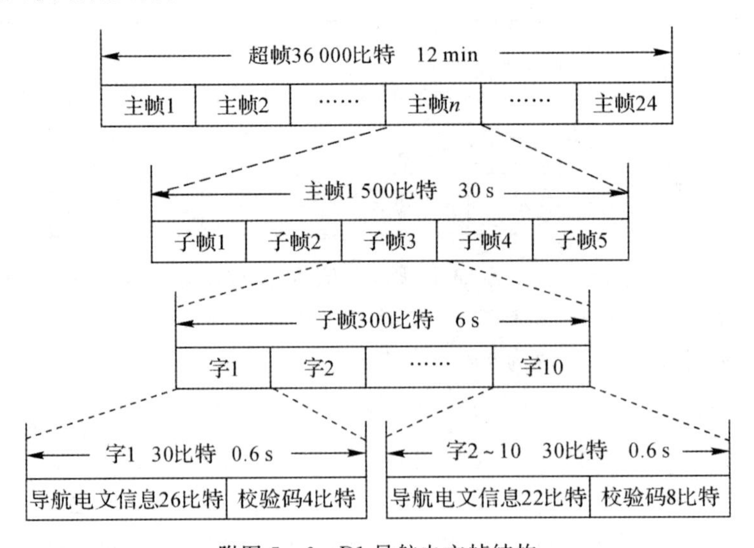

附图 5-6　D1 导航电文帧结构

5.2.3　D1 导航电文详细结构编排

D1 导航电文包含有基本导航信息，包括本卫星基本导航信息（包括周内秒计数、整周计数、用户距离精度指数、卫星自主健康标识、电离层延迟模型改正参数、卫星星历参数及数据龄期、卫星钟差参数及数据龄期、星上设备时延差)、全部卫星历书及与其他系统时间同步信息(UTC、其他卫星导航系统)。整个 D1 导航电文传送完毕需要 12 min。

D1 导航电文主帧结构及信息内容见附图 5-7。子帧 1 至子帧 3 播发基本导航信息;子帧 4 和子帧 5 的信息内容由 24 个页面分时发送,其中子帧 4 的页面 1～24 和子帧 5 的页面 1～10 播发全部卫星历书信息及与其它系统时间同步信息;子帧 5 的页面 11～24 为预留页面。

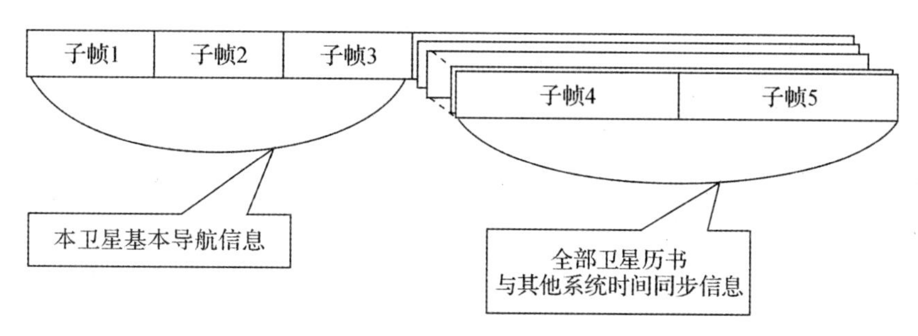

附图 5-7 D1 导航电文主帧结构与信息内容

D1 导航电文各子帧格式的编排见附图 5-8～5-11。

5.2.4 D1 导航电文内容和算法

5.2.4.1 帧同步码(Pre)

每一子帧的第 1～11 bit 为帧同步码(Pre),由 11 bit 修改巴克码组成,其值为“11100010010”,第 1 bit 上升沿为 s 前沿,用于时标同步。

5.2.4.2 子帧计数(FraID)

每一子帧的第 16～18 bit 为子帧计数(FraID),共 3 bit,具体定义见附表 5-3。

附表 5-3 子帧计数编码定义

编　码	001	010	011	100	101	110	111
子帧序列号	1	2	3	4	5	保留	保留

5.2.4.3 周内秒计数(SOW)

每一子帧的第 19～26 bit 和第 31～42 bit 为周内秒计数(SOW),共 20 bit,每周日北斗时 00:00:00 从零开始计数。周内秒计数所对应的 s 时刻是指本子帧同步头的第一个脉冲上升沿所对应的时刻。

5.2.4.4 整周计数(WN)

整周计数(WN)共 13 bit,为北斗时的整周计数,其值范围为 0～8 191,以北斗时 2006 年 1 月 1 日 00:00:00 为起点,从零开始计数。

5.2.4.5 用户距离精度指数(URAI)

用户距离精度(URA)用来描述卫星空间信号精度,单位是米,以用户距离精度指数(URAI)表征,URAI 为 4 bit,范围从 0 到 15,与 URA 之间的关系见附表 5-4。

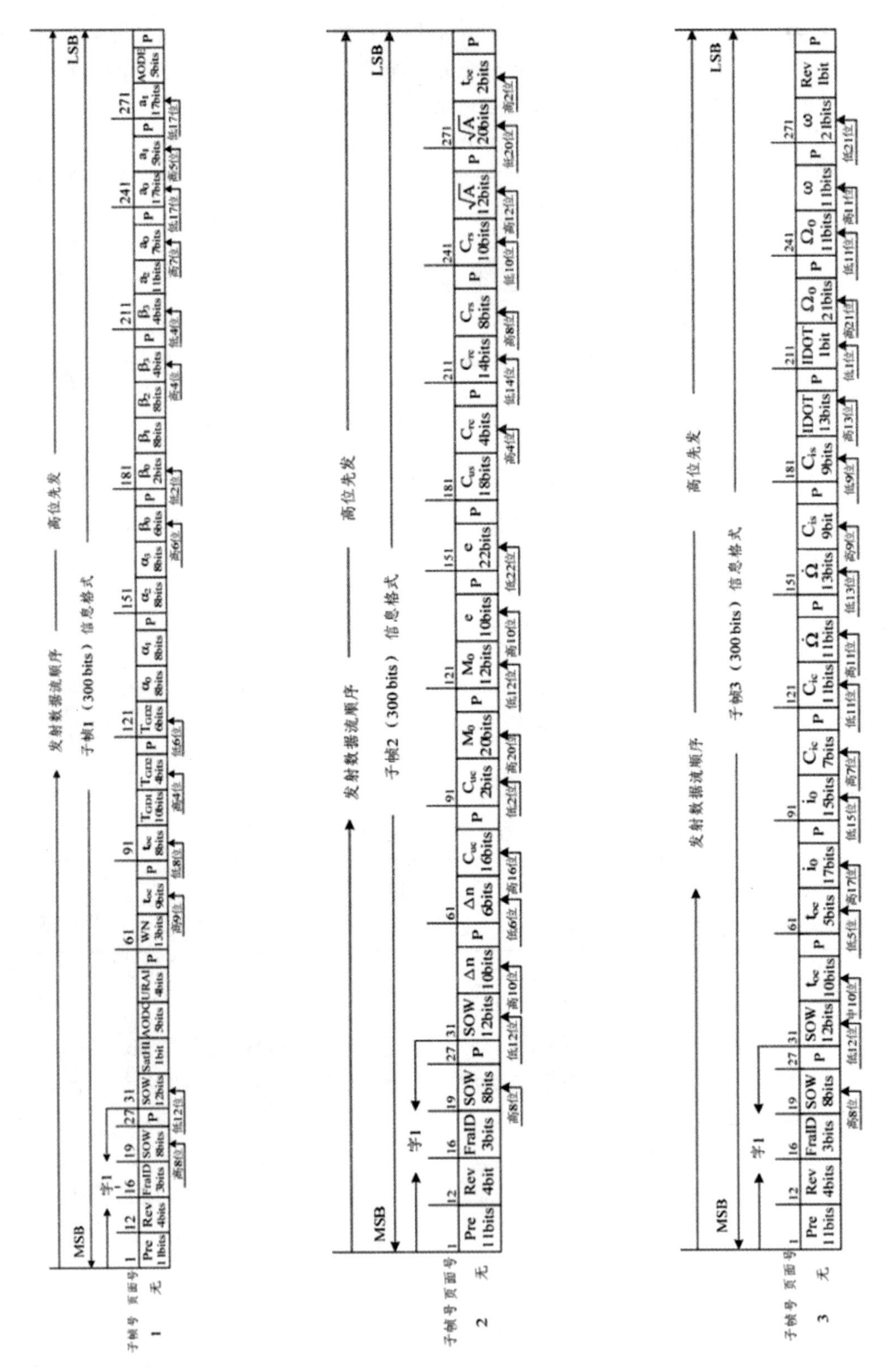

附图 5-8　D1 导航电文子帧 1 信息格式编排

附图 5-9　D1 导航电文子帧 2 信息格式编排

附图 5-10　D1 导航电文子帧 3 信息格式编排

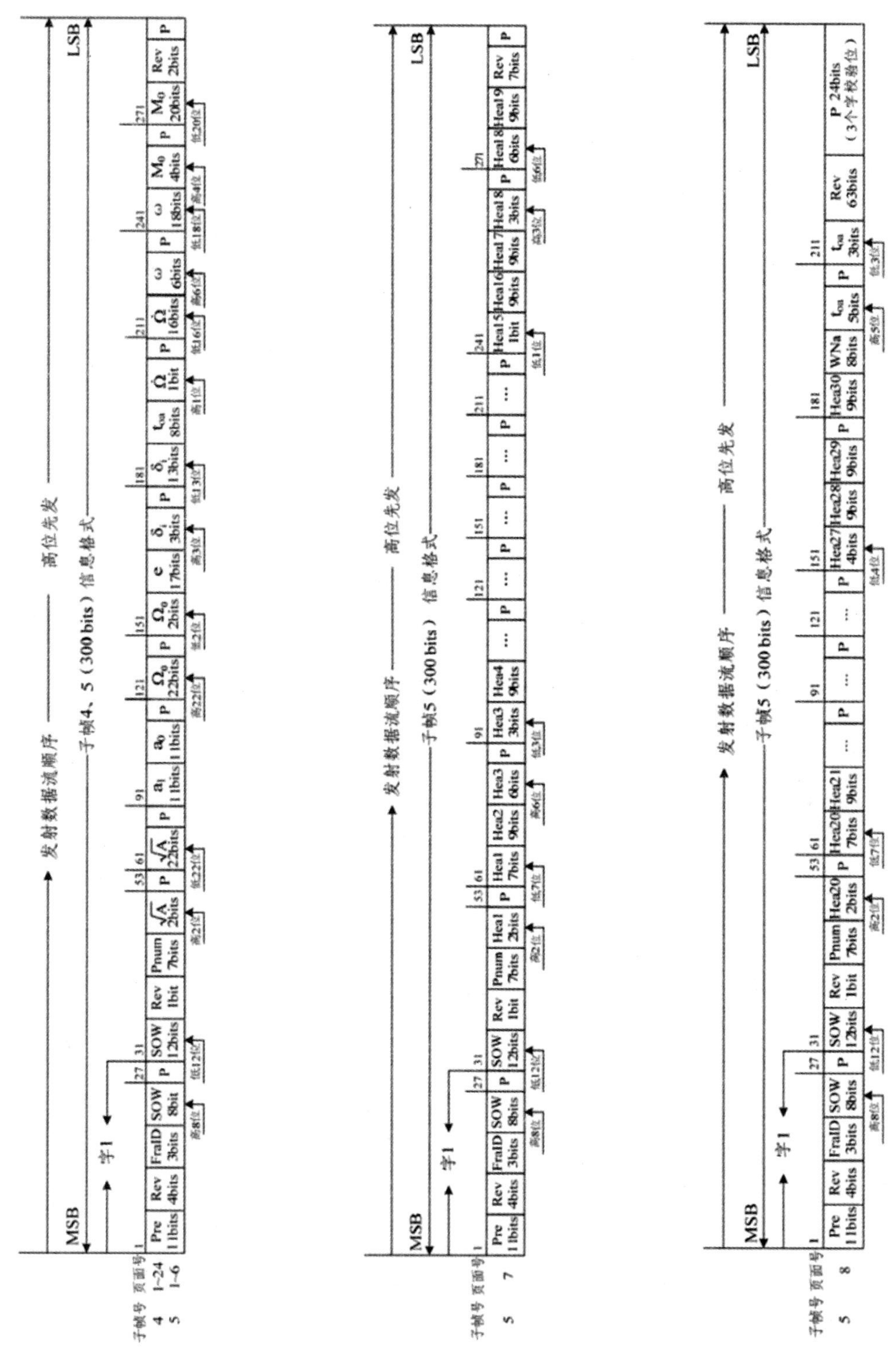

附图 5-11-1　D1 导航电文子帧 1～24 和子帧 5 页面 1～6 信息格式编排

附图 5-11-2　D1 导航电文子帧 5 页面 7 信息格式编排

附图 5-11-3　D1 导航电文子帧 5 页面 8 信息格式编排

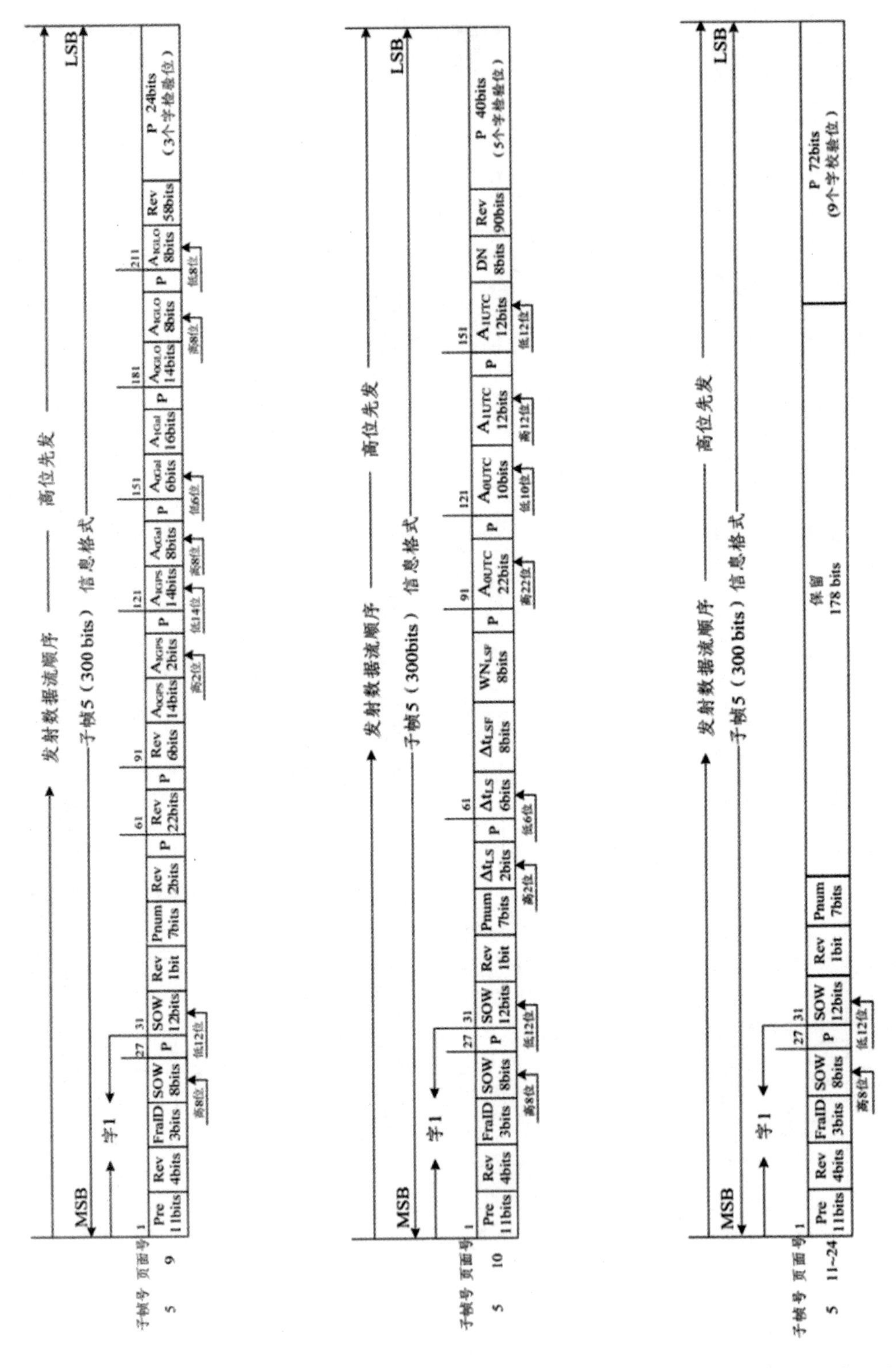

附图 5-11-4 D1 导航电文子帧 5 页面 9 信息格式编排

附图 5-11-5 D1 导航电文子帧页面 10 信息格式编排

附图 5-11-6 D1 导航电文子帧 5 预留页面 11～24 信息格式编排

附表 5-4　URAI 值与 URA 范围对应关系

编　码	URAI 值	URA 范围(m,1σ)
0000	0	0.00＜URA≤2.40
0001	1	2.40＜URA≤3.40
0010	2	3.40＜URA≤4.85
0011	3	4.85＜URA≤6.85
0100	4	6.85＜URA≤9.65
0101	5	9.65＜URA≤13.65
0110	6	13.65＜URA≤24.00
0111	7	24.00＜URA≤48.00
1000	8	48.00＜URA≤96.00
1001	9	96.00＜URA≤192.00
1010	10	192.00＜URA≤384.00
1011	11	384.00＜URA≤768.00
1100	12	768.00＜URA≤1536.00
1101	13	1536.00＜URA≤3072.00
1110	14	3072.00＜URA≤6144.00
1111	15	URA＞6144.00

用户收到任意一个 URAI(用 N 表示),可根据公式计算出相应的 URA 值(用 X 表示),其计算式如下:

当 $0\leqslant N<6$ 时,$X=2^{N/2+1}$;

当 $6\leqslant N<15$ 时,$X=2^{N-2}$;

当 N=15 时,表示卫星轨道机动或者没有精度预报。

当 N=1,3,5 时,X 经四舍五入后分别为 2.8,5.7,11.3。

5.2.4.6　卫星自主健康标识(SatH1)

卫星自主健康标识(SatH1)共 1 bit,其中“0”表示卫星可用,“1”表示卫星不可用。

5.2.4.7　电离层延迟改正模型参数(α_n,β_n)

电离层延迟改正预报模型包括 8 个参数,共 64 bit,8 个参数都是 2 进制补码。见附表 5-5。

附表 5-5　电离层延迟改正模型参数

参　数	比特数	比例因子(LSB)	单　位
α_0	8*	2^{-30}	s
α_1	8*	2^{-27}	s/π

续　表

参　数	比特数	比例因子(LSB)	单　位
α_2	8*	2^{-24}	s/π^2
α_3	8*	2^{-24}	s/π^3
β_0	8*	2^{11}	s
β_1	8*	2^{14}	s/π
β_2	8*	2^{16}	s/π^2
β_3	8*	2^{16}	s/π^3

* 为 2 进制补码,最高有效位(MSB)是符号位(+或 -)。

用户利用 8 参数和 Klobuchar 模型可计算 B1Ⅰ信号的电离层垂直延迟改正 $I'_z(t)$,单位为 s,具体如下:

$$I'_z(t)=\begin{cases}5\times10^{-9}+A_2\cos\left[\dfrac{2\pi(t-50\ 400)}{A_4}\right],|t-50\ 400|<\dfrac{A_4}{4}\\5\times10^{-9},|t-50\ 400|\geqslant\dfrac{A_4}{4}\end{cases}$$

式中:t 是接收机至卫星连线与电离层交点(穿刺点 M)处的地方时(取值范围为 0 ~ 86 400),单位为秒。

其计算公式为

$$t=(t_E+\lambda_M\times43200/\pi)[\text{模 }86400]$$

式中,t_E 是用户测量时刻的 BDT,取周内秒计数部分;λ_M 是电离层穿刺点的地理经度,单位为弧度。

A_2 为白天电离层延迟余弦曲线的幅度,用 α_n 系数求得:

$$A_2=\begin{cases}\sum\limits_{n=0}^{3}\alpha_n\left|\dfrac{\varphi_M}{\pi}\right|^n,A_2\geqslant0\\0,A_2<0\end{cases}$$

A_4 为余弦曲线的周期,单位为 s,用 β_n 系数求得:

$$A_4=\begin{cases}172\ 800,A_4\geqslant172\ 800\\\sum\limits_{n=0}^{3}\beta_n\left|\dfrac{\varphi_M}{\pi}\right|^n,172\ 800>A_4\geqslant72\ 000\\72\ 000,A_4<72\ 000\end{cases}$$

式中,f_M 是电离层穿刺点的地理纬度,单位为弧度。

电离层穿刺点的地理纬度 f_M、地理经度 λ_M 计算公式为

$$\varphi_M=\arcsin(\sin\varphi_u\cdot\cos\Psi_u+\cos\varphi_u\cdot\sin\Psi\cdot\cos A)$$

$$\lambda_M=\lambda_u+\arcsin\left(\frac{\sin\Psi\cdot\sin A}{\cos\varphi_M}\right)$$

式中,φ_u 为用户地理纬度,λ_u 为用户地理经度,单位均为弧度;A 为卫星方位角,单位为弧度;

Ψ 为用户和穿刺点的地心张角,单位为弧度,其计算公式为

$$\Psi = \frac{\pi}{2} - E - \arcsin\left(\frac{R}{R+h} \cdot \cos E\right)$$

式中,R 为地球半径,取值 6 378 km;E 为卫星高度角,单位为弧度;h 为电离层单层高度,取值 375 km。

通过公式 $I_{B1I}(t) = \frac{1}{\sqrt{1-\left(\frac{R}{R+h}\cos E\right)^2}} \cdot I'_Z(t)$,可将 $I'_z(t)$ 转化为 B1Ⅰ 信号传播路径上的电离层延迟 $I_{B1I}(t)$,单位为 s。

对于B2Ⅰ信号,其传播路径上的电离层延迟 $I_{B2I}(t)$ 需在 $I_{B1I}(t)$ 的基础上乘以一个与频率有关的因子 $k(f)$,其值为

$$k(f) = \frac{f_1^2}{f_2^2} = \left(\frac{1\ 561.098}{1\ 207.140}\right)^2$$

其中,f_1 表示 B1Ⅰ 信号的标称载波频率,f_2 表示 B2Ⅰ 信号的标称载波频率,单位为 MHz。

注:位于南半球的用户使用电离层延迟改正预报模型,电离层延迟改正精度比位于北半球的用户略有降低。

对于 B1Ⅰ 和 B2Ⅰ 双频用户,采用 B1Ⅰ/B2Ⅰ 双频消电离层组合伪距公式来修正电离层效应引起的群延迟,具体计算方法如下:

$$PR = \frac{PR_{B2I} - k(f) \cdot PR_{B1I}}{1-k(f)} - \frac{C \cdot (T_{GD2} - k(f) \cdot T_{GD1})}{1-k(f)}$$

式中:PR 为经过电离层修正后的伪距;

PR_{B1I} 为 B1Ⅰ信号的观测伪距(经卫星钟差修正但未经 T_{GD1} 修正);

PR_{B2I} 为 B2Ⅰ信号的观测伪距(经卫星钟差修正但未经 T_{GD2} 修正);

T_{GD1} 为 B1Ⅰ信号的星上设备时延差;

T_{GD2} 为 B2Ⅰ信号的星上设备时延差;

C 为光速,值为 2.99792458×10^8 m/s。

5.2.4.8 星上设备时延差(TGD1,TGD2)

星上设备时延差(T_{GD1},T_{GD2})各 10 bit,为 2 进制补码,最高位为符号位,“0”表示为正、“1”表示为负,比例因子 0.1,单位为 ns,其具体算法见 5.2.4.10 节。

5.2.4.9 时钟数据龄期(AODC)。

时钟数据龄期(AODC)共 5 bit,是钟差参数的外推时间间隔,即本时段钟差参数参考时刻与计算钟差参数所作测量的最后观测时刻之差,在 BDT 整点更新,具体定义见附表 5-6。

附表 5-6 时钟数据龄期值定义

AODC 值	定 义
<25	单位为 1 h,其值为卫星钟差参数数据龄期的小时数
25	表示卫星钟差参数数据龄期为 2 d
26	表示卫星钟差参数数据龄期为 3 d

续 表

AODC 值	定　义
27	表示卫星钟差参数数据龄期为 4 d
28	表示卫星钟差参数数据龄期为 5 d
29	表示卫星钟差参数数据龄期为 6 d
30	表示卫星钟差参数数据龄期为 7 d
31	表示卫星钟差参数数据龄期大于 7 d

5.2.4.10　钟差参数（t_{oc}，a_0，a_1，a_2）

钟差参数包括 t_{oc}，a_0，a_1 和 a_2，共占用 74 bit。t_{oc} 是本时段钟差参数参考时间，单位为 s，有效范围是 0～604 792。其他 3 个参数为 2 进制补码。

正常情况下，钟差参数的更新周期为 1 h，且在 BDT 整点更新，t_{oc} 值取整点时刻。t_{oc} 值在周内单调递增，当任意一钟差参数变化时，t_{oc} 也将变化。

因异常原因发生新的导航电文注入时，钟差参数可能在非整点时刻更新，此时 t_{oc} 值会发生变化而不再取整点时刻。

当 t_{oc} 值已经不是整点时刻（即最近有过一次非整点更新）时，如果钟差参数再次发生非整点更新，那么 t_{oc} 值也会再次发生变化，确保 t_{oc} 值与更新之前的播发值不同。

无论是正常更新还是非整点更新，钟差参数的更新始终从某一超帧的起始时刻开始。

钟差参数的定义见附表 5－7。

附表 5－7　钟差参数说明

参　数	比特数	比例因子（LSB）	有效范围	单　位
t_{oc}	17	2^3	604 792	s
a_0	24*	2^{-33}	—	s
a_1	22*	2^{-50}	—	s/s
a_2	11*	2^{-66}	—	s/s^2

* 为 2 进制补码，最高有效位（MSB）是符号位（+或－）。

用户可通过下式计算出信号发射时刻的北斗时：

$$t = t_{sv} - \Delta t_{sv}$$

式中：t 为信号发射时刻的北斗时，单位为 s；

t_{sv} 为信号发射时刻的卫星测距码相位时间，单位为 s；

Δt_{sv} 为卫星测距码相位时间偏移，单位为秒，由下式给出：

$$\Delta t_{sv} = a_0 + a_1(t - t_{oc}) + a_2(t - t_{oc})^2 + \Delta t_r$$

式中，t 可忽略精度，用 t_{sv} 替代。

Δt_r 是相对论校正项，单位为 s，其值为

$$\Delta t_r = F \cdot e \cdot \sqrt{A} \cdot \sin E_k$$

式中,e 为卫星轨道偏心率,由本卫星星历参数得到;$\sqrt{A}$ 为卫星轨道长半轴的开方,由本卫星星历参数得到;E_k 为卫星轨道偏近点角,由本卫星星历参数计算得到;$F = -2\mu^{1/2}/C^2$;$\mu = 3.986\ 004\ 418 \times 10^{14}\ \mathrm{m^3/s^2}$ 为地球引力常数;$C = 2.997\ 924\ 58 \times 10^8\ \mathrm{m/s}$ 为光速。

对使用 B1Ⅰ 信号的单频用户,需使用下式进行 T_{GD1} 修正:

$$(\Delta t_{sv})_{B1\text{Ⅰ}} = \Delta t_{sv} - T_{GD1}$$

对使用 B2Ⅰ 信号的单频用户,需使用下式进行 T_{GD2} 修正:

$$(\Delta t_{sv})_{B2\text{Ⅰ}} = \Delta t_{sv} - T_{GD2}$$

5.2.4.11 星历数据龄期(AODE)

星历数据龄期(AODE)共 5 bit,是星历参数的外推时间间隔,即本时段星历参数参考时刻与计算星历参数所作测量的最后观测时刻之差,在 BDT 整点更新,具体定义见附表 5-8。

附表 5-8 星历数据龄期值定义

AODE 值	定 义
<25	单位为 1 h,其值为星历数据龄期的小时数
25	表示星历数据龄期为 2 d
26	表示星历数据龄期为 3 d
27	表示星历数据龄期为 4 d
28	表示星历数据龄期为 5 d
29	表示星历数据龄期为 6 d
30	表示星历数据龄期为 7 d
31	表示星历数据龄期大于 7 d

5.2.4.12 星历参数(t_{oe},$\sqrt{A}$,e,ω,Δn,M_0,Ω_0,$\dot{\Omega}$,i_0,IDOT,C_{uc},C_{us},C_{rc},C_{rs},C_{ic},C_{is})

星历参数描述了在一定拟合间隔下得出的卫星轨道。它包括 15 个轨道参数、1 个星历参考时间。星历参数更新周期为 1 h。

正常情况下,星历参数的更新周期为 1 h,且在 BDT 整点更新,t_{oe} 值取整点时刻。t_{oe} 值在周内单调递增,当任意一星历参数变化时,t_{oe} 也将变化。若 t_{oe} 变化,t_{oc} 也会变化。

因异常原因发生新的导航电文注入时,星历参数可能在非整点时刻更新,此时 t_{oe} 值会发生变化而不再取整点时刻。当 t_{oe} 值已经不是整点时刻(即最近有过一次非整点更新)时,如果星历参数再次发生非整点更新,那么 t_{oe} 值也会再次发生变化,确保 t_{oe} 值与更新之前的播发值不同。

无论是正常更新还是非整点更新,星历参数的更新始终从某一超帧的起始时刻开始。

星历参数定义见附表 5-9。

附表 5-9 星历参数定义

AODE 值	定 义
t_{oe}	星历参考时间
$\sqrt{A}$	长半轴的平方根
e	偏心率
ω	近地点幅角
Δn	卫星平均运动速率与计算值之差
M_0	参考时间的平近点角
Ω_0	按参考时间计算的升交点赤经
$\dot{\Omega}$	升交点赤经变化率
i_0	参考时间的轨道倾角
IDOT	轨道倾角变化率
C_{uc}	纬度幅角的余弦调和改正项的振幅
C_{us}	纬度幅角的正弦调和改正项的振幅
C_{rc}	轨道半径的余弦调和改正项的振幅
C_{rs}	轨道半径的正弦调和改正项的振幅
C_{ic}	轨道倾角的余弦调和改正项的振幅
C_{is}	轨道倾角的正弦调和改正项的振幅

星历参数说明见附表 5-10。

附表 5-10 星历参数说明

参 数	比特数	比特因子(LSB)	有效范围	单 位
t_{oe}	17	2^{3}	604 792	s
$\sqrt{A}$	32	2^{-19}	8 192	$m^{1/2}$
e	32	2^{-33}	0.5	—
ω	32*	2^{-31}	±1	π
Δn	16*	2^{-43}	$\pm 3.37\times10^{-9}$	π/s
M_0	32*	2^{-31}	±1	π
Ω_0	32*	2^{-31}	±1	π
$\dot{\Omega}$	24*	2^{-43}	$\pm 9.54\times10^{-7}$	π/s
i_0	32*	2^{-31}	±1	π

续 表

参　数	比特数	比特因子(LSB)	有效范围	单　位
IDOT	14*	2^{-43}	$\pm 9.31\times 10^{-10}$	π/s
C_{uc}	18*	2^{-31}	$\pm 6.10\times 10^{-5}$	rad
C_{us}	18*	2^{-31}	$\pm 6.10\times 10^{-5}$	rad
C_{rc}	18*	2^{-6}	$\pm 2\ 048$	m
C_{rs}	18*	2^{-6}	$\pm 2\ 048$	m
C_{ic}	18*	2^{-31}	$\pm 6.10\times 10^{-5}$	rad
C_{is}	18*	2^{-31}	$\pm 6.10\times 10^{-5}$	rad

* 为 2 进制补码,最高有效位(MSB)是符号位(+或 -)。

用户机根据接收到的星历参数可以计算卫星在 CGCS2000 坐标系中的坐标。算法见附表 5 - 11。

附表 5 - 11　星历参数用户算法

计算公式	描　述
$\mu=3.986\ 004\ 418\times 10^{14}\ \mathrm{m^3/s^2}$	CGCS2000 坐标系下的地球引力常数
$\dot{\Omega}=7.292\ 115\ 0\times 10^{-5}\ \mathrm{rad/s}$	CGCS2000 坐标系下的地球旋转速率
$\pi=3.141\ 592\ 653\ 589\ 8$	圆周率
$A=(\sqrt{A})^2$	计算半长轴
$n_0=\sqrt{\dfrac{\mu}{A^3}}$	计算卫星平均角速度
$t_k=t-t_{oc}{}^{*}$	计算观测历元到参考历元的时间差
$n=n_0+\Delta n$	改正平均角速度
$M_k=M_0+nt_k$	计算平近点角
$M_k=E_k-e\sin E_k$	迭代计算偏近点角
$\begin{cases}\sin v_k=\dfrac{\sqrt{1-e^2}\sin E_k}{1-e\cos E_k}\\ \cos v_k=\dfrac{\cos E_k-e}{1-e\cos E_k}\end{cases}$	计算真近点角
$\phi_k=v_k+\omega$	计算纬度幅角参数
$\begin{cases}\delta u_k=C_{us}\sin(2\phi_k)+C_{uc}\cos(2\phi_k)\\ \delta r_k=C_{rs}\sin(2\phi_k)+C_{rc}\cos(2\phi_k)\\ \delta i_k=C_{is}\sin(2\phi_k)+C_{ic}\cos(2\phi_k)\end{cases}$	纬度幅角改正项 径向改正项 轨道倾角改正项

续 表

计算公式	描 述
$u_k=\varphi_k+\delta u_k$	计算改正后的纬度幅角
$r_k=A(1-e\cos E_k)+\delta r_k$	计算改正后的径向
$i_k=i_0+\mathrm{IDOT}\cdot t_k+\delta i_k$	计算改正后的轨道倾角
$\begin{cases}x_k=r_k\cos u_k\\ y_k=r_k\sin u_k\end{cases}$	计算卫星在轨道平面内的坐标
$\Omega_k=\Omega_0+(\dot{\Omega}-\dot{\Omega})t_k-\dot{\Omega}t_{oc}$ $\begin{cases}X_k=x_k\cos\Omega_k-y_k\cos i_k\sin\Omega_k\\ Y_k=x_k\sin\Omega_k+y_k\cos i_k\cos\Omega_k\\ Z_k=y_k\sin i_k\end{cases}$	计算历元升交点赤经(地固系) 计算 MEO/IGSO 卫星在 CGCS2000 坐标系中的坐标
$\Omega_k=\Omega_0+\dot{\Omega}t_k-\dot{\Omega}_e t_{oe}$ $\begin{cases}X_{GK}=x_k\cos\Omega_k-y_k\cos i_k\sin\Omega_k\Omega\\ Y_{GK}=x_k\sin\Omega_k+y_k\cos i_k\cos\Omega_k\\ Z_{GK}=y_k\sin i_k\end{cases}$ $\begin{bmatrix}X_k\\ Y_k\\ Z_k\end{bmatrix}=R_Z(\dot{\varphi}_k t_k)R_X(-5^0)\begin{bmatrix}X_{GK}\\ Y_{GK}\\ Z_{GK}\end{bmatrix}$ 其中： $R_X(\varphi)=\begin{pmatrix}1 & 0 & 0\\ 0 & +\cos\varphi & +\sin\varphi\\ 0 & -\sin\varphi & +\cos\varphi\end{pmatrix}$ $R_Z(\varphi)=\begin{pmatrix}+\cos\varphi & +\sin\varphi & 0\\ -\sin\varphi & +\cos\varphi & 0\\ 0 & & 01\end{pmatrix}$	计算历元升交点的赤经(惯性系) 计算 GEO 卫星在自定义坐标系系中的坐标 计算 GEO 卫星在 CGCS2000 坐标系中的坐标

* t 是信号发射时刻的北斗时，t_k 是 t 和 t_{oe} 之间的总时间差，必须考虑周变换的开始或结束，即：如果 t_k 大于 302 400，将 t_k 减去 604 800；如果 t_k 小于－302 400，则将 t_k 加上 604 800。

5.2.4.13 页面编号(Pnum)

子帧 4 和子帧 5 的第 44～50 bit 为页面编号(Pnum)，用于标识子帧的页面编号，共 7 bit。子帧 4 和子帧 5 的信息都分 24 个页面分时播发，其中子帧 4 的第 1～24 页面编排卫星号为 1～24 的历书信息，子帧 5 的第 1～6 页面编排卫星号为 25～30 的历书信息，页面编号与卫星编号一一对应。

5.2.4.14 历书参数(t_{oa}，$\sqrt{A}$，e，ω，M_0，Ω_0，δ_i，a_0，a_1)。

历书参数更新周期小于 7 d。

历书参数定义、说明、用户算法见附表 5-12～5-14。

附表 5-12 历书参数定义

参 数	定 义
t_{oa}	历书参考时间
$\sqrt{A}$	长半轴的平方根
e	偏心率
ω	近地点幅角
M_0	参考时间的平近点角
Ω_0	按参考时间计算的升交点赤经
W	升交点赤经变化率
δ_i	参考时间的轨道参考倾角的改正量
a_0	卫星钟差
a_1	卫星钟速

附表 5-13 历书参数说明

参数	比特数	比例因子	有效范围	单位
t_{oa}	8	2^{12}	602 112	s
$\sqrt{A}$	24	2^{-11}	8 192	$m^{1/2}$
e	17	2^{-21}	0.062 5	—
ω	24*	2^{-23}	±1	π
M_0	24*	2^{-23}	±1	π
Ω_0	24*	2^{-23}	±1	π
Ω	17*	2^{-38}	—	π/s
δ_i	16*	2^{-19}	—	π
a_0	11*	2^{-20}	—	s
a_1	11*	2^{-38}	—	s/s

1 为 2 进制补码,最高有效位(MSB)是符号位(+或 -)。

附表 5-14 历书参数用户算法

计算公式	描 述
$\mu=3.986\ 004\ 418\times10^{14}\ m^3/s^2$	CGCS2000 坐标系下的地球引力常数
$\dot{\Omega}=7.292\ 115\ 0\times10^{-5}\ rad/s$	CGCS2000 坐标系下的地球旋转速率

续　表

计算公式	描　　述
$A=(\sqrt{A})^2$	计算半长轴
$n_0=\sqrt{\frac{\mu}{A^3}}$	计算卫星平均角速度
$t_k=t-t_{oc}$ *	计算观测历元到参考历元的时间差
$M_k=M_0+nt_k$	计算平近点角
$M_k=E_k-e\sin E_k$	迭代计算偏近点角
$\begin{cases}\sin v_k=\frac{\sqrt{1-e^2}\sin E_k}{1-e\cos E_k}\\ \cos v_k=\frac{\cos E_k-e}{1-e\cos E_k}\end{cases}$	计算真近点角
$\phi_k=v_k+\omega$	计算纬度幅角参数
$r_k=A(1-e\cos E_k)$	计算径向
$\begin{cases}x_k=r_k\cos\varphi_k\\ y_k=r_k\sin\varphi_k\end{cases}$	计算卫星在轨道平面内的坐标
$\Omega_k=\Omega_0+(\dot{\Omega}-\dot{\Omega}_e)t_k-\dot{\Omega}_e t_{ce}$	改正升交点赤经
$i=i_0+\delta_j$ **	参考时间的轨道倾角
$\begin{cases}X_k=x_k\cos\Omega_k-y_k\cos i\sin\Omega_k\\ Y_k=x_k\sin\Omega_k+y_k\cos i\cos\Omega_k\\ Z_k=y_k\sin i\end{cases}$	计算 GEO/MIEO/IGSO 卫星在 CGCS2000 坐标系中的坐标

* t 是信号发射时刻的北斗时，t_k 是 t 和 t_{oe} 之间的总时间差，必须考虑周变换的开始或结束，即：如果 t_k 大于 302 400，将 t_k 减去 604 800；如果 t_k 小于－302 400，则将 t_k 加上 604 800。

** 对于 MEO/IGSO 卫星，$i_0=0.30\pi$；对于 GEO 卫星，$i_k=0.00$。

历书时间计算：

$$t=t_{sv}-\Delta t_{sv}$$

式中，t 为信号发射时刻的北斗时，单位为 s；t_{sv} 为信号发射时刻的卫星测距码相位时间，单位为 s；Δt_{sv} 为卫星测距码相位时间偏移，单位为 s，由下式给出：

$$\Delta t_{sv}=a_0+a_1(t-t_{oa})$$

上式中 t 可忽略精度，用 t_{sv} 替代；历书基准时间 t_{oa} 是以历书周计数（WN_a）的起始时刻为基准的。

5.2.4.15　历书周计数（WN_a）

历书周计数（WN_a）为北斗时整周计数（WN）模 256，为 8 bit，取值范围为 0～255。

5.2.4.16　卫星健康信息（Heai，$i=1\sim30$）

卫星健康信息为 9 bit，第 9 位为卫星钟健康信息，第 8 位为 B1I 信号健康状况，第 7 位为

B2I 信号健康状况,第 2 位为信息健康状况,其定义见附表 5－15。

附表 5－15　卫星健康信息定义

信息位	信息编码	健康状况标识
第 9 位(MSB)	0	卫星钟可用
	1	*
第 8 位	0	B1Ⅰ信号正常
	1	B1Ⅰ信号不正常**
第 7 位	0	B2Ⅰ信号正常
	1	B2Ⅰ信号不正常**
第 6～3 位	0	保留
	1	保留
第 2 位	0	导航信息可用
	1	导航信息不可用(龄期超限)
第 1 位(LSB)	0	保留
	1	保留

* 后 8 位均为“0”表示卫星钟不可用,后 8 位均为“1”表示卫星故障或永久关闭,后 8 位为其它值时,保留。

** 信号不正常指信号功率比额定值低 10dB 及以上。

5.2.4.17　与 UTC 时间同步参数(A_{0UTC},A_{1UTC},t_{LS},WN_{LSF},DN,t_{LSF})

此参数反映了北斗时(BDT)与协调世界时(UTC)之间的关系。各参数的说明见附表 5－16。

附表 5－16　与 UTC 时间同步参数说明

参数	比特数	比例因子	有效范围	单位
A_{0UTC}	32*	2^{-30}	—	s
A_{1UTC}	24*	2^{-50}	—	s/s
t_{LS}	8*	1	—	s
WN_{LSF}	8	1	—	week
DN	8	1	6	day
t_{LSF}	8*	1	—	s

* 为 2 进制补码,最高有效位(MSB)是符号位(＋或－)。

A_{0UTC}:BDT 相对于 UTC 的钟差;

A_{1UTC}:BDT 相对于 UTC 的钟速;

t_{LS}:新的闰秒生效前 BDT 相对于 UTC 的累积闰秒改正数;

WN_{LSF}:新的闰秒生效的周计数,占 8 bit,为 DN 对应的整周计数模 256。WNLSF 在模 256 之前和 WN 之差的绝对值不超过 127。

DN:新的闰秒生效的周内日计数;

Δt_{LSF}:新的闰秒生效后 BDT 相对于 UTC 的累积闰秒改正数。

由 BDT 推算 UTC 的方法:

系统向用户广播 UTC 参数及新的闰秒生效的周计数 WNLSF 和新的闰秒生效的周内日计数 DN,使用户可以获得误差不大于 1 us 的 UTC 时间。

考虑到闰秒生效时间和用户当前系统时间之间的关系,如果是当前,BDT 与 UTC 之间存在下面 3 种转换关系。

1)当指示闰秒生效的周计数 WNLSF 和周内天计数 DN 还没到来时,而且用户当前时刻 t_E 处在 DN+2/3 之前,则 UTC 与 BDT 之间的变换关系为:

$$t_{UTC}=(t_E - \Delta t_{UTC})[\text{模 } 86400],\text{s}$$

式中:

$$\Delta t_{UTC}=\Delta t_{LS}+A_{0UTC}+A_{1UTC}\times t_E,\text{s}$$

其中,t_E 指用户计算的 BDT,取周内秒计数部分。

2)若用户当前的系统时刻 tE 处在指示闰秒生效的周计数 WN_{LSF} 和周内天计数 DN+2/3 到 DN+5/4 之间,则 UTC 与 BDT 之间的变换关系为

$$t_{UTC}=W[\text{模}(86400+\Delta t_{LSF} - \Delta t_{LS})],\text{s}$$

式中:

$$W=(t_E - \Delta t_{UTC} - 43200)[\text{模 } 86400]+43200,\text{s}$$

$\Delta t_{UTC}=\Delta t_{LS}+A_{0UTC}+A_{1UTC}\times t_E$,s

3)当指示闰秒生效的周计数 WNLSF 和周内天计数 DN 已经过去,且用户当前的系统时刻 t_E处在 DN+5/4 之后,则 UTC 与 BDT 之间的变换关系为

$$t_{UTC}=(t_E - \Delta t_{UTC})[\text{模 } 86400],\text{s}$$

式中:

$$\Delta t_{UTC}=\Delta t_{LSF}+A_{0UTC}+A_{1UTC}\times t_E,\text{s}$$

式中各参数的定义与 1)的情况相同。

5.2.4.18　与 GPS 时间同步参数(A0GPS,A1GPS)

BDT 与 GPS 系统时间之间的同步参数说明见附表 5-17,电文中相应的内容暂未播发。

附表 5-17　与 GPS 时间同步参数说明

参数	比特数	比例因子	单位
A_{0GPS}	14*	0.1	ns
A_{1GPS}	16*	0.1	ns/s

* 为 2 进制补码,最高有效位(MSB)是符号位(+或 -)。

A_{0GPS}:BDT 相对于 GPS 系统时间的钟差。

A_{1GPS}:BDT 相对于 GPS 系统时间的钟速。

BDT 与 GPS 系统时间之间的换算公式:

$$t_{GPS}=t_E - \Delta t_{GPS}$$

其中,$\Delta t_{GPS}=A_{0GPS}+A_{1GPS}\times t_E$,$t_E$ 指用户计算的 BDT,取周内秒计数部分。

5.2.4.19 与 Galileo 时间同步参数(A_{0Gal},A_{1Gal})

BDT 与 Galileo 系统时间之间的同步参数说明见附表 5 - 18,电文中相应的内容暂未播发。

附表 5 - 18 与 Galileo 时间同步参数说明

参 数	比特数	比例因子	单 位
A_{0Gal}	14*	0.1	ns
A_{1Gal}	16*	0.1	ns/s

* 为 2 进制补码,最高有效位(MSB)是符号位(+或-)。

A_{0Gal}:BDT 相对于 Galileo 系统时间的钟差。

A_{1Gal}:BDT 相对于 Galileo 系统时间的钟速。

BDT 与 Galileo 系统时间之间的换算公式:

$$t_{Gal}=t_E-\Delta t_{Gal}$$

其中,$\Delta t_{Gal}=A_{0Gal}+A_{1Gal}\times t_E$,$t_E$ 指用户计算的 BDT,取周内秒计数部分。

5.2.4.20 与 GLONASS 时间同步参数(A_{0GLO},A_{1GLO})

BDT 与 GLONASS 系统时间之间的同步参数说明见附表 5 - 19。电文相应的内容暂未播发。

附表 5 - 19 与 GLONASS 时间同步参数说明

参 数	比特数	比例因子	单 位
A_{0GLO}	14*	0.1	ns
A1GLO	16*	0.1	ns/s

* 为 2 进制补码,最高有效位(MSB)是符号位(+或 -)。

A0GLO:BDT 相对于 GLONASS 系统时间的钟差。

A1GLO:BDT 相对于 GLONASS 系统时间的钟速。

BDT 与 GLONASS 系统时间之间的换算公式:

$$tGLO=tE-\Delta tGLO$$

其中,ΔtGLO=A0GLO+A1GLO×tE,tE 指用户计算的 BDT,取周内秒计数部分。

5.3 D2 导航电文

5.3.1 D2 导航电文帧结构

D2 导航电文由超帧、主帧和子帧组成。每个超帧为 180 000 bit,历 6 min,每个超帧由

120 个主帧组成，每个主帧为 1 500 bit，历时 3 s，每个主帧由 5 个子帧组成，每个子帧为 300 bit，历时 0.6 s，每个子帧由 10 个字组成，每个字为 30 bit，历时 0.06 s。

每个字由导航电文数据及校验码两部分组成。每个子帧第 1 个字的前 15 bit 信息不进行纠错编码，后 11 bit 信息采用 BCH(15,11,1)方式进行纠错，信息位共有 26 bit；其它 9 个字均采用 BCH(15,11,1)加交织方式进行纠错编码，信息位共有 22 bit。详细帧结构见附图 5－12。

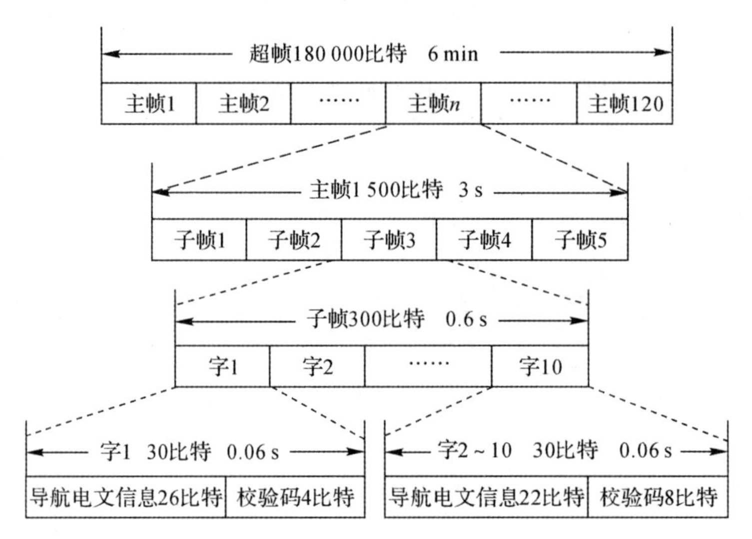

附图 5－12 D2 导航电文帧结构

5.3.2 D2 导航电文详细结构编排

D2 导航电文包括：本卫星基本导航信息，全部卫星历书，与其他系统时间同步信息，北斗系统完好性及差分信息，格网点电离层信息。

主帧结构及信息内容见附图 5－13。子帧 1 播发基本导航信息，由 10 个页面分时发送，子帧 2～4 信息由 6 个页面分时发送，子帧 5 中信息由 120 个页面分时发送。

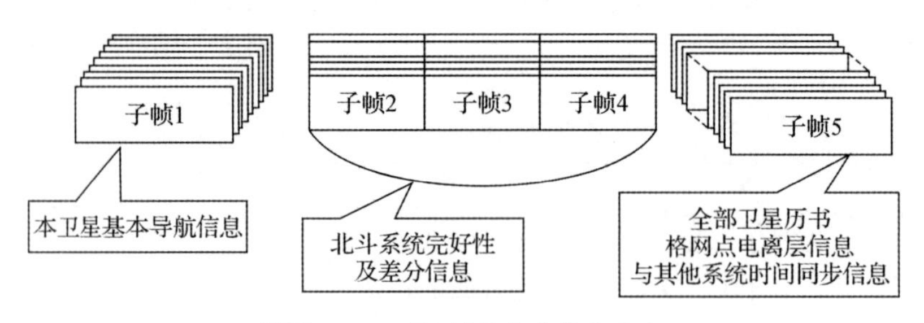

附图 5－13 D2 导航电文信息内容

D2 导航电文各子帧格式编排见附图 5－14～5－18。其中子帧 1 的页面 1～10 的低 150 bit 信息、子帧 4 的页面 1～6、子帧 5 的页面 14～34、页面 74～94、页面 103～120 为预留信息。

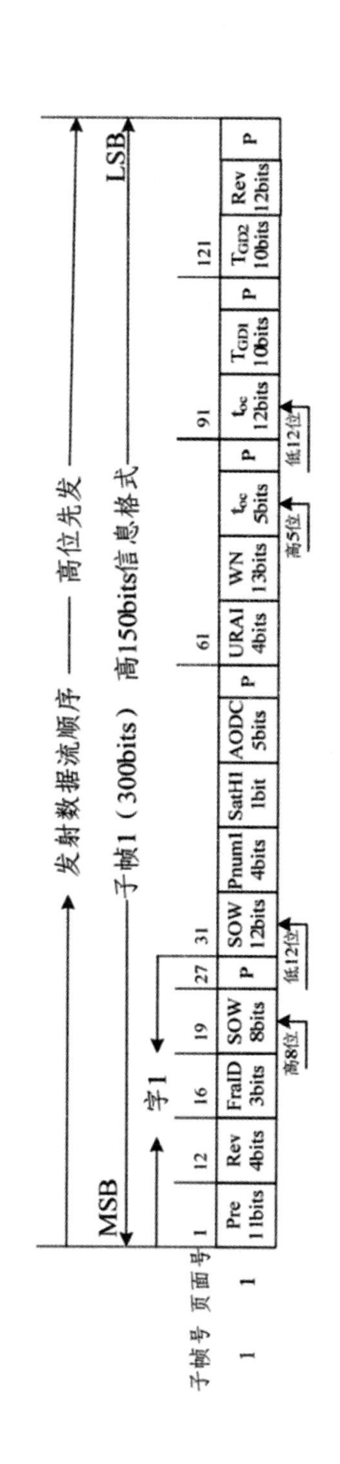

附图 5-14-1　D2 导航电文子帧 1 高 150 比特页面 1 信息格式编排

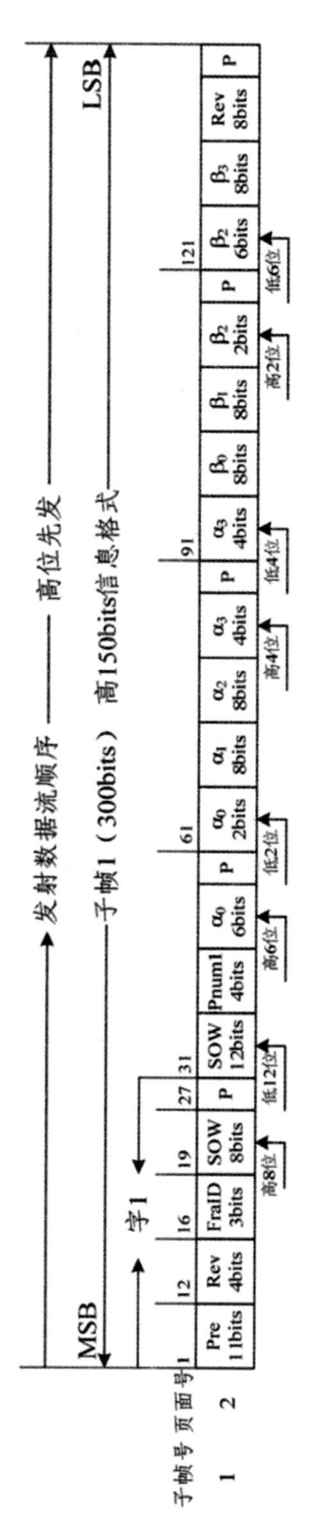

附图 5-14-2　D2 导航电文子帧 1 高 150 比特页面 2 信息格式编排

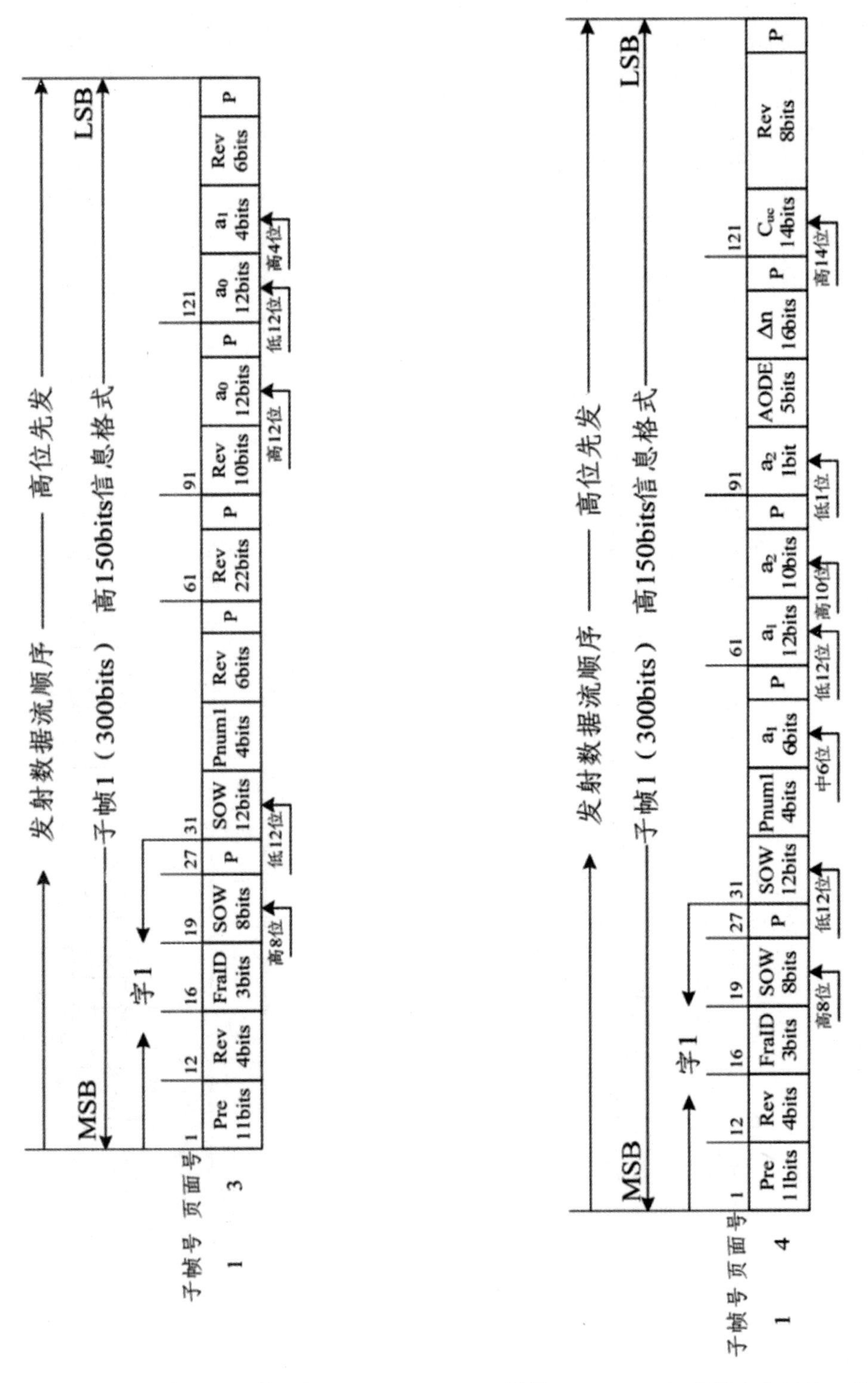

附图 5-14-3　D2 导航电文子帧 1 高 150 比特页面 3 信息格式编排

附图 5-14-4　D2 导航电文子帧 1 高 150 比特页面 4 信息格式编排

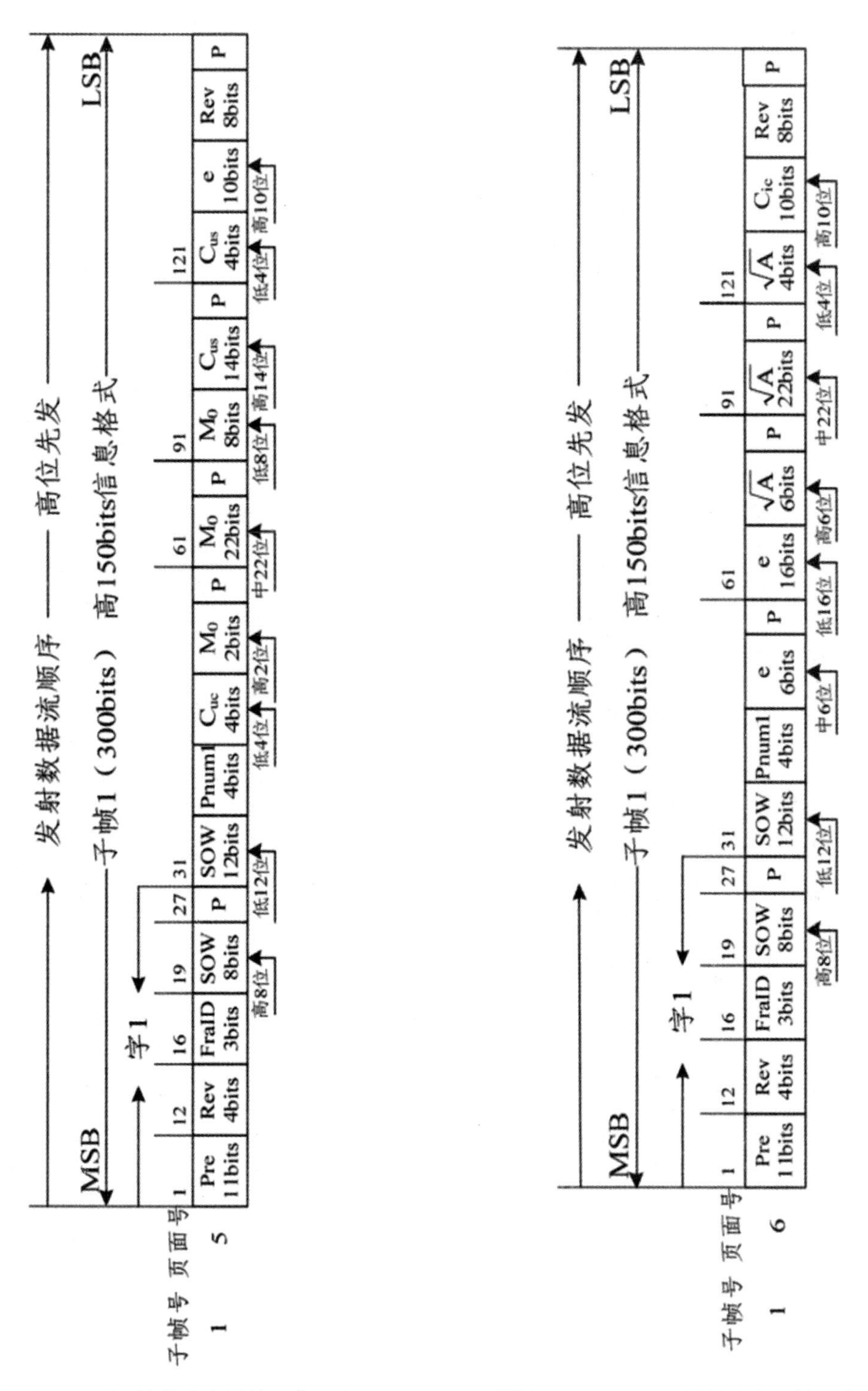

附图 5-14-5 D2 导航电文子帧 1 高 150 比特页面 5 信息格式编排

附图 5-14-6 D2 导航电文子帧 1 高 150 比特页面 6 信息格式编排

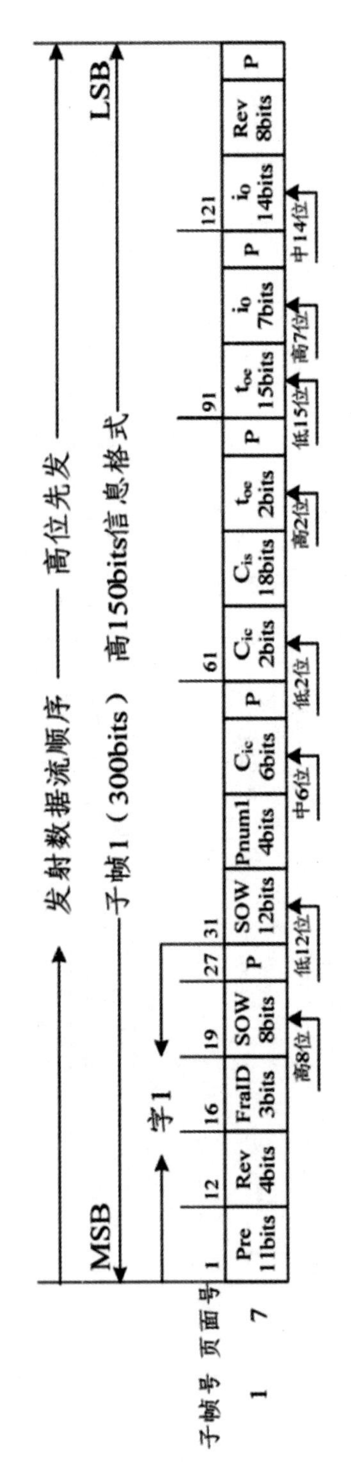

附图 5-14-7 D2 导航电文子帧 1 高 150 比特页面 7 信息格式编排

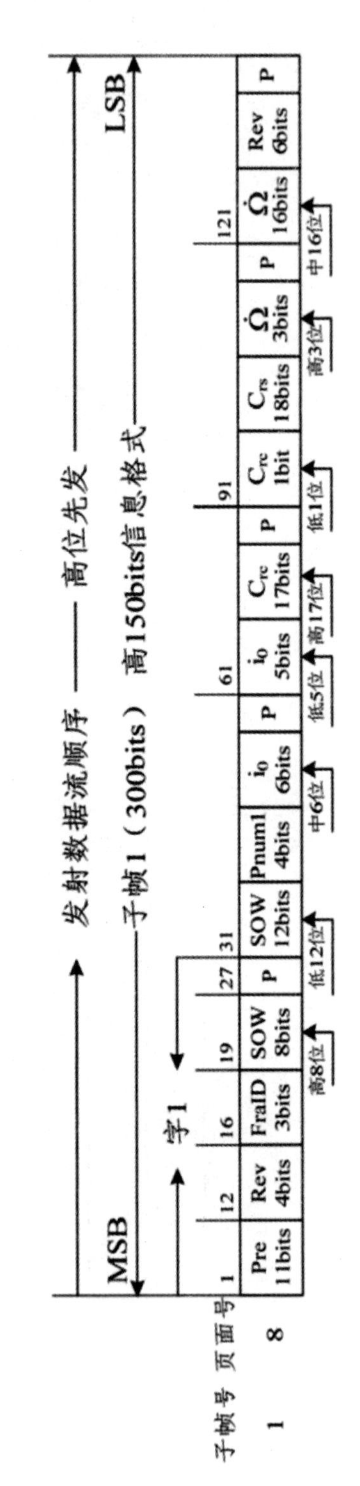

附图 5-14-8 D2 导航电文子帧 1 高 150 比特页面 8 信息格式编排

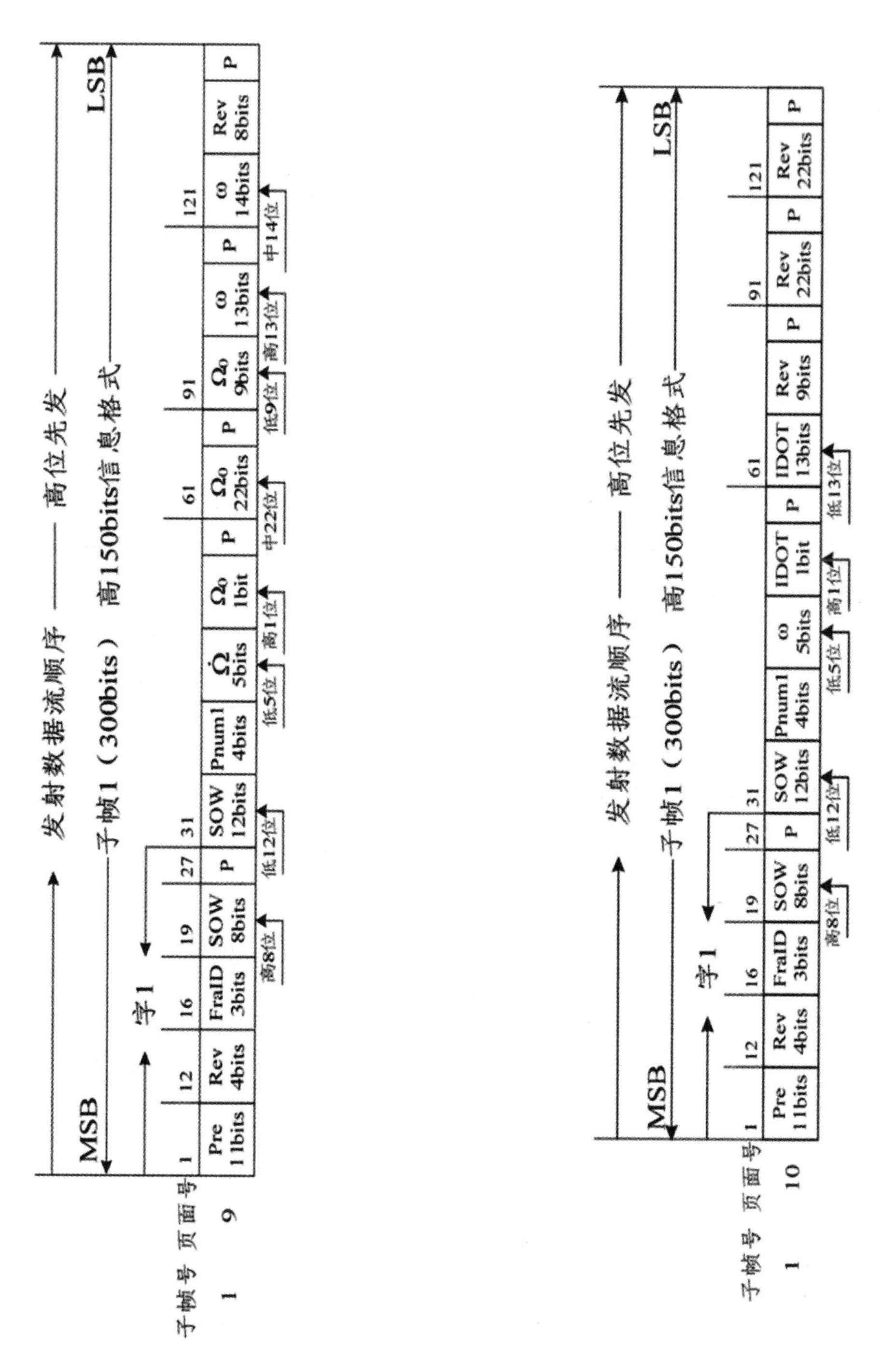

附图 5-14-9　D2 导航电文子帧 1 高 150 比特页面 9 信息格式编排

附图 5-14-10　D2 导航电文子帧 1 高 150 比特页面 10 信息格式编排

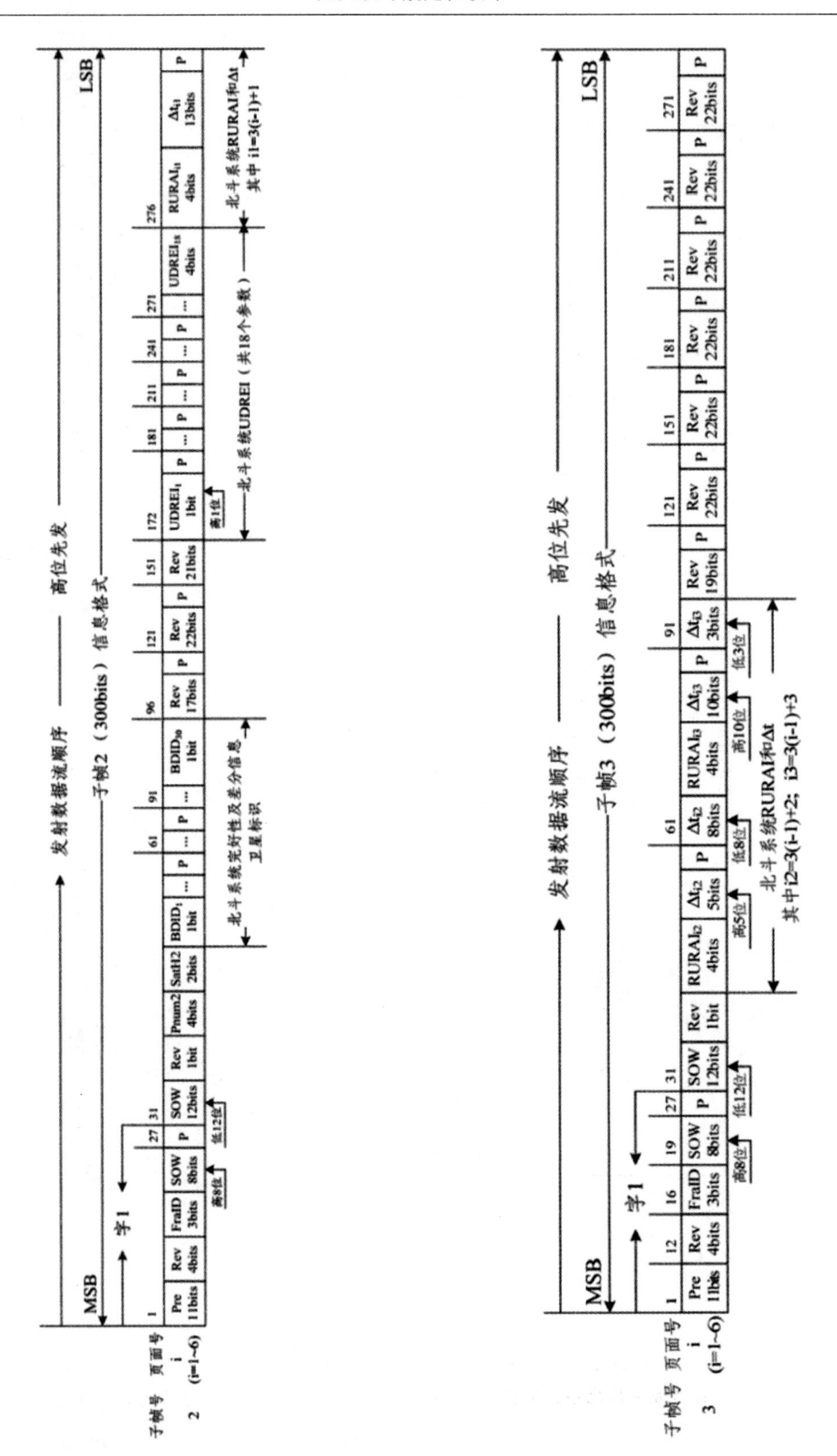

附图 5－15　D2 导航电文子帧 2 信息格式编排

附图 5－16　D2 导航电文子帧 3 信息格式编排

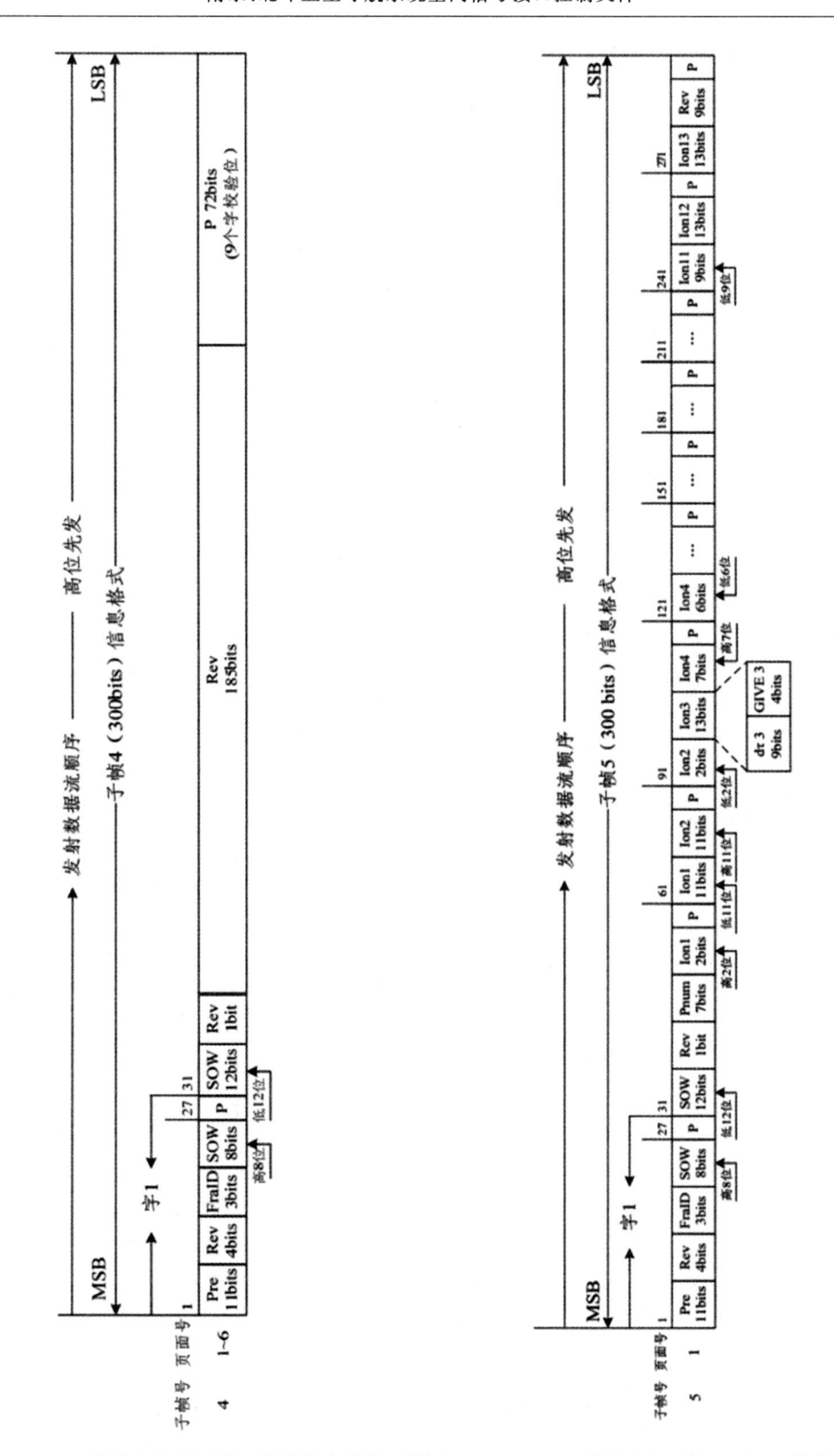

附图 5－17　D2 导航电文码子帧 4 信息格式编排

附图 5－18－1　D2 导航电文子帧 5 页面 1 信息格式编排

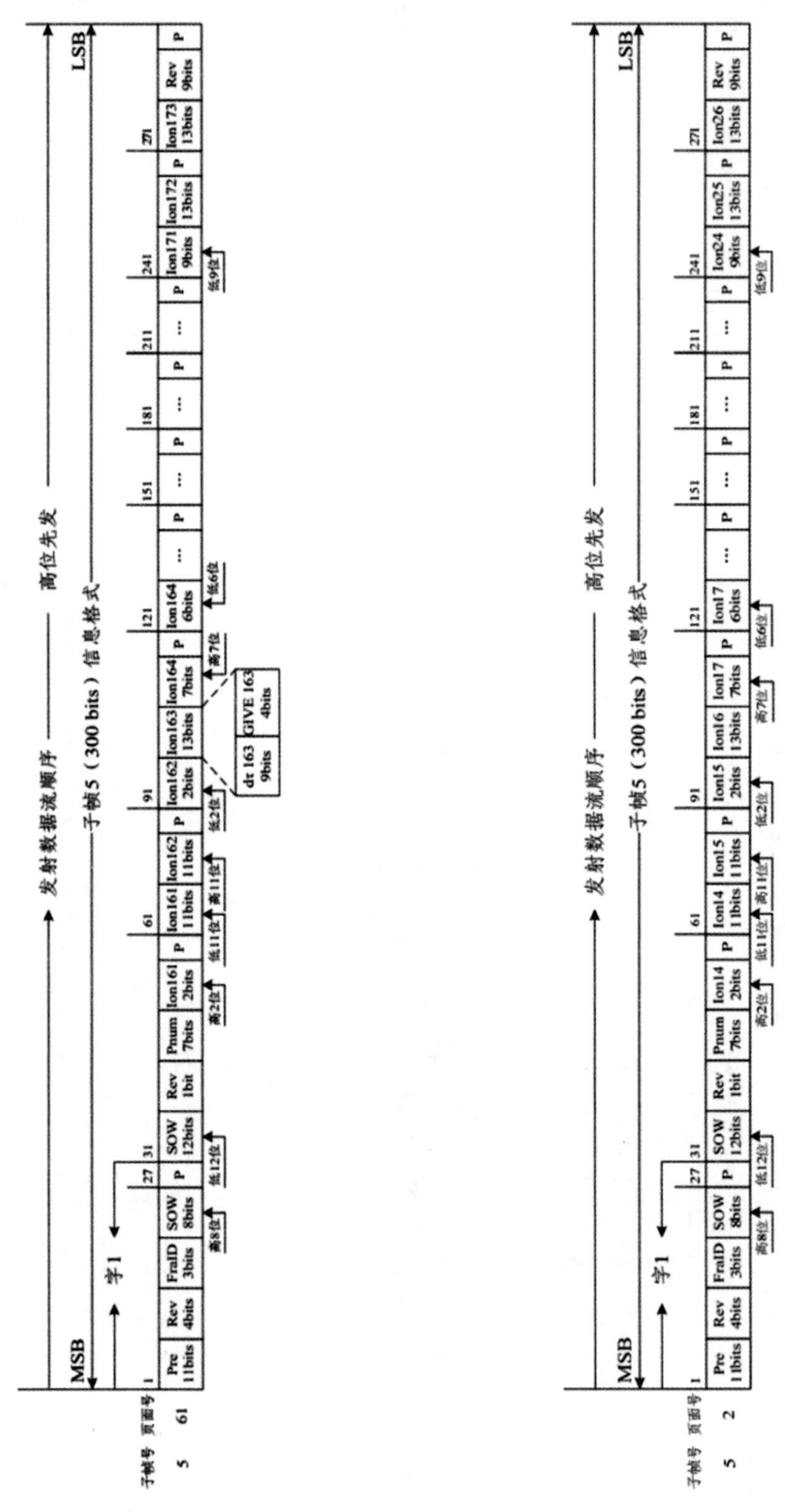

附图 5-18-2　D2 导航电文子帧 5 页面 61 信息格式编排

附图 5-18-3　D2 导航电文子帧 5 页面 2 信息格式编排

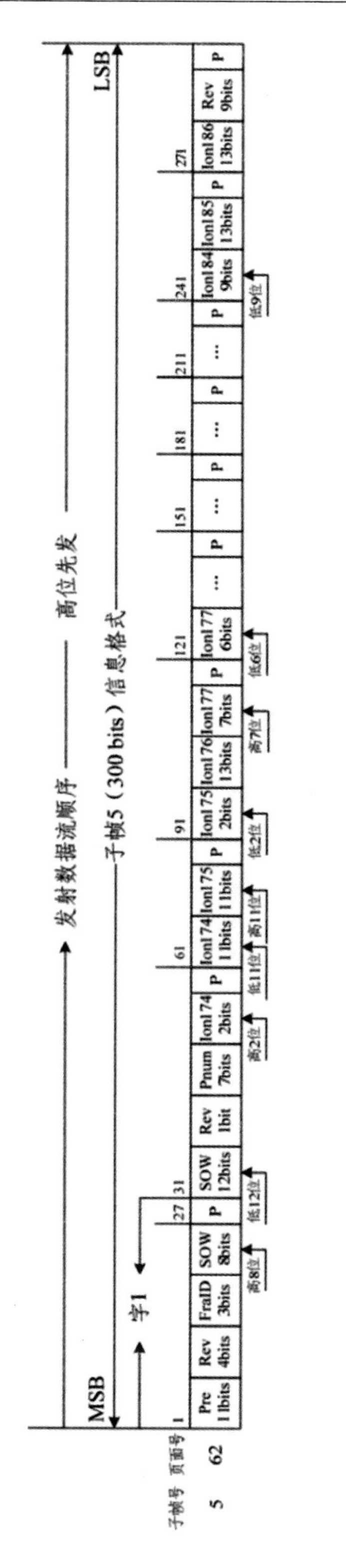

附图 5-18-4　D2 导航电文子帧 5 页面 62 信息格式编排

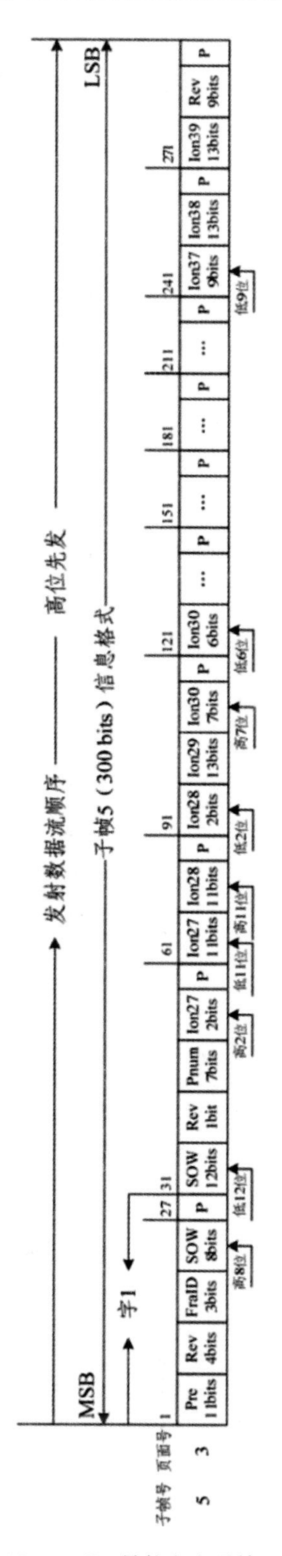

附图 5-18-5　D2 导航电文子帧 5 页面 3 信息格式编排

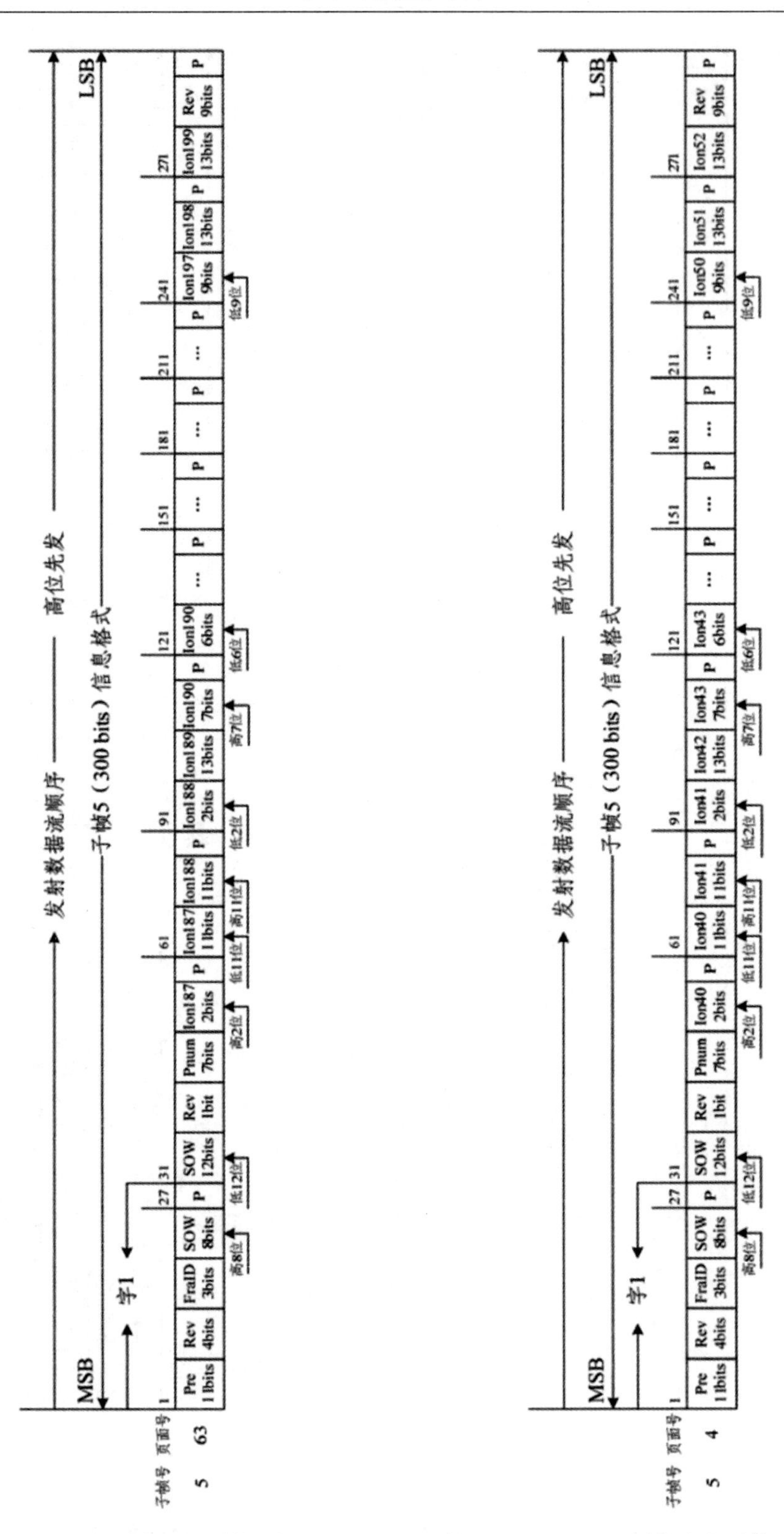

附图 5-18-6　D2 导航电文子帧 5 页面 63 信息格式编排

附图 5-18-7　D2 导航电文子帧 5 页面 4 信息格式编排

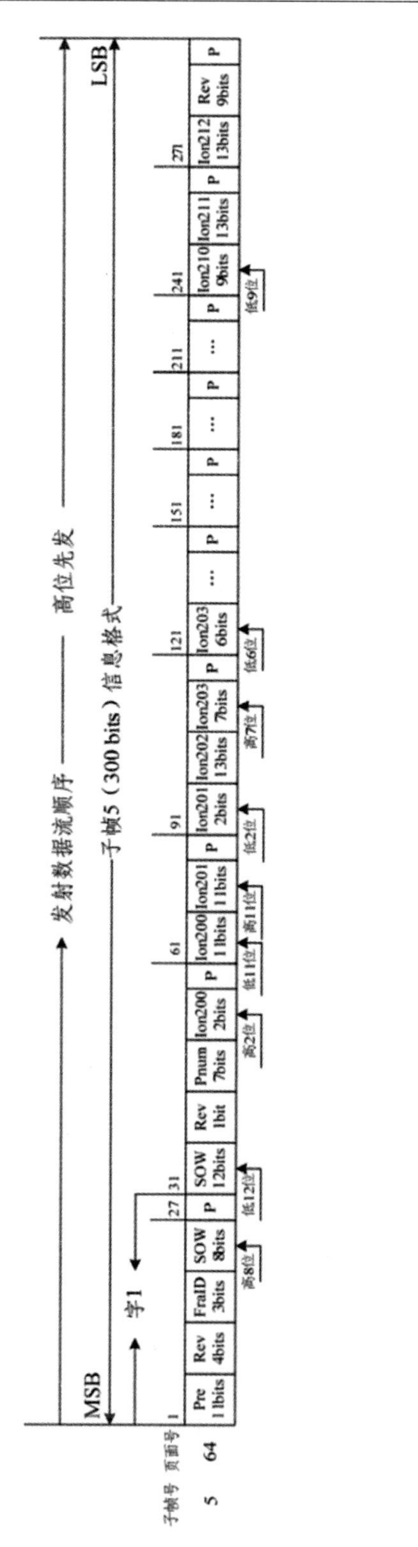

附图 5-18-8　D2 导航电文子帧 5 页面 64 信息格式编排

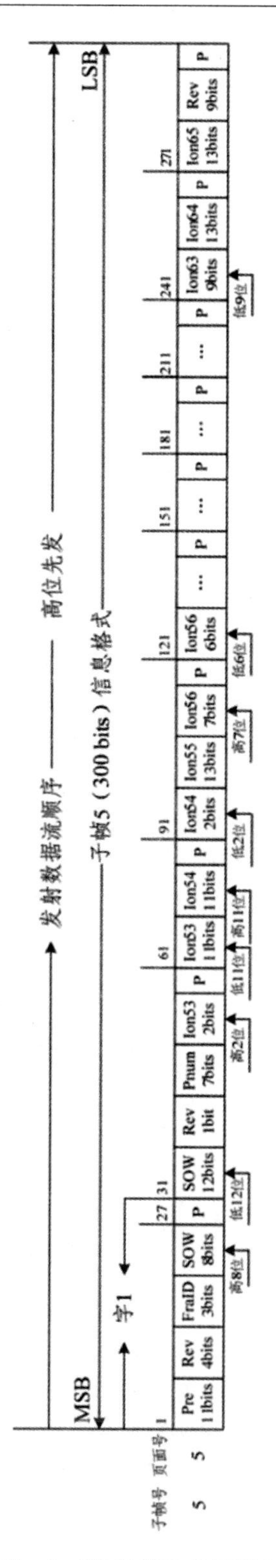

附图 5-18-9　D2 导航电文子帧 5 页面 5 信息格式编排

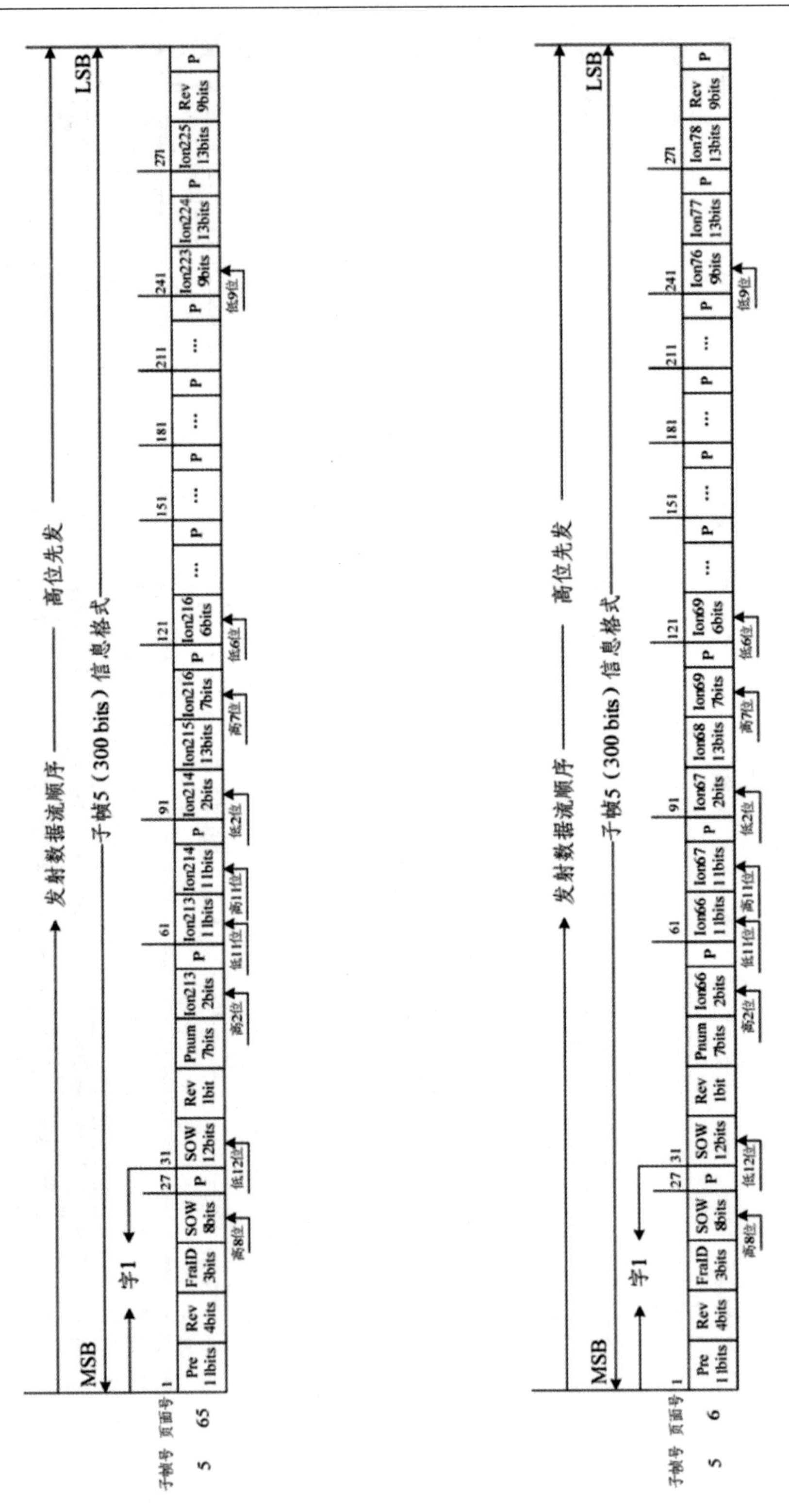

附图 5-18-10　D2 导航电文子帧 5 页面 65 信息格式编排

附图 5-18-11　D2 导航电文子帧 5 页面 6 信息格式编排

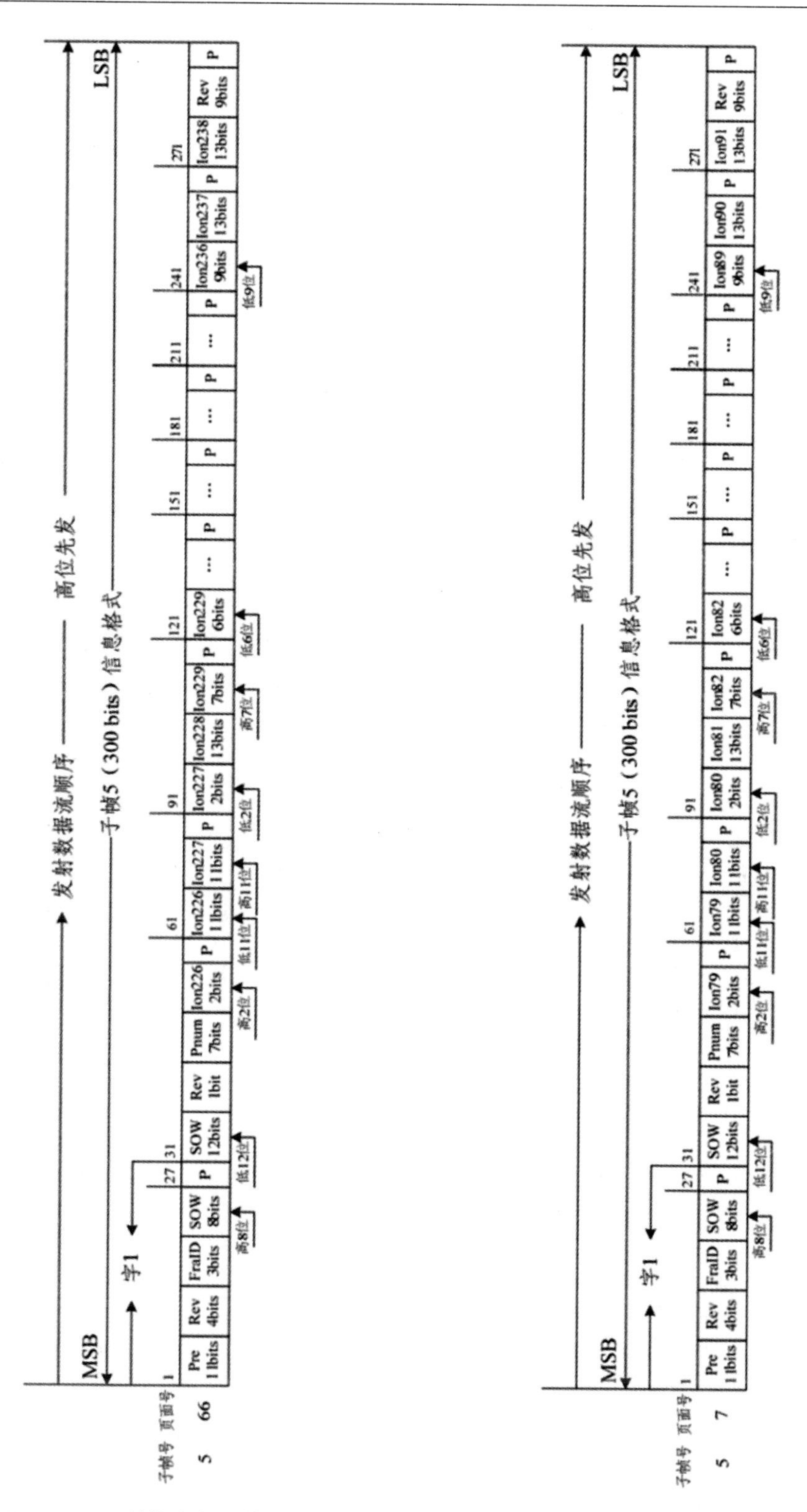

附图 5－18－12 D2 导航电文子帧 5 页面 66 信息格式编排

附图 5－18－13 D2 导航电文子帧 5 页面 7 信息格式编排

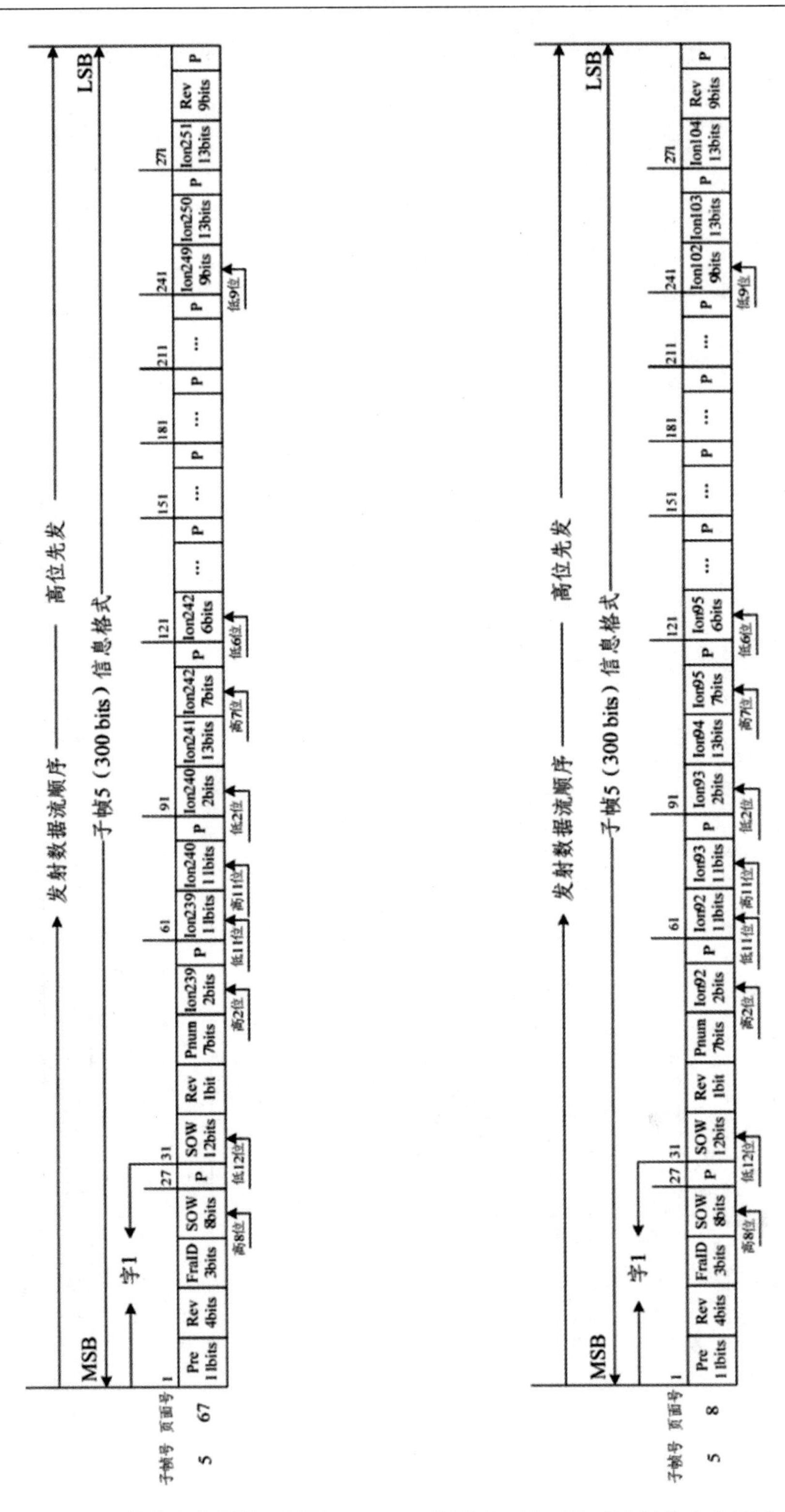

附图 5－18－14　D2 导航电文子帧 5 页面 67 信息格式编排

附图 5－18－15　D2 导航电文子帧 5 页面 8 信息格式编排

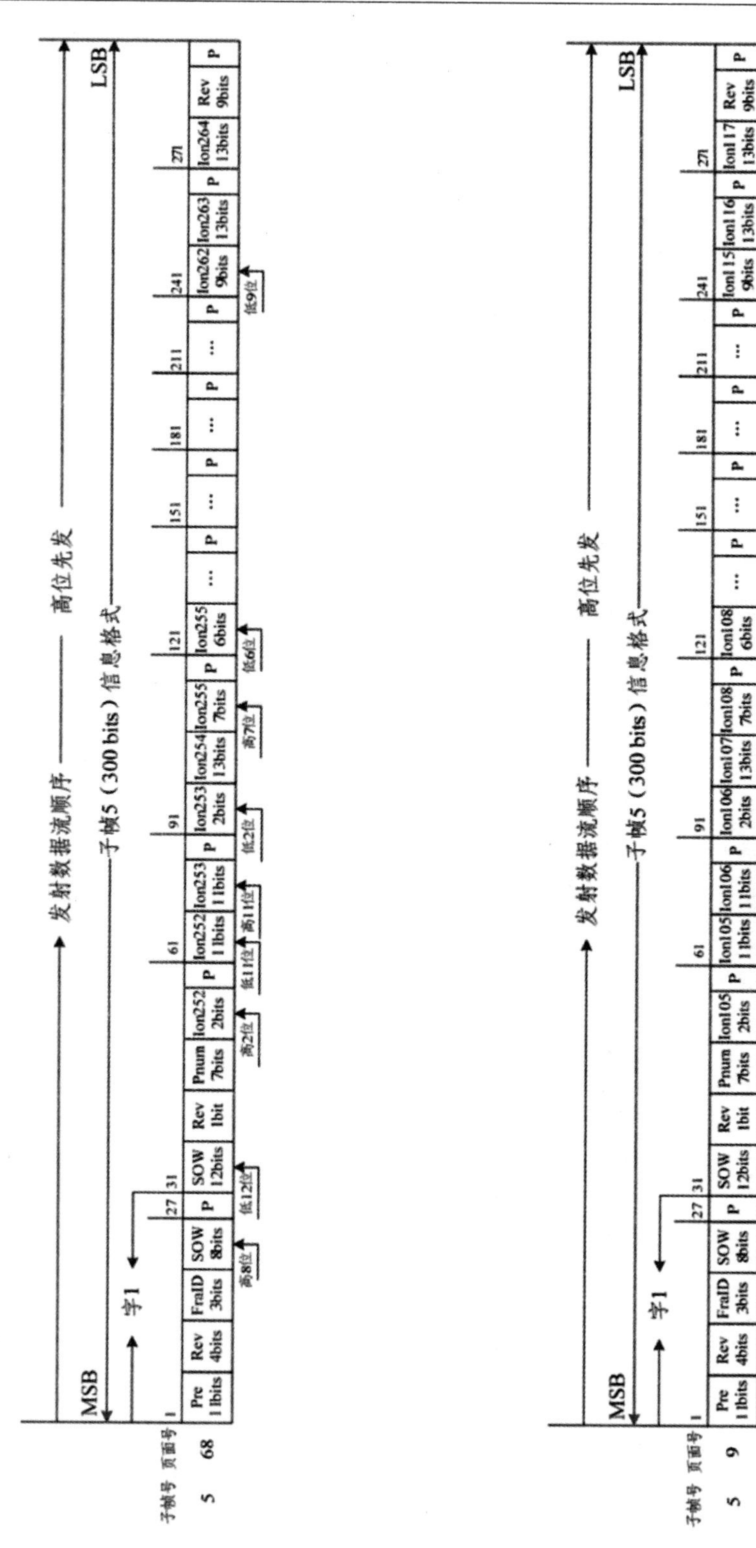

附图 5-18-16　D2 导航电文子帧 5 页面 68 信息格式编排

附图 5-18-17　D2 导航电文子帧 5 页面 9 信息格式编排

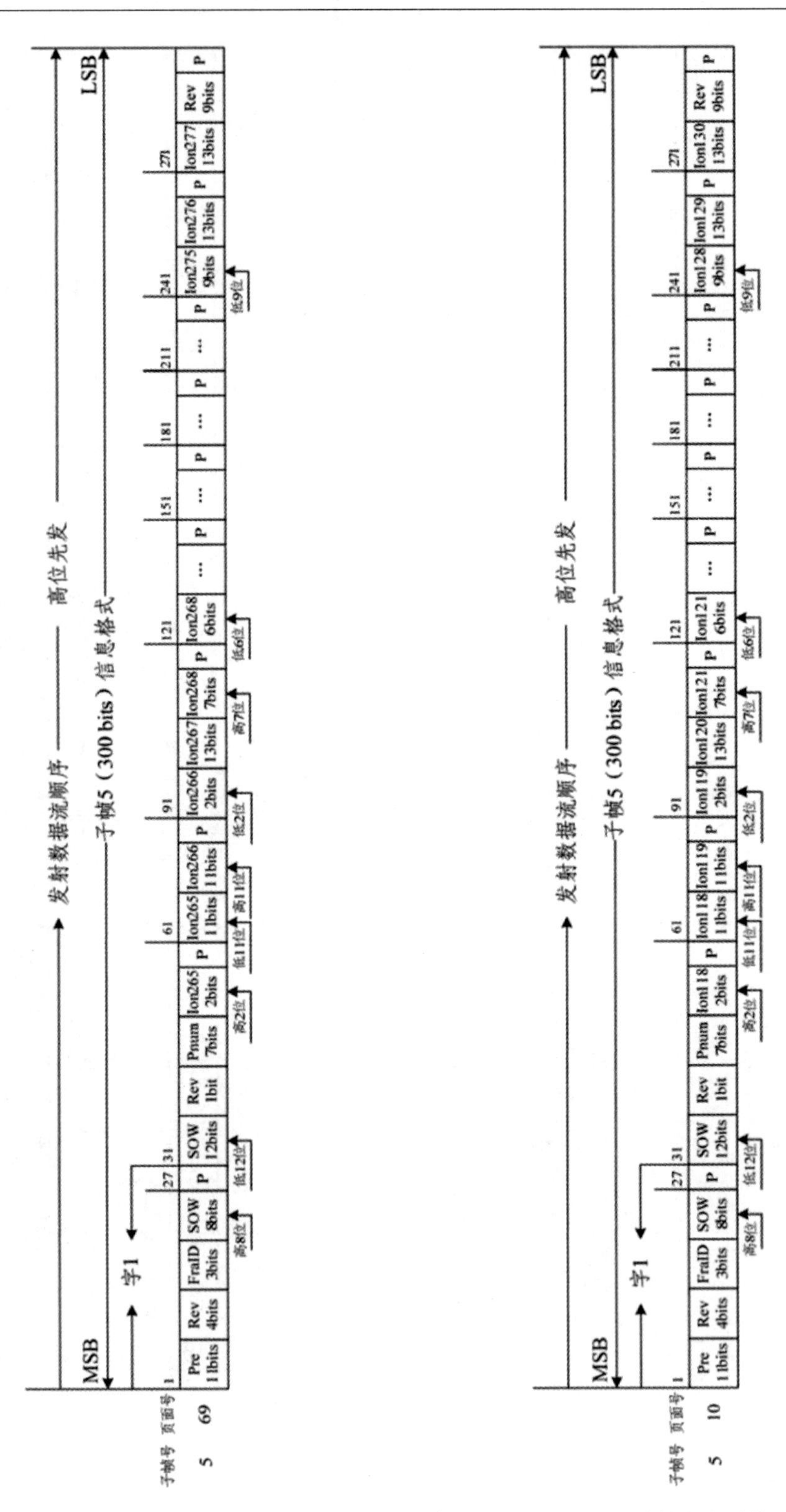

附图 5-18-18　D2 导航电文子帧 5 页面 69 信息格式编排

附图 5-18-19　D2 导航电文子帧 5 页面 10 信息格式编排

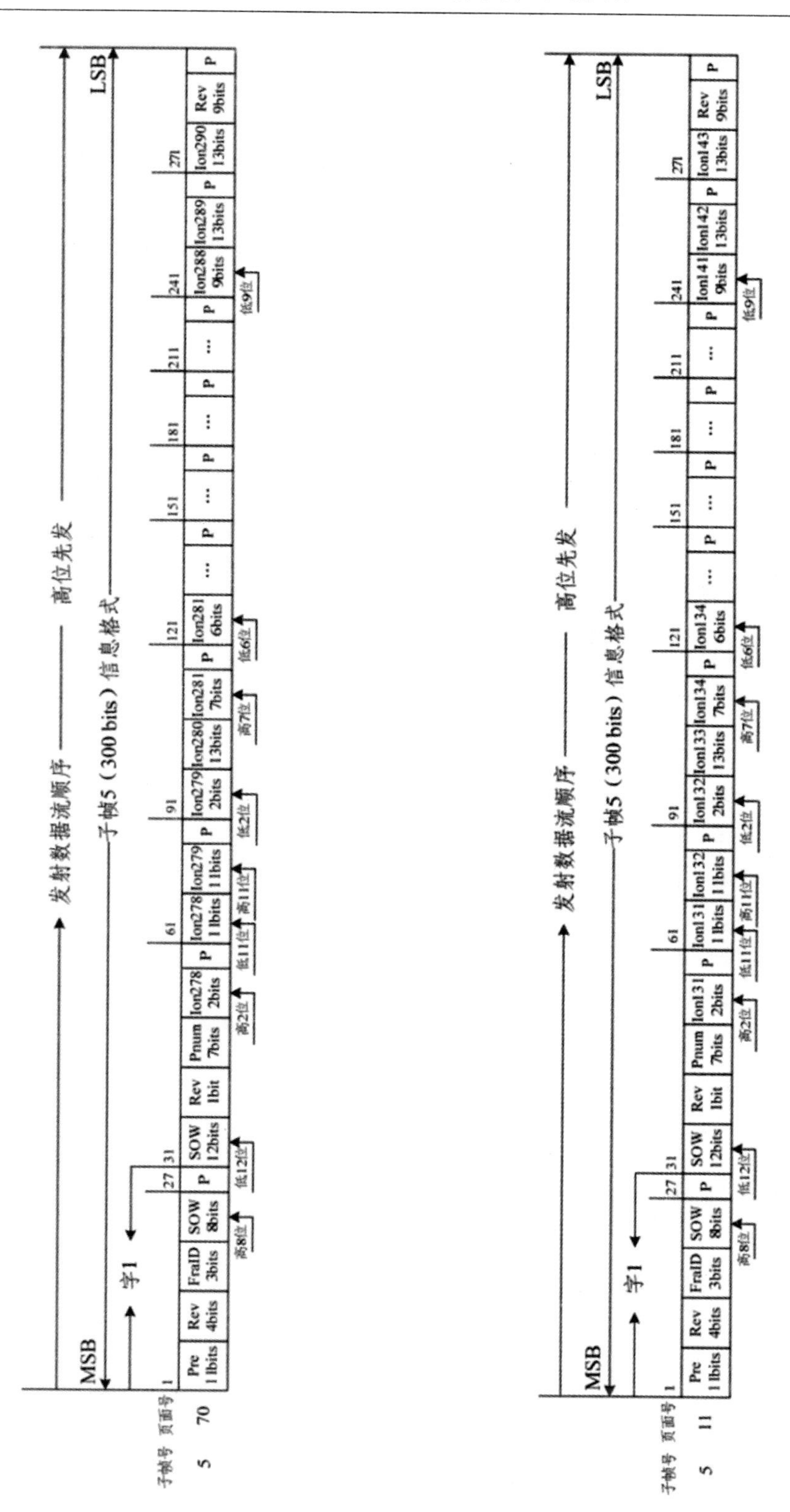

附图 5-18-20　D2 导航电文子帧 5 页面 70 信息格式编排

附图 5-18-21　D2 导航电文子帧 5 页面 11 信息格式编排

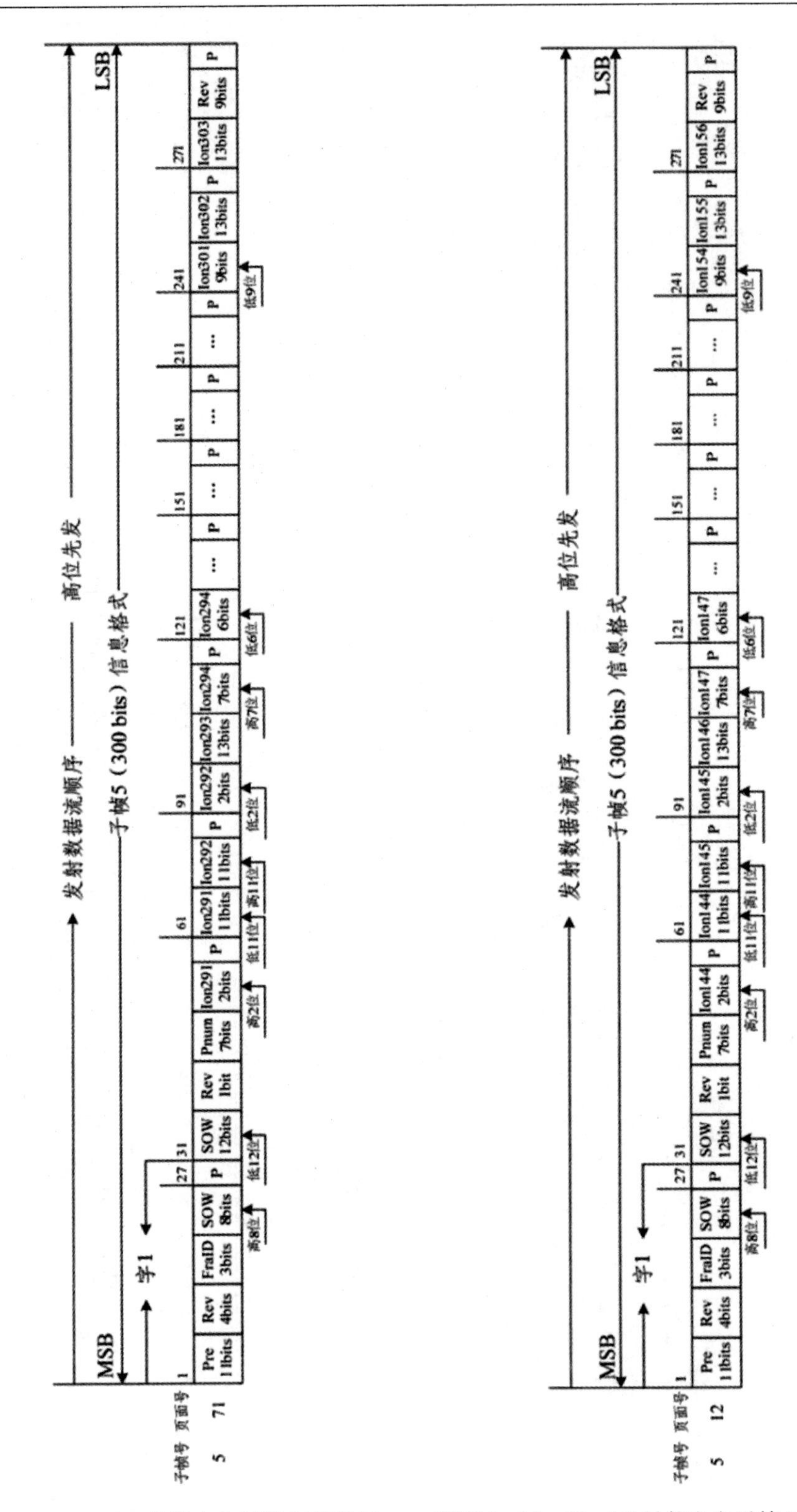

附图 5－18－22　D2 导航电文子帧 5 页面 71 信息格式编排

附图 5－18－23　D2 导航电文子帧 5 页面 12 信息格式编排

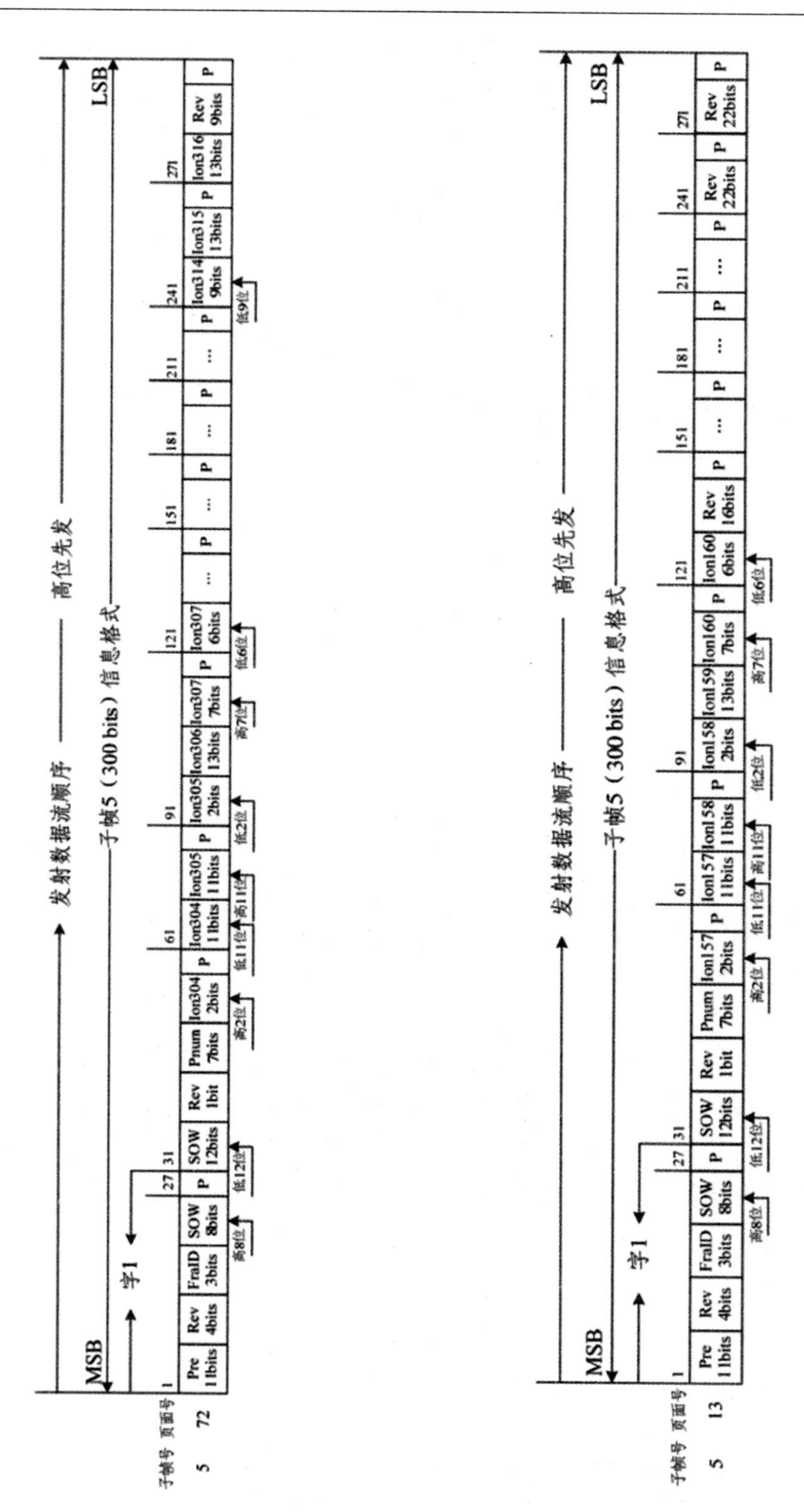

附图 5－18－24　D2 导航电文子帧 5 页面 72 信息格式编排

附图 5－18－25　D2 导航电文子帧 5 页面 13 信息格式编排

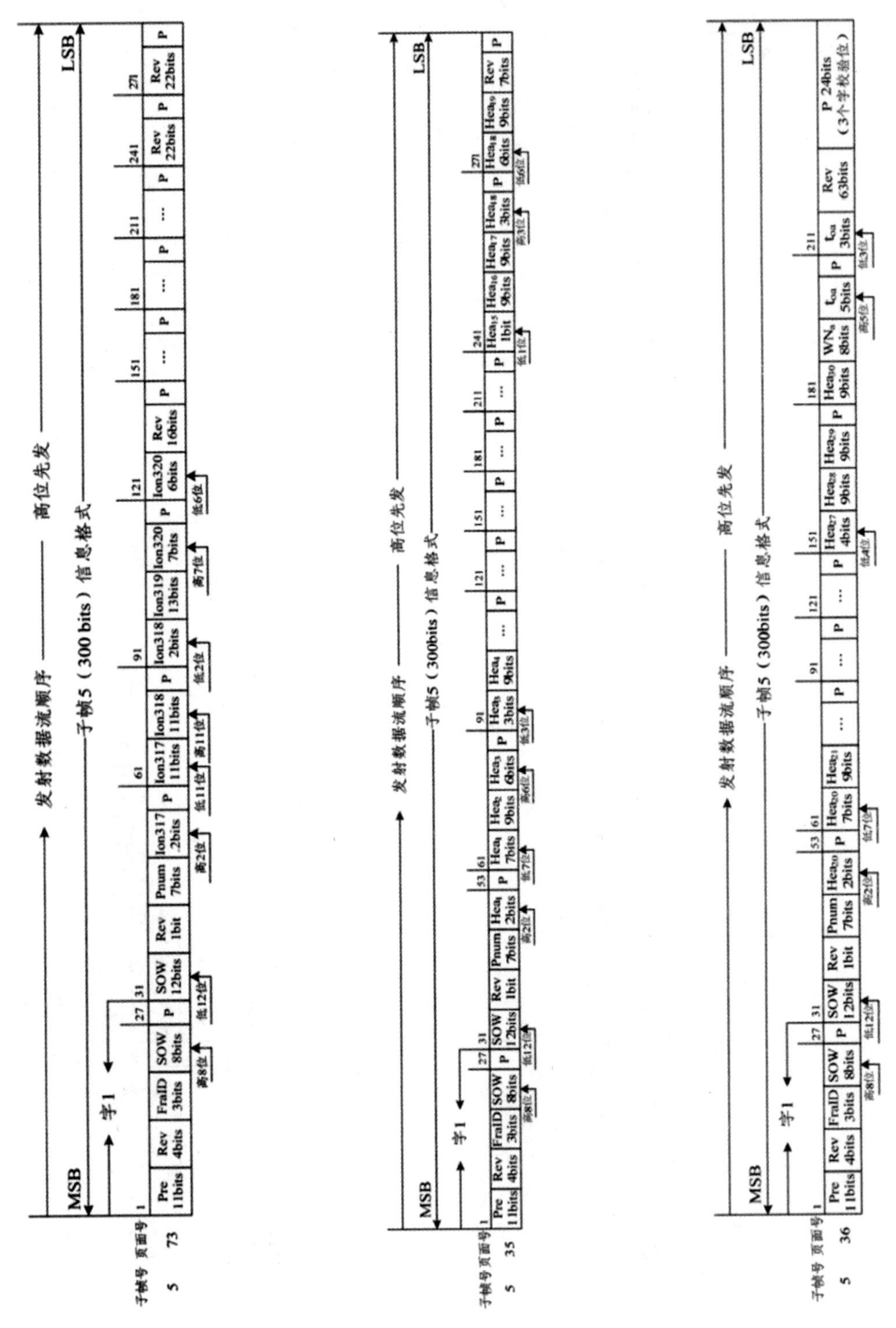

附图 5 - 18 - 26　D2 导航电文子帧 5 页面 73 信息格式编排

附图 5 - 14 - 27　D2 导航电文子帧 5 页面 35 信息格式编排

附图 5 - 14 - 28　D2 导航电文子帧 5 页面 36 信息格式编排

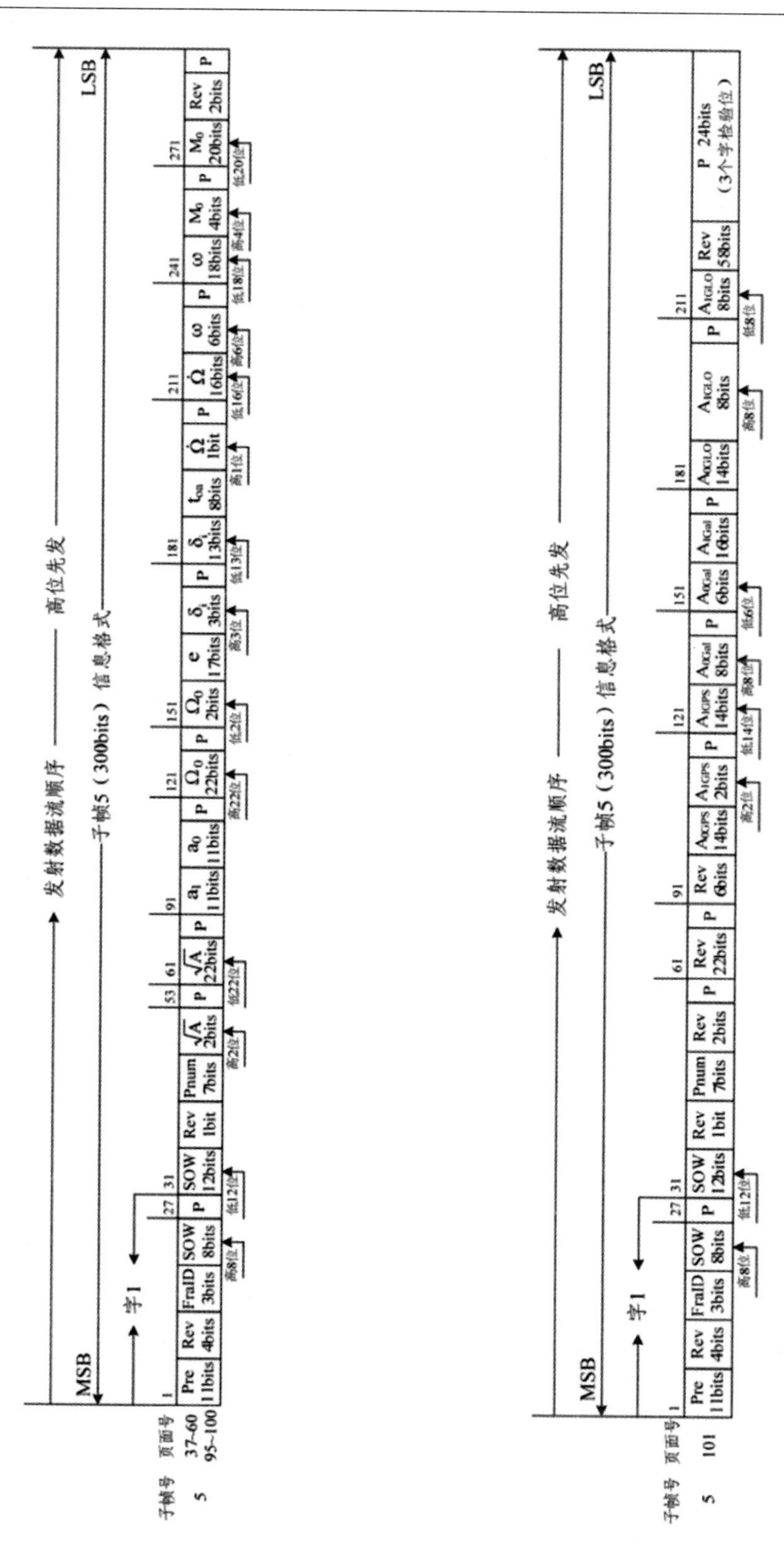

附图 5-18-29　D2 导航电文子帧 5 页面 37～60、页面 95～100 信息格式编排

附图 5-18-30　D2 导航电文子帧 5 页面 101 信息格式编排

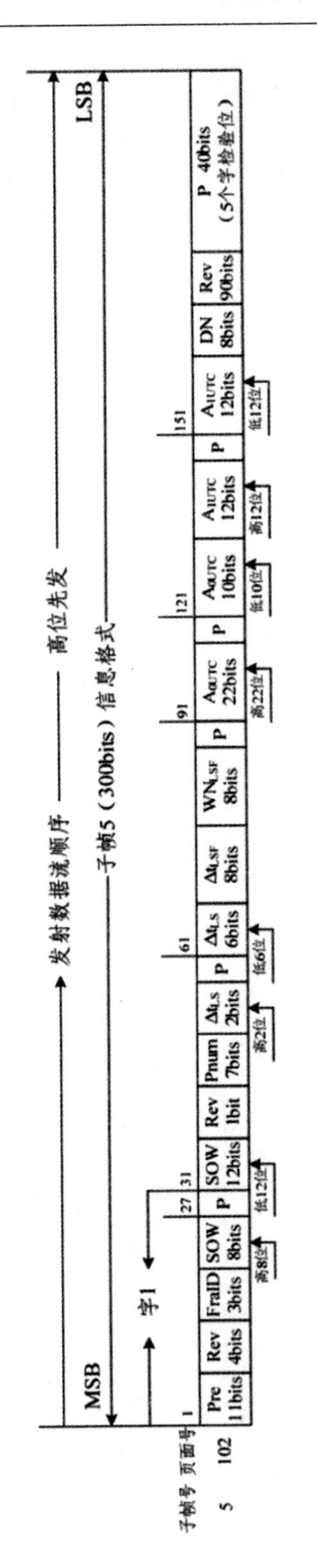

附图 5-18-31　D2 导航电文子帧 5 页面 102 信息格式编排

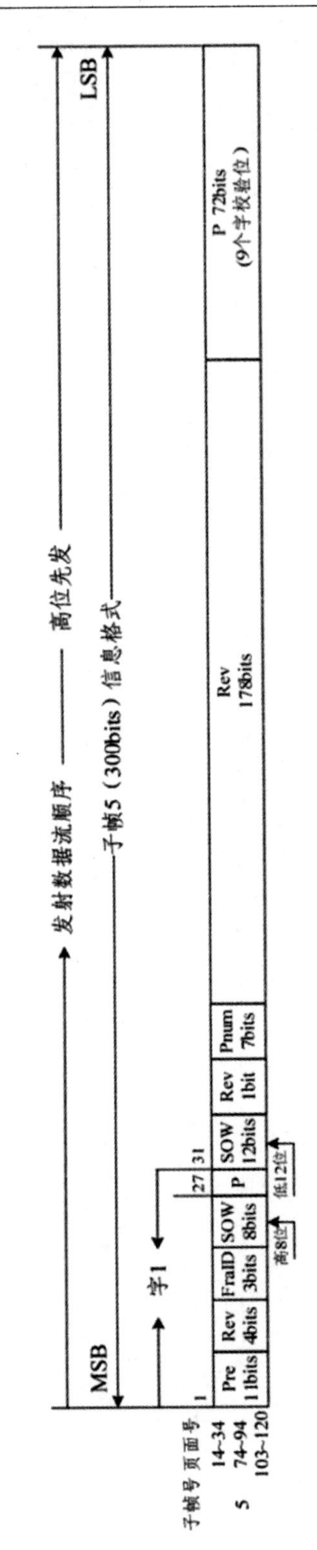

附图 5-18-32　D2 导航电文子帧 5 预留页面 14～34，页面 74～94，页面 103～120 信息格式编排

5.3.3　D2 导航电文内容和算法

D2 导航电文包含基本导航信息和增强服务信息。

5.3.3.1　基本导航信息

D2 导航电文中包含所有基本导航信息,内容如下:

本卫星基本导航信息:

1)帧同步码(Pre)

2)子帧计数(FraID)

3)周内秒计数(SOW)

4)整周计数(WN)

5)用户距离精度指数(URAI)

6)卫星自主健康标识(SatH1)

7)电离层延迟改正模型参数(α_n,β_n,$n=0\sim3$)

8)星上设备时延差(T_{GD1},T_{GD2})

9)时钟数据龄期(A_{ODC})

10)钟差参数(t_{oc},a_0,a_1,a_2)

11)星历数据龄期(A_{ODE})

12)星历参数(t_{oe},$\sqrt{A}$,e,ω,Δn,M_0,Ω_0,$\dot{\Omega}$,i_0,IDOT,C_{uc},C_{us},C_{rc},C_{rs},C_{ic},C_{is})

页面编号(Pnum)

历书信息:

1)历书参数(t_{oe},$\sqrt{A}$,e,ω,M_0,Ω_0,$\dot{\Omega}$,δ_i,a_0,a_1)

2)历书周计数(WN_{a})

3)卫星健康信息(Hea_i,$i=1\sim30$)

与其他系统时间同步信息:

4)与 UTC 时间同步参数(A_{0UTC},A_{1UTC},t_{LS},WN_{LSF},DN,t_{LSF})

5)与 GPS 时间同步参数(A_{0GPS},A_{1GPS})

6)与 Galileo 时间同步参数(A_{0Gal},A_{1Gal})

7)与 GLONASS 时间同步参数(A_{0GLO},A_{1GLO})

除了页面编号(Pnum)、周内秒计数(SOW)与 D1 导航电文中有区别外,其他基本导航信息与 D1 导航电文中含义相同。在此只给出 D2 导航电文中页面编号、周内秒计数的含义。

(1)页面编号(Pnum)。

D2 导航电文中,子帧 5 信息分 120 个页面播发,由页面编号(Pnum)标识。

(2)周内秒计数(SOW)。

D2 导航电文中,每一子帧的第 19～26 位和第 31～42 位为周内秒计数 SOW,共 20 bit,每周日北斗时 0 点 0 分 0 秒从零开始计数。

对于 D2 导航电文,周内秒计数所对应的秒时刻是指当前主帧中子帧 1 同步头的第一个脉冲上升沿所对应的时刻。

5.3.3.2　基本导航信息页面编号(Pnum1)

子帧 1 第 43～46 bit 为基本导航信息页面编号(Pnum1),共 4 bit,在子帧 1 的 1～10 页面中播发,用于标识本卫星基本导航信息的页面编号。

5.3.3.3　完好性及差分信息页面编号(Pnum2)

子帧2第44～47 bit为完好性及差分信息页面编号(Pnum2),共4 bit,在子帧2的1～6页面中播发,用于标识完好性及差分信息的页面编号。

5.3.3.4　完好性及差分信息健康标识(SatH2)

完好性及差分信息健康标识(SatH2)为2 bit,高位标识卫星接收上行注入的区域用户距离精度(RURA)、用户差分距离误差(UDRE)及等效钟差改正数(t)信息校验是否正确,低位标识卫星接收上行注入的格网点电离层信息校验是否正确,具体定义见附表5-20。

附表5-20　完好性及差分信息健康标识含义

信息位	信息编码	SatH2信息含义
高位(MSB)	0	RURA,UDRE及t信息校验正确
	1	RURA,UDRE及t信息存在错误
低位(LSB)	0	格网点电离层信息校验正确
	1	格网点电离层信息存在错误

5.3.3.5　北斗系统完好性及差分信息卫星标识(BDIDi)

北斗系统完好性及差分信息卫星标识(BDIDi,i=1～30)为30 bit,用来标识系统是否播发该卫星的完好性及差分信息。每个比特位标识一颗卫星,当取值为“1”时,表示播发该卫星的完好性及差分信息,当取值为“0”时,表示没有播发该卫星的完好性及差分信息。

系统一次最多可连续播发18颗北斗卫星的完好性及差分信息,顺序为以完好性及差分信息卫星标识所对应的卫星序号从小到大排列。

5.3.3.6　北斗系统区域用户距离精度指数(RURAI)

北斗系统卫星信号完好性即区域用户距离精度(RURA),用来描述卫星伪距误差,单位是m,以区域用户距离精度指数(RURAI)表征。每颗卫星占4 bit,范围从0～15,更新周期为18 s,与卫星的RURA之间关系如附表5-21。

附表5-21　RURAI定义表

RURAI编码	RURA(m,99.9%)	RURAI编码	RURA(m,99.9%)
0	0.75	8	5.25
1	1.0	9	6.0
2	1.25	10	7.5
3	1.75	11	15.0
4	2.25	12	50.0
5	3.0	13	150.0
6	3.75	14	300.0
7	4.5	15	>300.0

5.3.3.7　北斗系统差分及差分完好性信息

5.3.3.7.1　等效钟差改正数(Δt)

北斗系统差分信息以等效钟差改正数(Δt)表示,每颗卫星占 13 bit,比例因子为 0.1,单位为 m,用 2 进制补码表示,最高位为符号位。更新周期为 18 s。

等效钟差改正数(Δt)是对卫星钟差和星历的残余误差的进一步修正,用户将 Δt 加到对该卫星的观测伪距上,以改正上述残余误差对伪距测量的影响。

B1Ⅰ信号和 B2Ⅰ信号播发的等效钟差改正数 Δt 与载波频率分别对应,即每个信号所播发的卫星信号等效钟差改正数 Δt 只代表各自载波频率的等效钟差改正数,数值不完全相同。当值为－4 096 时,表示不可用。

5.3.3.7.2　用户差分距离误差指数(UDREI)

北斗系统差分完好性即用户差分距离误差(UDRE),用来描述等效钟差改正误差,单位为 m,以用户距离误差指数(UDREI)表征,每颗卫星占 4 bit,范围为 1～15,更新周期为 3 s。用户通过定义表查找 UDRE,以判断某颗卫星的差分精度。定义表见附表 5－22。

附表 5－22　UDREI 定义表

UDREI 编码	UDRE(m,99.9%)	UDREI 编码	UDRE(m,99.9%)
0	1.0	8	10.0
1	1.5	9	15.0
2	2.0	10	20.0
3	3.0	11	50.0
4	4.0	12	100.0
5	5.0	13	150.0
6	6.0	14	未被监测
7	8.0	15	不可用

5.3.3.8　格网点电离层信息(Ion)

每个格网点电离层信息(Ion)包括格网点垂直延迟($d\tau$)和误差指数(GIVEI),共占用 13 bit。信息排列及定义见附表 5－23。

附表 5－23　Ion 信息定义表

参　数	$d\tau$	GIVEI
比特数	9	4

电离层格网覆盖范围为东经 70～145°,北纬 7.5～55°,按经纬度 5×2.5°进行划分,形成 320 个格网点。其中,编号为 1～160 的格网点(IGP)的具体定义见附表 5－24－1。页面 1～13 按附表 5－24－1 的格网点号播发格网点电离层修正信息。

附表 5-24-1　IGP 编号表

纬度＼经度	70	75	80	85	90	95	100	105	110	115	120	125	130	135	140	145
55	10	20	30	40	50	60	70	80	90	100	110	120	130	140	150	160
50	9	19	29	39	49	59	69	79	89	99	109	119	129	139	149	159
45	8	18	28	38	48	58	68	78	88	98	108	118	128	138	148	158
40	7	17	27	37	47	57	67	77	87	97	107	117	127	137	147	157
35	6	16	26	36	46	56	66	76	86	96	106	116	126	136	146	156
30	5	15	25	35	45	55	65	75	85	95	105	115	125	135	145	155
25	4	14	24	34	44	54	64	74	84	94	104	114	124	134	144	154
20	3	13	23	33	43	53	63	73	83	93	103	113	123	133	143	153
15	2	12	22	32	42	52	62	72	82	92	102	112	122	132	142	152
10	1	11	21	31	41	51	61	71	81	91	101	111	121	131	141	151

当 IGP 编号小于或等于 160 时所对应的经纬度为

$L=70+\mathrm{INT}((\mathrm{IGP}-1)/10)\times 5$

$B=5+(\mathrm{IGP}-\mathrm{INT}((\mathrm{IGP}-1)/10)\times 10)\times 5$

其中,INT(*)表示向下取整。

编号为 161～320 的格网点(IGP)的具体定义见附表 5-24-2。页面 60～73 按附表 5-24-2 的格网点号播发格网点电离层修正信息。

附表 5-24-2　IGP 编号表

纬度＼经度	70	75	80	85	90	95	100	105	110	115	120	125	130	135	140	145
52.5	170	180	190	200	210	220	230	240	250	260	270	280	290	300	310	320
47.5	169	179	189	199	209	219	229	239	249	259	269	279	289	299	309	319
42.5	168	178	188	198	208	218	228	238	248	258	268	278	288	298	308	318
37.5	167	177	187	197	207	217	227	237	247	257	267	277	287	297	307	317
32.5	166	176	186	196	206	216	226	236	246	256	266	276	286	296	306	316
27.5	165	175	185	195	205	215	225	235	245	255	265	275	285	295	305	315
22.5	164	174	184	194	204	214	224	234	244	254	264	274	284	294	304	314
17.5	163	173	183	193	203	213	223	233	243	253	263	273	283	293	303	313
12.5	162	172	182	192	202	212	222	232	242	252	262	272	282	292	302	312
7.5	161	171	181	191	201	211	221	231	241	251	261	271	281	291	301	311

当 IGP 号大于 160 时所对应的经纬度为

$L=70+\mathrm{INT}((\mathrm{IGP}-161)/10)\times 5$

$B=2.5+(\mathrm{IGP}-160-\mathrm{INT}((\mathrm{IGP}-161)/10)\times 10)\times 5$

其中,INT(*)表示向下取整。

5.3.3.8.1　格网点电离层垂直延迟参数($d\tau$)

$d_{\tau i}$为第i格网点B1Ⅰ信号的电离层垂直延迟,用距离表示,比例因子0.125,单位为m,范围为0～63.625 m。当状态为"111111110"(=63.750 m)时,表示IGP未被监测;当状态为"111111111"(=63.875 m)时,表示"不可用"。

用户需将格网点电离层改正数内插得到观测卫星穿刺点处的电离层改正数,以修正观测伪距。电离层参考高度为375 km。

5.3.3.8.2　格网点的电离层垂直延迟改正数误差指数(GIVEI)

格网点电离层垂直延迟改正数误差(GIVE)用来描述格网点电离层延迟改正的精度,以格网点电离层垂直延迟改正数误差指数(GIVEI)表征。GIVEI与GIVE的关系见附表5-25。

附表5-25　GIVEI定义表

GIVEI编码	GIVE(m,99.9%)	GIVEI编码	GIVE(m,99.9%)
0	0.3	8	2.7
1	0.6	9	3.0
2	0.9	10	3.6
3	1.2	11	4.5
4	1.5	12	6.0
5	1.8	13	9.0
6	2.1	14	15.0
7	2.4	15	45.0

5.3.3.8.3　用户端格网点电离层延迟修正算法建议

根据$d_{\tau i}$值和GIVEI,用户可选用穿刺点周围相邻或相近的有效格网点数据,自行设计模型,内插观测卫星穿刺点处的电离层改正数。指导性拟合算法见附图5-19。

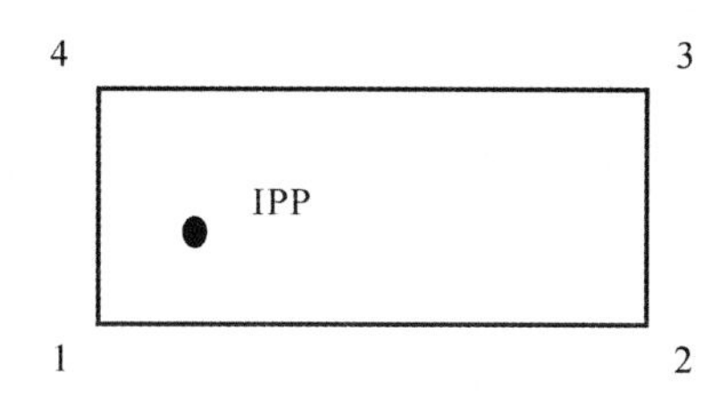

附图5-19　用户穿刺点与格网点示意图

附图5-19给出了用户穿刺点与所在格网点的示意图,其中IPP是用户接收机与某一颗卫星连线对应电离层穿刺点所在的地理位置,用地理经纬度(Φ_p,λ_p)表示。周围4个格网点的位置分别用(Φ_i,λ_i,i=1～4)表示,格网点播发的垂直电离层延迟用$VTEC_i$(i=1～4)表示。穿刺点与四个格网点的距离权值分别用ω_i(i=1～4)表示。

用户穿刺点所在周围格网至少有3个格网点标识为有效时,可根据这些有效格网点上播发的垂直电离层延迟采用双线性内插法计算穿刺点处的电离层延迟。

$$\text{Ionodelay}_p=\frac{\sum_{i=1}^{4}\omega_i \text{VTEC}_i}{\sum_{i=1}^{4}\omega_i}$$

定义 $x_p=\frac{\lambda_p-\lambda_1}{\lambda_2-\lambda_1}$，$y_p=\frac{\phi_p-\phi_1}{\phi_4-\phi_1}$，则权值分别为

$$\omega_1=(1-x_p)\cdot(1-y_p),\omega_2=x_p\cdot(1-y_p),\omega_3=x_p\cdot y_p,\omega_4=(1-x_p)\cdot y_p$$

若该观测历元某一个格网标识为无效，则其对应的权值为 0。

对于使用 B2I 信号的用户，计算时还需要乘以比例因子 $k(f)$，其值为

$$k(f)=\frac{f_1^2}{f_2^2}=\left(\frac{1\ 561.098}{1\ 207.140}\right)^2$$

式中：f_1 表示 B1Ⅰ 信号的标称载波频率，f_2 表示 B2Ⅰ 信号的标称载波频率，单位为 MHz。

6. 缩略语

BDS　北斗卫星导航系统(BeiDou Navigation Satellite System)

BDT　北斗时(BeiDou Navigation Satellite System Time)

Bps　比特/秒(bits per second)

CDMA　码分多址(Code Division Multiple Access)

CGCS2000 2000　中国大地坐标系(China Geodetic Coordinate System 2000)

dBW　分贝瓦(Decibel with respect to 1 watt)

GEO　地球静止轨道(Geostationary Earth Orbit)

GIVE　格网点电离层垂直延迟改正数误差(Gridpoint Ionospheric VerticaldelayError)

GIVEI　格网点电离层垂直延迟改正数误差指数(Gridpoint Ionospheric Verticaldelay ErrorIndex)

GLONASS　全球导航卫星系统(Global Navigation Satellite System)

GPS　全球定位系统(Global Positioning System)

ICD　接口控制文件(Interface Control Document)

IERS　国际地球自转服务(International Earth Rotation and Reference Systems Service)

IGP　电离层格网点(Ionospheric Grid Point)

IGSO　倾斜地球同步轨道(Inclined Geosynchronous Satellite Orbit)

AODC　时钟数据龄期(Age of Data,Clock)

AODE　星历数据龄期(Age of Data,Ephemeris)

IPP　电离层穿刺点(Ionospheric Pierce Point)

IRM　IERS 参考子午面(IERS Reference Meridian)

IRP　IERS 参考极(IERS Reference Pole)

LSB　最低有效位(Least Significant Bit)

Mcps　百万码片/秒(Mega chips per second)

MEO　中圆地球轨道(Medium Earth Orbit)

MHz　兆赫兹(Megahertz)

MSB 最高有效位(Most Significant Bit)
NTSC 中国科学院国家授时中心(National Time Service Center)
QPSK 正交相移键控(Quadrature Phase Shift Keying)
RHCP 右旋圆极化(Right-Handed Circularly Polarized)
RURA 区域用户距离精度(Regional User Range Accuracy)
RURAI 区域用户距离精度指数(Regional User Range Accuracy Index)
SOW 周内秒计数(Seconds of Week)
UDRE 用户差分距离误差(User Differential Range Error)
UDREI 用户差分距离误差指数(User Differential Range Error Index)
URA 用户距离精度(User Range Accuracy)
URAI 用户距离精度指数(User Range Accuracy Index)
UTC 协调世界时(Universal Time Coordinated)
WN 整周计数(Week Number)

参 考 文 献

[1] 王惠南. GPS导航原理与应用[M]. 北京:科学出版社,2003.

[2] 田武. 现代战争的"定盘星"——四大定位系统竞技太空[J]. 国防科技,2004(4):22-23.

[3] 吴晓进. GPS现代化的背景、目标和措施[J]. 船用导航雷达,2005,75(4):36.

[4] 杨志根,战兴群,朱文耀. 全球第一个民用卫星导航定位系统[J]. 2006, 58(2):13.

[5] 刘建. 北斗导航定位系统的民用状况及发展前景[J]. 卫星应用,2005, 13 (2):14.

[6] 白欧. 俄罗斯 GLONASS 系统发展现状与趋势[J]. 解放军测绘研究所学报,2002,22 (2):21.

[7] 刘基余. GPS卫星导航定位原理与方法[M]. 北京:北京科学出版社,2003:26.

[8] 周建民. 无人机导航技术应用与发展趋势[J]. 中国电子科学研究院学报, 2015(3):7.

[9] 周姜滨,袁建平,罗建军,等. 高空长航时无人机导航系统研究[J]. 西北工业大学学报,2008(26):17.

[10] 袁信等. 导航系统[M]. 北京:航空工业出版社,1993.

[11] 周建民. 无人机导航技术应用发展趋势[D]. 杭州:浙江大学,2005.

[12] 高宪军. 航空无线电导航系统[M]. 长春: 吉林大学出版社,2007.

[13] 皮亦鸣. 卫星导航原理与系统[M]. 成都:电子科技大学出版社,2011.

[14] 周建郑. GPS定位原理技术[M]. 郑州:黄河水利出版社,2005.

[15] 田建波. 全球导航定位技术及其应用[M]. 武汉:中国地质大学出版社,2013.

[16] 黄丁发. 卫星导航定位原理[M]. 武汉:武汉大学出版社,2015.

◎ 无人机结构与系统
◎ 无人机航拍技术
◎ 无人机任务载荷
◎ 无人机图像处理
◎ 无人机载SAR图像信息提取技术
◎ 无人机景象匹配辅助导航技术
◎ 无人机编队飞行技术
◎ 无人机飞行管理
◎ 无人机导航定位技术
◎ 无人机应用基础
◎ 无人机飞行安全及法律法规
◎ 无人机动力技术
◎ 无人机植保技术
◎ 无人机空气动力学与飞行原理
◎ 无人机专业英语
◎ 无人机遥感测绘技术及应用
◎ 无人机概论
◎ 无人机飞行控制技术
◎ 无人机电机与电调技术
◎ 无人机任务规划
◎ 无人机设计与制造技术
◎ 无人机系统驾驶员理论与实践
◎ 无人机整机组装与调试
◎ 无人机集群无线自组织网络

西北工业大学
官方微信

西北工业大学出版社
天猫旗舰店

ISBN 978-7-5612-5888-0
9 787561 258880
定价：39.00元